3.-6. Schuljahr

Hans-J. Schmidt

Täglich Mathe üben!

Mathematische Grundlagen

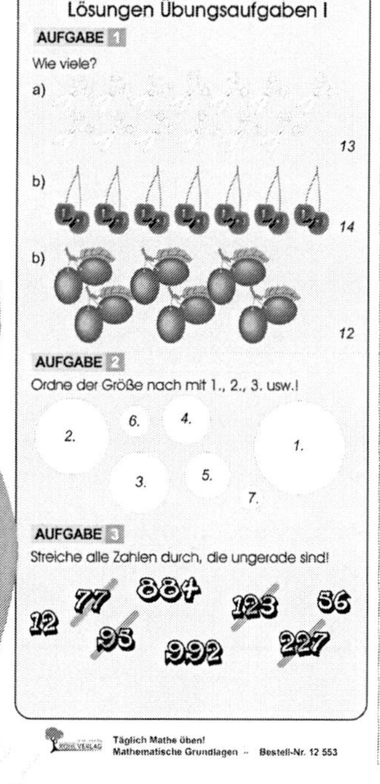

Lösungen Übungsaufgaben I

AUFGABE 1

Wie viele?

a) 13

b) 14

b) 12

AUFGABE 2

Ordne der Größe nach mit 1., 2., 3. usw.!

2. 6. 4. 1. 3. 5. 7.

AUFGABE 3

Streiche alle Zahlen durch, die ungerade sind!

12 77 884 123 56 95 992 227

Täglich Mathe üben! Mathematische Grundlagen – Bestell-Nr. 12 553

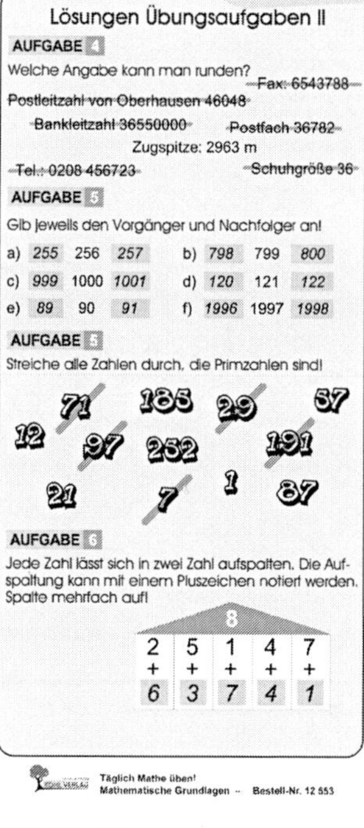

Lösungen Übungsaufgaben II

AUFGABE 4

Welche Angabe kann man runden?

~~Fax: 6543788~~

~~Postleitzahl von Oberhausen 46048~~

~~Bankleitzahl 36550000~~ ~~Postfach 36782~~

Zugspitze: 2963 m

~~Tel.: 0208 456723~~ ~~Schuhgröße 36~~

AUFGABE 5

Gib jeweils den Vorgänger und Nachfolger an!

a) 255 256 257 b) 798 799 800

c) 999 1000 1001 d) 120 121 122

e) 89 90 91 f) 1996 1997 1998

AUFGABE 5

Streiche alle Zahlen durch, die Primzahlen sind!

71 185 29 57 12 97 252 191 21 7 1 87

AUFGABE 6

Jede Zahl lässt sich in zwei Zahl aufspalten. Die Aufspaltung kann mit einem Pluszeichen notiert werden. Spalte mehrfach auf!

8				
2	5	1	4	7
+	+	+	+	+
6	3	7	4	1

Täglich Mathe üben! Mathematische Grundlagen – Bestell-Nr. 12 553

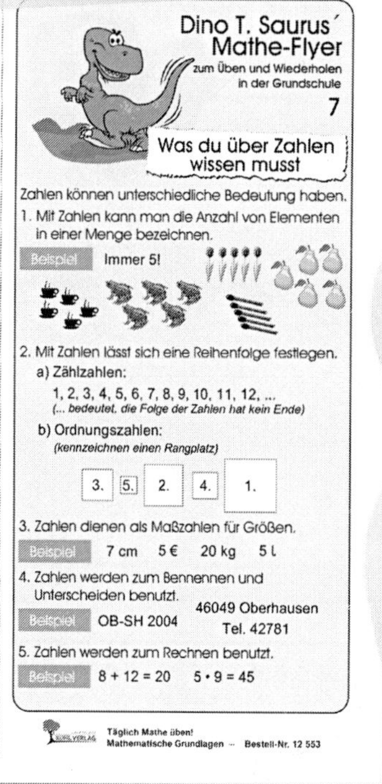

Dino T. Saurus´ Mathe-Flyer zum Üben und Wiederholen in der Grundschule

7

Was du über Zahlen wissen musst

Zahlen können unterschiedliche Bedeutung haben.

1. Mit Zahlen kann man die Anzahl von Elementen in einer Menge bezeichnen.

Beispiel Immer 5!

2. Mit Zahlen lässt sich eine Reihenfolge festlegen.

a) Zählzahlen:

1, 2, 3, 4, 5, 6, 7, 8, 9, 10, 11, 12, ...

(... bedeutet, die Folge der Zahlen hat kein Ende)

b) Ordnungszahlen:

(kennzeichnen einen Rangplatz)

3. 5. 2. 4. 1.

3. Zahlen dienen als Maßzahlen für Größen.

Beispiel 7 cm 5 € 20 kg 5 l

4. Zahlen werden zum Bennennen und Unterscheiden benutzt.

Beispiel OB-SH 2004 46049 Oberhausen Tel. 42781

5. Zahlen werden zum Rechnen benutzt.

Beispiel 8 + 12 = 20 5 • 9 = 45

Täglich Mathe üben! Mathematische Grundlagen – Bestell-Nr. 12 553

⇨ **Erklärungen & Beispiele**

⇨ **Aufgaben**

⇨ **Mit Lösungen**

www.kohlverlag.de

Täglich Mathe üben!

Mathematische Grundlagen

1. Auflage 2021

Inhalt: Hans-J. Schmidt
Coverbild: © Kohl-Verlag
Illustrationen: © clipart.com;
Grafik & Satz: Kohl-Verlag
Druck: farbo prepress GmbH, Köln

Bestell-Nr. 12 553

ISBN: 978-3-96624-140-3

Der vorliegende Band ist eine Print-Einzellizenz

Sie wollen unsere Kopiervorlagen auch digital nutzen? Kein Problem – fast das gesamte KOHL-Sortiment ist auch sofort als PDF-Download erhältlich! Wir haben verschiedene Lizenzmodelle zur Auswahl:

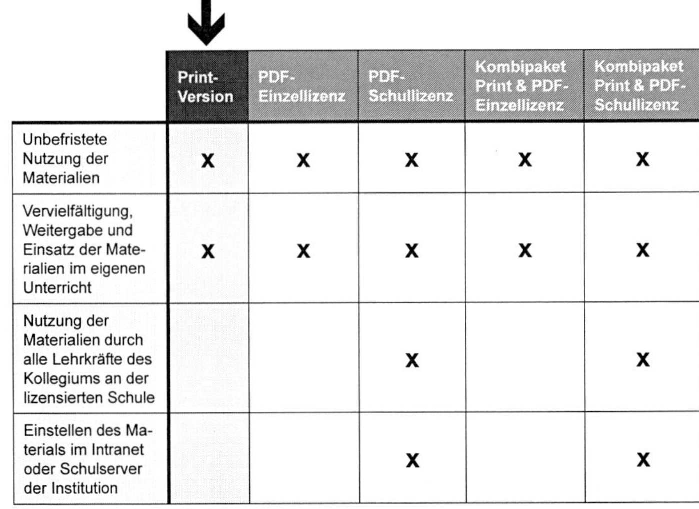

	Print-Version	PDF-Einzellizenz	PDF-Schullizenz	Kombipaket Print & PDF-Einzellizenz	Kombipaket Print & PDF-Schullizenz
Unbefristete Nutzung der Materialien	x	x	x	x	x
Vervielfältigung, Weitergabe und Einsatz der Materialien im eigenen Unterricht	x	x	x	x	x
Nutzung der Materialien durch alle Lehrkräfte des Kollegiums an der lizensierten Schule			x		x
Einstellen des Materials im Intranet oder Schulserver der Institution			x		x

Die erweiterten Lizenzmodelle zu diesem Titel sind jederzeit im Online-Shop unter www.kohlverlag.de erhältlich.

Dino T. Saurus´ Mathe-Flyer

zum Üben und Wiederholen in der Grundschule

3

Vorbemerkungen

Es kommt schon ziemlich oft vor, dass gewisse Themenbereiche der Grundschulmathematik über Nacht oder über die Ferien in Vergessenheit geraten. Diese Wissenslücken treten nicht bei jedem Schüler auf, meistens betrifft es nur einige wenige. Da lohnt sich kein aufwändiges Kopieren in Klassenstärke, da hilft »Dino T. Saurus´ Mathe-Flyer« mit 42 ausgewählten Themenbereichen der Mathematik. Kopieren Sie die entsprechende Vorlage beidseitig und falten sie diese wie einen Flyer. Auf der Vorderseite befinden sich dann grundlegende Informationen zum Themenbereich. Klappt man den Flyer auf, hat man mehrere gelöste Musteraufgaben, die man durcharbeiten kann. Klappt man den Flyer ganz auf, lassen sich die Übungsaufgaben I und II lösen. Dreht man den Flyer dann um, lässt sich vergleichen, ob man mit seinen Lösungen »richtig gelegen« hat.

5 6 1

Vorderseite			Rückseite		
Hier stehen die Lösungen der Übungsaufgaben I	Hier stehen die Lösungen der Übungsaufgaben II	Hier stehen grundlegende Begriffe oder Formeln	Hier stehen die gelösten Musteraufgaben	Hier stehen die Übungsaufgaben I	Hier stehen die Übungsaufgaben II
5	**6**	**1**	**2**	**3**	**4**

Sollten Sie also feststellen, dass Ann-Kathrein oder Jan-Niklas Defizite in einem Bereich »Grundwissen Mathematik« aufweisen, dann drücken Sie ihnen einfach den passenden - vielleicht laminierten - Flyer in die Hand mit den Worten »Morgen bekomme ich die Flyer wieder und ihr sagt mir, ob ihr alle Aufgaben verstanden habt.« »Dino T. Saurus« leistet damit einen Beitrag zu »EVA«, dem eigenverantwortlichen Arbeiten im Mathematikunterricht. Weiterhin kann das Material das schuleigene Förderungskonzept hilfreich bei der Aufarbeitung defizitärer Leistungen unterstützen.

Viel Freude mit diesem Material und vor allem Erfolg in Ihrem pädagogischen Alltag wünschen Ihnen der Kohl Verlag und Hans J. Schmidt

Täglich Mathe üben! Mathematische Grundlagen – Bestell-Nr. 12 553

Inhaltsverzeichnis

Täglich Mathe üben! Mathematische Grundlagen – Bestell-Nr. 12 553
KOHL VERLAG

Lösungen Übungsaufgaben I

AUFGABE 1

Schreibe mit arabischen Ziffern!

XXIV = *24*	CVII = *107*	MXX = *1020*
LXIX = *69*	CXIV = *114*	CDIV = *404*
CXLV = *145*	MDC = *1600*	CCIX = *209*
MCCCXLVI = *1346*	MDCCLXIV = *1764*	

AUFGABE 2

Schreibe mit römischen Zahlzeichen!

564 = *DLXIV*

247 = *CCXLVII*

1329 = *MCCCXXIX*

1898 = *MDCCCXCVIII*

1473 = *MCDLXXIII*

1586 = *MDLXXXVI*

AUFGABE 3

Wann wurden die Häuser mit diesen Inschriften erbaut?

Anno Domini MDCXXIII *1623*
Anno Domini MDCCXII *1712*
Anno Domini MDCLVII *1657*

AUFGABE 4

Durch Umlegen eines einzigen Streichholzes stimmt die Rechnung.

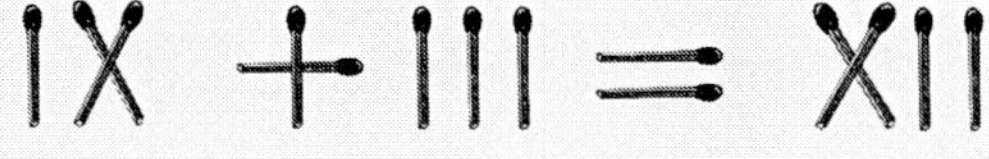

Lösungen Übungsaufgaben II

AUFGABE 5

Finde die Jahreszahlen zu folgenden Ereignissen heraus!

MCDLXLII Kolumbus entdeckt Amerika 1492

CMLXII Kaiserkrönung Otto I. in Rom 962

MDCCCXLII Karl May wird geboren 1842

AUFGABE 6

Setze die angefangenen Reihen fort!

XII	XXIV	XXXVI	*XLVIII*	*LX*	
XX	XL	LX	*LXXX*	*C*	*CXX*
MM	MML	MMC	*MMCL*	*MMCC*	

AUFGABE 7

Welche Zahl ist größer? Setze > oder < ein!

LXXXIII > LXXVII

MDLXXIV < MDCI

AUFGABE 8

Setze römische Zahlzeichen so ein, dass sich ein magisches Quadrat ergibt!

IV	IX	*V*	*XVI*
XV	VI	X	III
XIV	VII	XI	*II*
I	XII	*VIII*	XIII

Dino T. Saurus´ Mathe-Flyer

zum Üben und Wiederholen in der Grundschule

5

Römische Zahlzeichen

Die Römer benutzten vor ungefähr 2000 Jahren folgende Zahlzeichen:

I = 1
V = 5
X = 10
L = 50
C = 100
D = 500
M = 1000

Im Laufe der Zeit entwickelten sich folgende Regeln:
Jedes der Zeichen I, X, C, M darf höchstens dreimal hintereinander vorkommen:
III = 3, XXX = 30, CCC = 300, MMM = 3000.

Die Zeichen werden der Größe nach geordnet. Man beginnt mit dem größten Zeichen. Die Werte der Zeichen werden zusammengezählt:
DXXIII = 500 + 10 + 10 + 1 + 1 + 1 = 523

Besonderheiten

Die Zeichen I, X oder C dürfen einmal vor einem Zeichen mit einem Zeichen mit einem höheren Wert stehen. Sie werden dann abgezogen:
IX = 10 – 1 = 9.
Die Zeichen V, L und D dürfen je nur einmal vorkommen.

Musteraufgaben

AUFGABE 1

Übertrage die römischen Zahlen in unser Zehnersystem!

VII = 7	XV = 15	XXXI = 31	LXIII = 63
MCM = 1900	MXI = 1011	CLIX = 159	

AUFGABE 2

Schreibe wie ein »alter Römer«!

46 = XLVI	55 = LV	169 = CLXIX
225 = CCXXV	2474 = MMCDLXXIV	

AUFGABE 3

Anno Domini ist lateinisch und heißt soviel wie »im Jahre des Herrn«. Früher ritzte man in die Balken von Häusern die Zahl des Jahres ein, in dem sie erbaut wurden.
Anno Domini MDCCLXXI heißt also, dass ein Haus im Jahre 1771 erbaut wurde.
Stelle einmal fest, wann folgende Häuser erbaut wurden!

Anno Domini MDCCLVIII *1758*
Anno Domini MDCCL *1750*
Anno Domini MDCLXXI *1671*
Anno Domini MDCCCXXVI *1826*

AUFGABE 4

Setze die angefangene Reihe fort!

IV	VIII	XII	*XVI*	*XX*	*XXIV*

AUFGABE 5

Welche Zahl ist größer? Setze > oder < ein!

XLIV < LII

MDCCXVIII > MCXIX

Übungsaufgaben I

AUFGABE 1

Schreibe mit arabischen Ziffern!

XXIV =	CVII =	MXX =
LXIX =	CXIV =	CDIV =
CXLV =	MDC =	CCIX =
MCCCXLVI =	MDCCLXIV =	

AUFGABE 2

Schreibe mit römischen Zahlzeichen!

564 =

247 =

1329 =

1898 =

1473 =

1586 =

AUFGABE 3

Wann wurden die Häuser mit diesen Inschriften erbaut?

Anno Domini MDCXXIII
Anno Domini MDCCXII
Anno Domini MDCLVII

AUFGABE 4

Durch Umlegen eines einzigen Streichholzes stimmt die Rechnung.

Übungsaufgaben II

AUFGABE 5

Finde die Jahreszahlen zu folgenden Ereignissen heraus!

MCDLXLII Kolumbus entdeckt Amerika

CMLXII Kaiserkrönung Otto I. in Rom

MDCCCXLII Karl May wird geboren

AUFGABE 6

Setze die angefangenen Reihen fort!

XII	XXIV	XXXVI		
XX	XL	LX		
MM	MML	MMC		

AUFGABE 7

Welche Zahl ist größer? Setze > oder < ein!

LXXXIII ☐ LXXVII

MDLXXIV ☐ MDCI

AUFGABE 8

Setze römische Zahlzeichen so ein, dass sich ein magisches Quadrat ergibt!

IV	IX		
	VI	X	III
XIV	VII	XI	
	XII		XIII

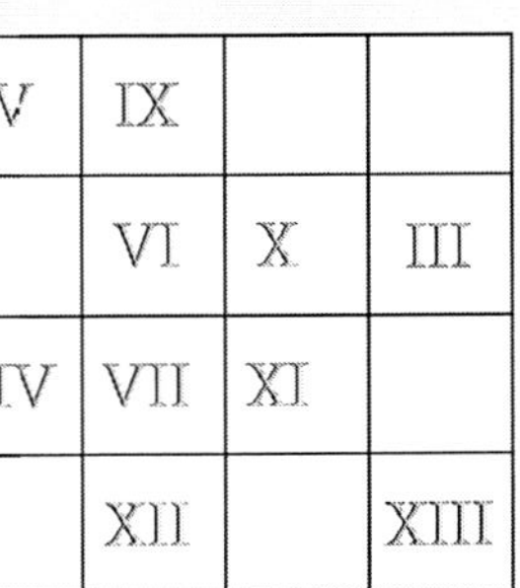

Lösungen Übungsaufgaben I

AUFGABE 1

Wie viele?

a) 13

b) 14

b) 12

AUFGABE 2

Ordne der Größe nach mit 1., 2., 3. usw.!

2. 6. 4. 3. 5. 7. 1.

AUFGABE 3

Streiche alle Zahlen durch, die ungerade sind!

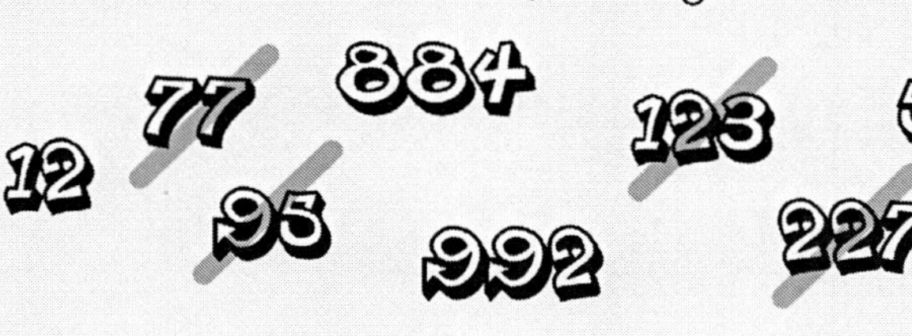

Lösungen Übungsaufgaben II

AUFGABE 4

Welche Angabe kann man runden?

~~Fax: 6543788~~

~~Postleitzahl von Oberhausen 46048~~

~~Bankleitzahl 36550000~~ ~~Postfach 36782~~

Zugspitze: 2963 m

~~Tel.: 0208 456723~~ ~~Schuhgröße 36~~

AUFGABE 5

Gib jeweils den Vorgänger und Nachfolger an!

a)	*255*	256	*257*	b)	*798*	799	*800*
c)	*999*	1000	*1001*	d)	*120*	121	*122*
e)	*89*	90	*91*	f)	*1996*	1997	*1998*

AUFGABE 5

Streiche alle Zahlen durch, die Primzahlen sind!

AUFGABE 6

Jede Zahl lässt sich in zwei Zahl aufspalten. Die Aufspaltung kann mit einem Pluszeichen notiert werden. Spalte mehrfach auf!

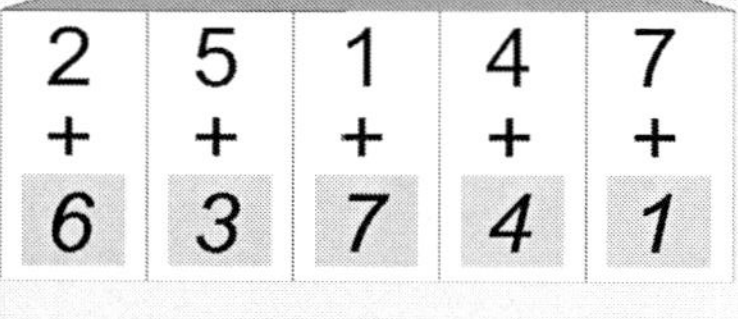

8				
2	5	1	4	7
+	+	+	+	+
6	*3*	*7*	*4*	*1*

Dino T. Saurus´ Mathe-Flyer

zum Üben und Wiederholen in der Grundschule

7

Was du über Zahlen wissen musst

Zahlen können unterschiedliche Bedeutung haben.

1. Mit Zahlen kann man die Anzahl von Elementen in einer Menge bezeichnen.

Beispiel Immer 5!

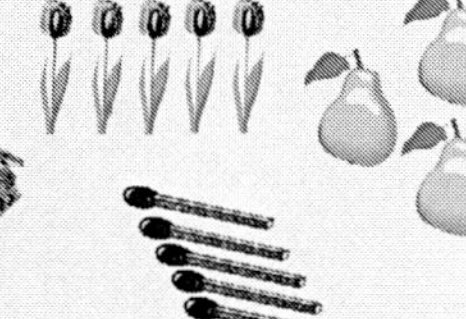

2. Mit Zahlen lässt sich eine Reihenfolge festlegen.

   a) Zählzahlen:

   1, 2, 3, 4, 5, 6, 7, 8, 9, 10, 11, 12, ...
   (... bedeutet, die Folge der Zahlen hat kein Ende)

   b) Ordnungszahlen:
   (kennzeichnen einen Rangplatz)

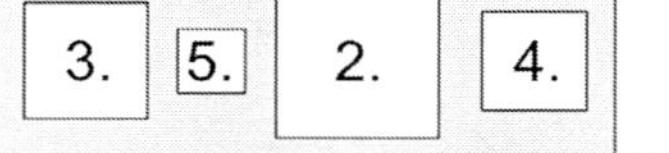

3. Zahlen dienen als Maßzahlen für Größen.

Beispiel 7 cm 5 € 20 kg 5 l

4. Zahlen werden zum Bennennen und Unterscheiden benutzt.

Beispiel OB-SH 2004 46049 Oberhausen Tel. 42781

5. Zahlen werden zum Rechnen benutzt.

Beispiel 8 + 12 = 20 5 • 9 = 45

Musteraufgaben

AUFGABE 1

Wie viele Beine?

18

AUFGABE 2

Ordne der Größe nach mit 1., 2., 3. usw.!

4. *2.* *3.* *1.* *5.*

AUFGABE 3

Zahlen werden in gerade und ungerade Zahlen eingeteilt. Gerade Zahlen sind durch 2 teilbar. Streiche alle Zahlen durch, die gerade sind!

AUFGABE 4

Jede Zahl außer der Null hat zwei Nachbarzahlen, die Vorgänger bzw. Nachfolger genannt werden. Gib jeweils den Vorgänger und Nachfolger an!

a) *122* 123 *124*   b) *998* 999 *1000*

AUFGABE 5

Zahlen, die nur durch sich selbst und durch 1 teilbar sind, heißen Primzahlen. Die kleinste Primzahl ist die Zahl 2. Streiche jetzt alle Zahlen, die keine Primzahlen sind!

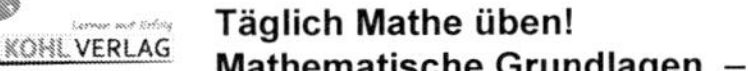

Übungsaufgaben I

AUFGABE 1

Wie viele?

a)

b)

b)

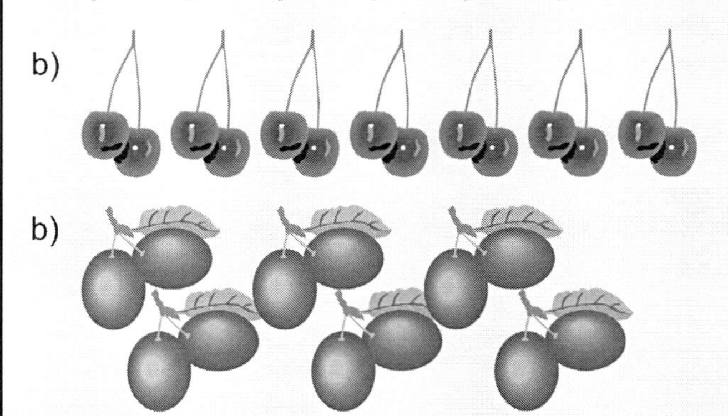

AUFGABE 2

Ordne der Größe nach mit 1., 2., 3. usw.!

AUFGABE 3

Streiche alle Zahlen durch, die ungerade sind!

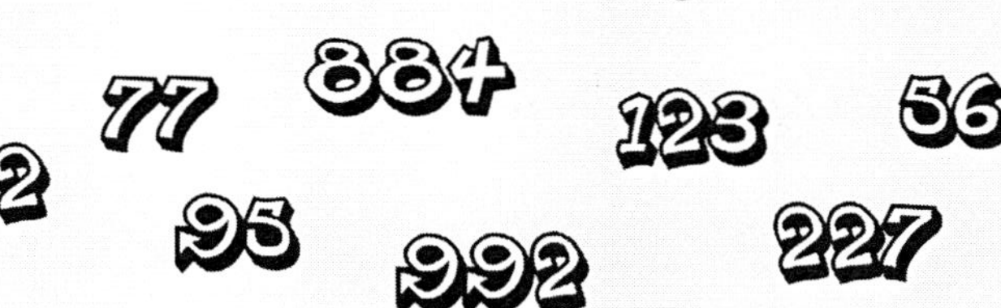

Übungsaufgaben II

AUFGABE 4

Welche Angabe kann man runden?

Fax: 6543788

Postleitzahl von Oberhausen 46048

Bankleitzahl 36550000

Postfach 36782

Zugspitze: 2963 m

Tel.: 0208 456723

Schuhgröße 36

AUFGABE 5

Gib jeweils den Vorgänger und Nachfolger an!

a)		256		b)		799	
c)		1000		d)		121	
e)		90		f)		1997	

AUFGABE 5

Streiche alle Zahlen durch, die Primzahlen sind!

AUFGABE 6

Jede Zahl lässt sich in zwei Zahl aufspalten. Die Aufspaltung kann mit einem Pluszeichen notiert werden. Spalte mehrfach auf!

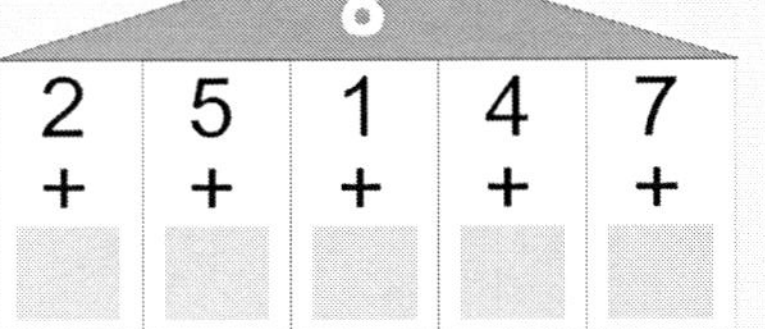

Lösungen Übungsaufgaben I

AUFGABE 1

Übertrage die im Zahlbild dargestellte Zahl in die Stellenwerttafel!

a) □□□□ ||||||| ▫▫▫▫▫

Hunderter (H)	Zehner (Z)	Einer (E)
4	*7*	*5*

b) □□□ || ▫▫▫▫▫▫▫▫▫

H	Z	E
3	*2*	*9*

c) □□□□□□▫▫▫▫▫

H	Z	E
6	*0*	*5*

AUFGABE 2

Schreibe als Zahlwort!

a)

H	Z	E
3	1	7

dreihundertsiebzehn

b)

H	Z	E
1	9	9

einhundertneunundneunzig

AUFGABE 3

Gib den Vorgänger und den Nachfolger an!

H	Z	E
3	2	9

Vorgänger 328
Nachfolger 330

AUFGABE 4

Zeichne das Zahlbild zu der angegebenen Zahl!

a)

H	Z	E
4	1	5

□□□□ | ▫▫▫▫▫

b)

H	Z	E
2	0	9

□□ ▫▫▫▫▫▫▫▫▫

Lösungen Übungsaufgaben II

AUFGABE 5

Ergänze die Tabelle!

43	*21*	*60*	15
|||| ▫▫▫	|| ▫	||||||		▫▫▫▫▫
4Z 3E	*2Z 1E*	*6Z 0E*	*1Z 5E*
40 + 3	*20 + 1*	60 + 0	*10 + 5*

AUFGABE 6

Schreibe als Zahlwort!

a) 2 H 1Z 5E — *zweihundertfünfzehn*
b) 3 H 0Z 7E — *dreihundertsieben*
c) 9 H 2Z 0E — *neunhundertzwanzig*

AUFGABE 7

Gib die Hälfte der Zahl an!

a) 4 H 5Z 6E — *2 H 2Z 8E oder 228*
b) □ |||||||| ▫▫▫▫ — *9Z 2E oder 92*

AUFGABE 8

Ergänze die Tabelle!

Zahlwort	Zahl
dreihundertzwölf	*312*
siebenhundertachtzig	780
zweihundertneun	*209*
fünfhundertfünfundfünfzig	555
achthundertdreiundfünfzig	*853*
neunhundertneunundneunzig	999

Dino T. Saurus´ Mathe-Flyer

zum Üben und Wiederholen in der Grundschule

9

Das Zehnersystem

Zahlen wie 1954 oder 796 bildest du mit den Ziffern 0, 1, 2, 3, 4, 5, 6, 7, 8 und 9. Der Wert der Ziffer hängt von seiner Lage innerhalb der Zahl ab.
So stellt die 9 in 1954 den Wert 900 dar, in 796 den Wert 90.
Man sagt, dass unser Zahlensystem ein Stellenwertsystem ist.

Im Zahlenraum bis 1000 werden
10 Einer [▫▫▫▫▫▫▫▫▫▫] zu einem Zehner [|],
10 Zehner [||||||||||] zu einem Hunderter [□]
und 10 Hunderter [□□□□□□□□□□]
zu einem Tausender [ ] gebündelt.

Beispiel

Die Zahl 743 besteht aus 7 Hundertern, 4 Zehnern und 3 Einern:

Solche Zahlenbilder lassen sich schneller in eine Stellenwerttafel eintragen.

Hunderter (H)	Zehner (Z)	Einer (E)
7	4	3

Du kannst anhand der Stellenwerttafel schnell den Vorgänger und den Nachfolger bestimmen.
Vorgänger von 743 ist 742, Nachfolger ist 744.

Musteraufgaben

AUFGABE 1

Übertrage die im Zahlbild dargestellte Zahl in die Stellenwerttafel!

□□□□□ |||||| ▫▫▫▫▫▫▫

Hunderter (H)	Zehner (Z)	Einer (E)
5	*6*	*7*

AUFGABE 2

Zeichne das Zahlbild zu der Zahl!

H	Z	E
3	4	2

□□□ |||| ▫▫

AUFGABE 3

Gib den Vorgänger und den Nachfolger an!

H	Z	E
7	3	0

Vorgänger 729, Nachfolger 731

AUFGABE 4

Schreibe als Zahlwort!

a) □□ ||| ▫▫▫▫▫ *zweihundertfünfunddreißig*

b) 29 *neunundzwanzig*

c) 7H 3E *siebenhundertdrei*

AUFGABE 5

Richtig oder falsch?

Die Zahl 508 besteht aus 5H 8Z 0E.

falsch; 5H 0Z 8E

AUFGABE 6

Zahl gesucht!

Die Einerzahl ist gerade und liegt zwischen 5 und 7. Die Zehnerzahl liegt genau zwischen 40 und 60. Der Hunderter ist das Doppelte von 200. *456*

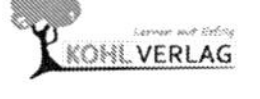

Übungsaufgaben I

AUFGABE 1

Übertrage die im Zahlbild dargestellte Zahl in die Stellenwerttafel!

a) □□□□ ||||||| ▫▫▫▫▫

Hunderter (H)	Zehner (Z)	Einer (E)

b) □□□ || ▫▫▫▫▫▫▫▫▫▫

H	Z	E

c) □□□□□□ ▫▫▫▫▫

H	Z	E

AUFGABE 2

Schreibe als Zahlwort!

a)

H	Z	E
3	1	7

b)

H	Z	E
1	9	9

AUFGABE 3

Gib den Vorgänger und den Nachfolger an!

H	Z	E
3	2	9

AUFGABE 4

Zeichne das Zahlbild zu der angegebenen Zahl!

a)

H	Z	E
4	1	5

b)

H	Z	E
2	0	9

Übungsaufgaben II

AUFGABE 5

Ergänze die Tabelle!

43			15
|||| ▫▫▫	|| ▫		
4Z 3E			
40 + 3		60 + 0	

AUFGABE 6

Schreibe als Zahlwort!

a) 2 H 1Z 5E

b) 3 H 0Z 7E

c) 9 H 2Z 0E

AUFGABE 7

Gib die Hälfte der Zahl an!

a) 4 H 5Z 6E

b) □ |||||||| ▫▫▫▫

AUFGABE 8

Ergänze die Tabelle!

Zahlwort	Zahl
dreihundertzwölf	
	780
zweihundertneun	
	555
achthundertdreiundfünfzig	
	999

Lösungen Übungsaufgaben I

AUFGABE 1

Welche Zahlen stehen in der Hundertertafel an den markierten Stellen?

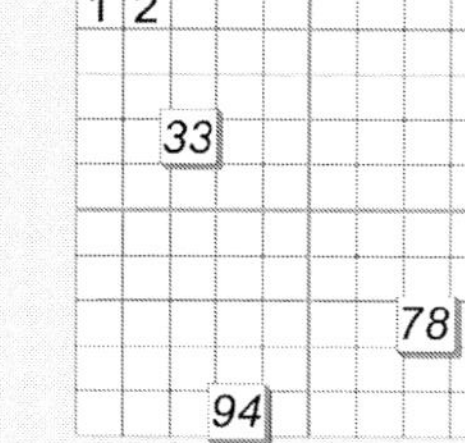

AUFGABE 2

Welche Zahlen in der Hundertertafel haben 8 Einer?

1 2

8, 18, 28, 38, 48, 58, 68, 78, 88, 98

AUFGABE 3

Hier siehst du Ausschnitte der Hundertertafel. Ergänze die fehlenden Zahlen!

a)

78	79	80
88	89	90

b)

220	221	222
230	231	232

c)

812	813	814
822	823	824

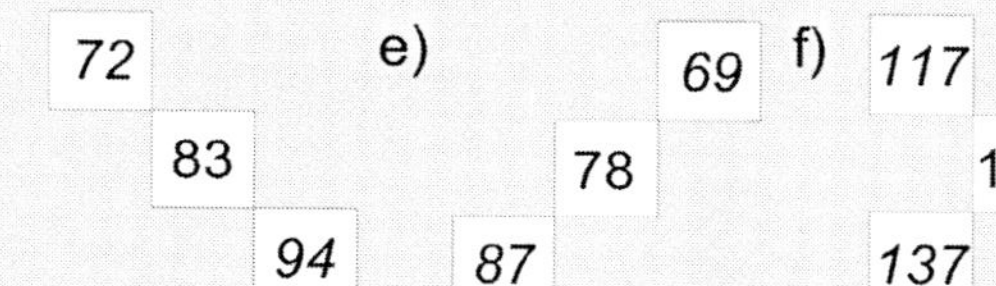

d) 72, 83, 94

e) 69, 78, 87

f) 117, 119, 128, 137, 139

AUFGABE 4

Wie geht es in der Hundertertafel weiter? Fülle die Kästchen aus!

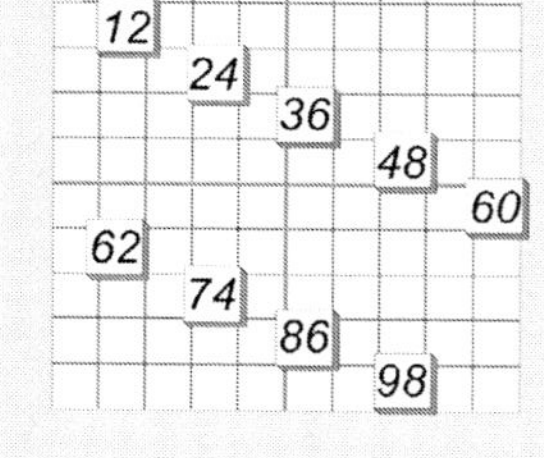

Lösungen Übungsaufgaben II

AUFGABE 5

Wie heißen die Zahlen in den grauen Feldern?

a	791	f	746
b	782	g	737
c	773	h	728
d	764	i	719
e	755	j	710

701 702

AUFGABE 6

Finde die Zahlen in den grauen Feldern und gib jeweils den Vorgänger und den Nachfolger dieser Zahl an!

a 422 < 423 < 424

b 466 < 467 < 468

c 460 < 461 < 462

d 487 < 488 < 489

e 439 < 440 < 441

401 402

AUFGABE 7

Welche Zahlen in der Hundertertafel haben 6 Zehner? Färbe die Felder grau ein!

201 202

260

261 262 263 264 265 266 267 268 269

Dino T. Saurus´ Mathe-Flyer

zum Üben und Wiederholen in der Grundschule

11

Die Hundertertafel

Hundertertafeln stellen die Zahlenräume 1 bis 100, 101 bis 200, 201 bis 300, ... dar. So eine Tafel besteht aus 100 einzelnen Feldern, in dem jede Zahl ihren festen Platz hat. 10 nebeneinanderstehende Hundertertafeln ergeben eine Tausendertafel.

1	2	3	4	5	6	7	8	9	10
11	12	13	14	15	16	17	18	19	20
21	22	23	24	25	26	27	28	29	30
31	32	33	34	35	36	37	38	39	40
41	42	43	44	45	46	47	48	49	50
51	52	53	54	55	56	57	58	59	60
61	62	63	64	65	66	67	68	69	70
71	72	73	74	75	76	77	78	79	80
81	82	83	84	85	86	87	88	89	90
91	92	93	94	95	96	97	98	99	100

An Hundertertafeln lassen sich schnell Nachfolger und Vorgänger einer Zahl ablesen. Du kannst auch erkennen, wo die Zehnerzahlen stehen. Welche Zahlen stehen z. B. in den Diagonalen?

Musteraufgaben

AUFGABE 1

Welche Zahlen stehen in der Hundertertafel an den markierten Stellen?

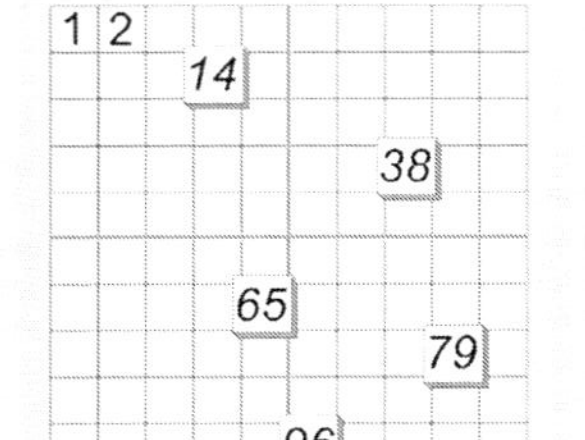

AUFGABE 2

Hier siehst du Ausschnitte der Hundertertafel. Ergänze die fehlenden Zahlen!

AUFGABE 3

Welche Zahlen in der Hundertertafel haben 4 Einer?

1 2

4, 14, 24, 34, 44, 54, 64, 74, 84, 94

AUFGABE 4

Wie heißen die Zahlen in den grauen Feldern?

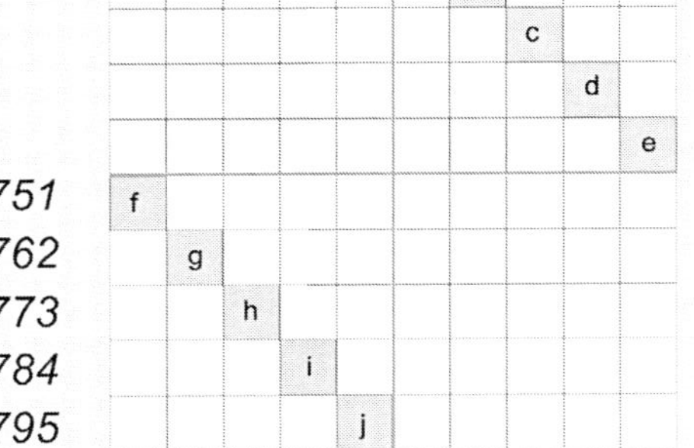
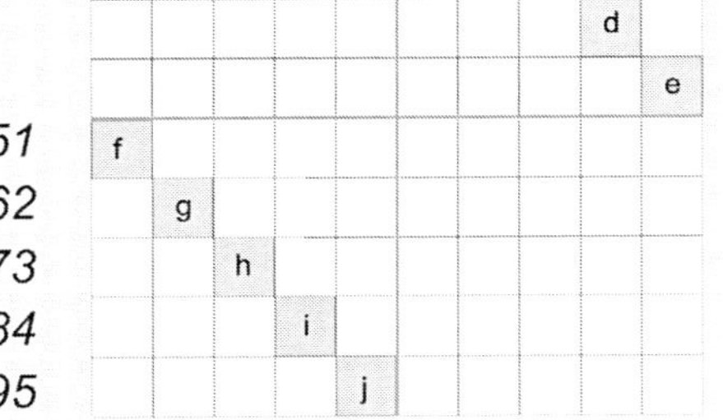

a	706	f	751
b	717	g	762
c	728	h	773
d	739	i	784
e	750	j	795

Übungsaufgaben I

AUFGABE 1

Welche Zahlen stehen in der Hundertertafel an den markierten Stellen?

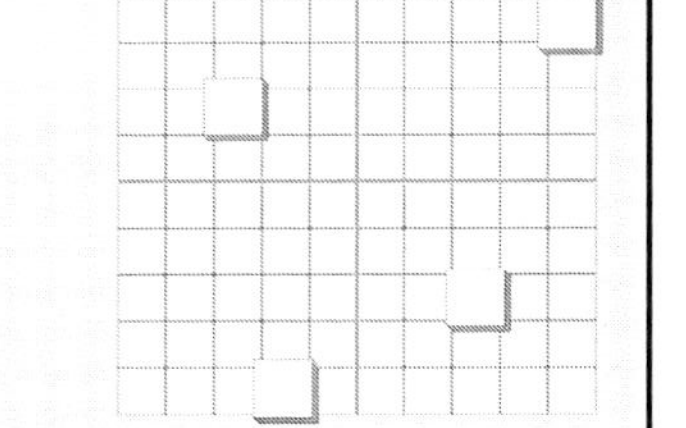

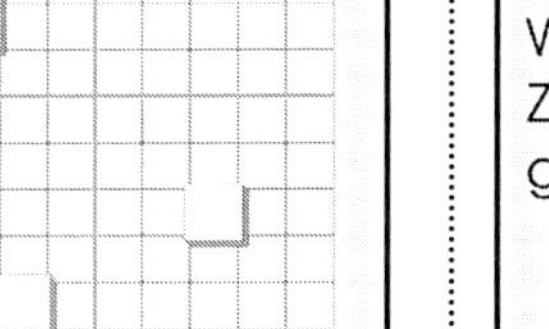

AUFGABE 2

Welche Zahlen in der Hundertertafel haben 8 Einer?

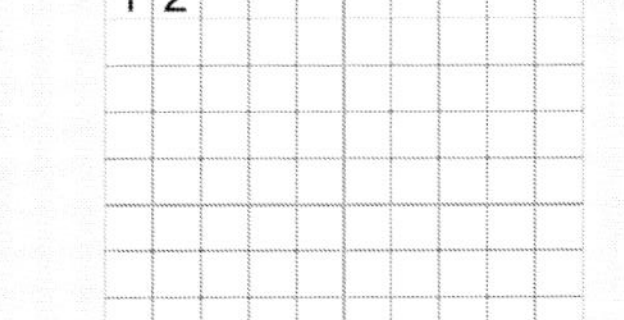

AUFGABE 3

Hier siehst du Ausschnitte der Hundertertafel. Ergänze die fehlenden Zahlen!

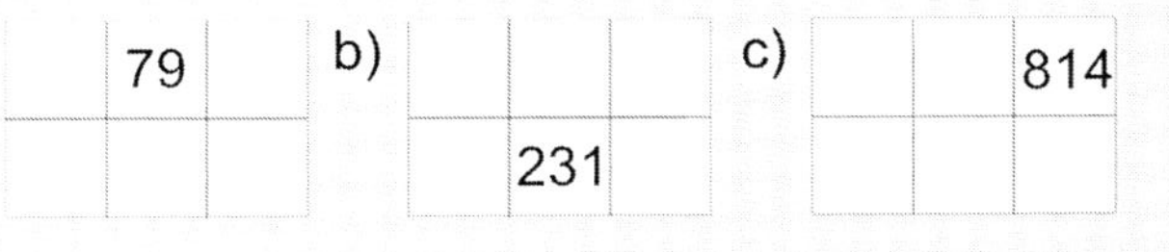

AUFGABE 4

Wie geht es in der Hundertertafel weiter? Fülle die Kästchen aus!

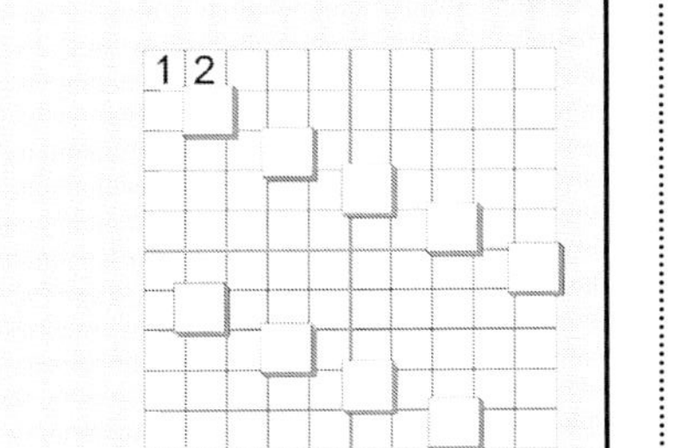

Übungsaufgaben II

AUFGABE 5

Wie heißen die Zahlen in den grauen Feldern?

701 702

a		f	
b		g	
c		h	
d		i	
e		j	

AUFGABE 6

Finde die Zahlen in den grauen Feldern und gib jeweils den Vorgänger und den Nachfolger dieser Zahl an!

401 402

a

b

c

d

e

AUFGABE 7

Welche Zahlen in der Hundertertafel haben 6 Zehner? Färbe die Felder grau ein!

201 202

Lösungen Übungsaufgaben I

AUFGABE 1

Lies die Zahlen ab und trage sie in das Kästchen ein!

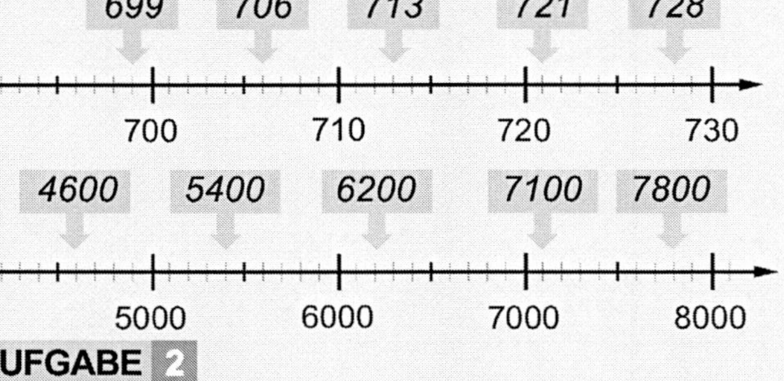

AUFGABE 2

Lies die Zahlen ab und schreibe sie auf!

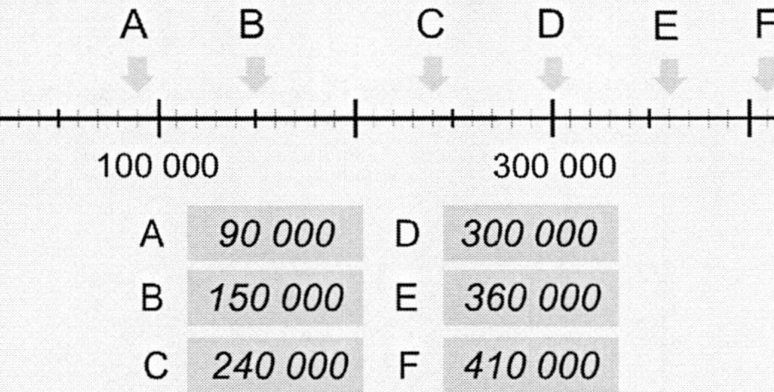

A	*90 000*	D	*300 000*
B	*150 000*	E	*360 000*
C	*240 000*	F	*410 000*

AUFGABE 3

Markiere die Zahlen mit einem Pfeil und dem entsprechenden Buchstaben!

a)	80	e)	330
b)	150	f)	360
c)	200	g)	420
d)	290	h)	540

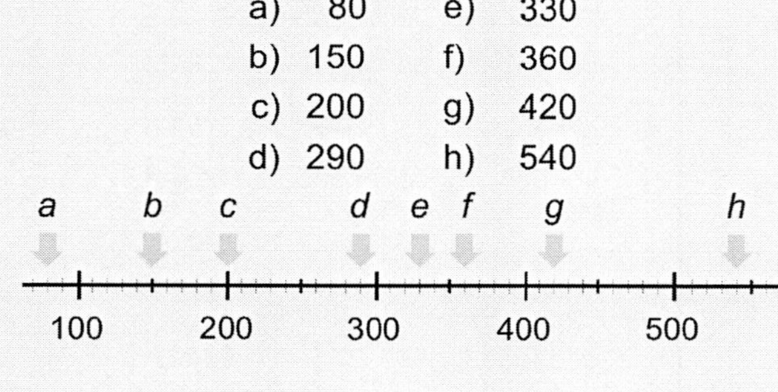

Lösungen Übungsaufgaben II

AUFGABE 4

Markiere die Zahlen mit einem Pfeil und dem entsprechenden Buchstaben!

a)	42	e)	93
b)	58	f)	110
c)	70	g)	115
d)	84	h)	122

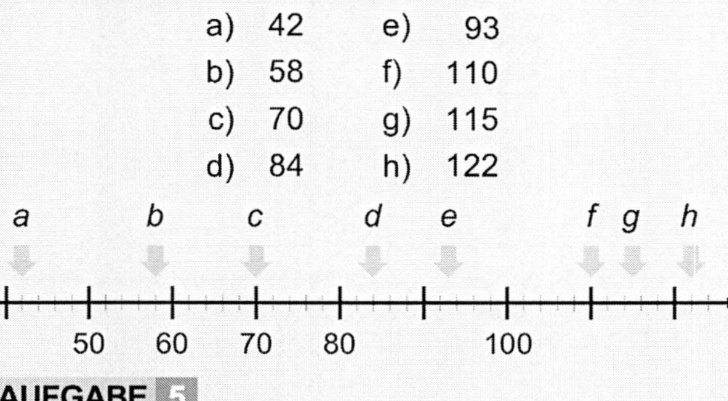

AUFGABE 5

Markiere die Zahlen mit einem Pfeil und dem entsprechenden Buchstaben!

a)	7 930	e)	8 150
b)	7980	f)	8 210
c)	8 040	g)	8 260
d)	8 090	h)	8 320

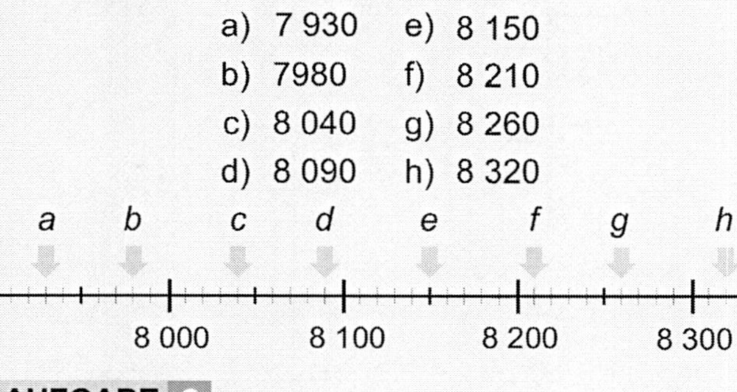

AUFGABE 6

Welche Zahl liegt genau in der Mitte?

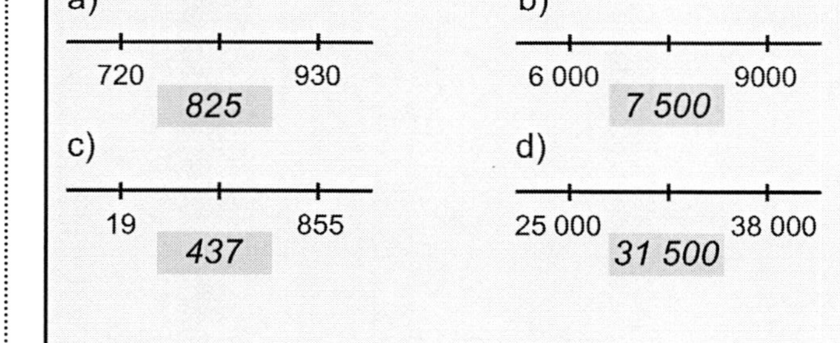

Dino T. Saurus´ Mathe-Flyer

zum Üben und Wiederholen in der Grundschule

13

Zahlenstrahl

Zahlen lassen sich nicht nur aufschreiben und vergleichen, sondern sie können auch am sogenannten Zahlenstrahl dargestellt werden.
Auf einem Zahlenstrahl sind die Zahlen hintereinander der Größe nach angeordnet
Mithilfe des Zahlenstrahls lassen sich Zahlen ordnen und der Größe nach sortieren.
Du musst beachten, dass die Abstände zwischen den Zahlen immer gleich groß sind. Nicht immer ist jede einzelne Zahl auf dem Zahlenstrahl dargestellt. Du musst schon genau hinschauen, wenn mit größeren Einheiten (z. B. 100 oder 1000) gezeichnet wurde. Bevor du also entscheidest, welche Zahl dargestellt ist, schaue dir genau die Abstände an!
Die Zahlen werden von links nach rechts immer größer. Also steht links die kleinste Zahl und ganz rechts die größte Zahl.

Beispiele

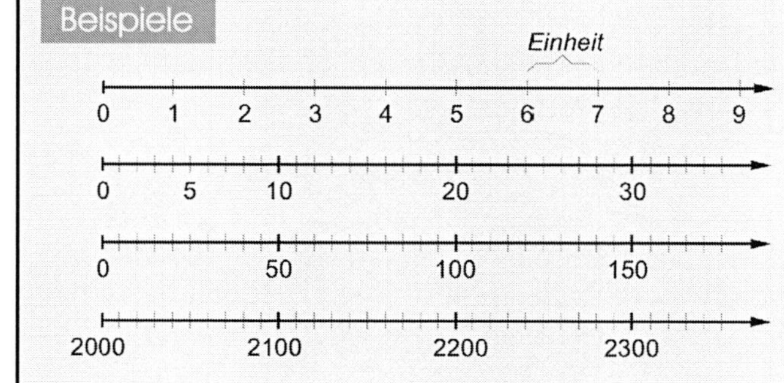

Musteraufgaben

AUFGABE 1

Lies die Zahlen ab und trage sie in das Kästchen ein!

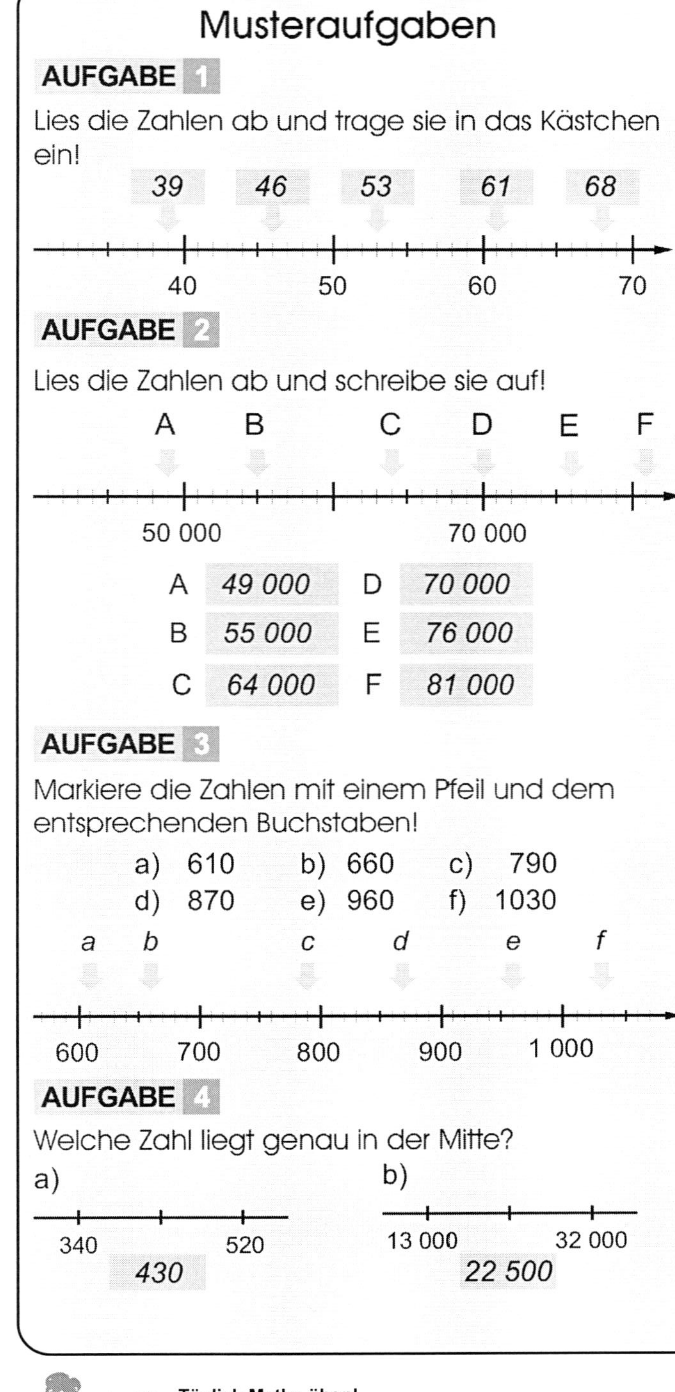

AUFGABE 2

Lies die Zahlen ab und schreibe sie auf!

A	*49 000*	D	*70 000*
B	*55 000*	E	*76 000*
C	*64 000*	F	*81 000*

AUFGABE 3

Markiere die Zahlen mit einem Pfeil und dem entsprechenden Buchstaben!

a) 610 b) 660 c) 790
d) 870 e) 960 f) 1030

a b c d e f

600 700 800 900 1 000

AUFGABE 4

Welche Zahl liegt genau in der Mitte?

a) 340 520 — *430*

b) 13 000 32 000 — *22 500*

Übungsaufgaben I

AUFGABE 1

Lies die Zahlen ab und trage sie in das Kästchen ein!

700 710 720 730

5000 6000 7000 8000

AUFGABE 2

Lies die Zahlen ab und schreibe sie auf!

A B C D E F

100 000 300 000

A		D	
B		E	
C		F	

AUFGABE 3

Markiere die Zahlen mit einem Pfeil und dem entsprechenden Buchstaben!

a) 80 e) 330
b) 150 f) 360
c) 200 g) 420
d) 290 h) 540

100 200 300 400 500

Übungsaufgaben II

AUFGABE 4

Markiere die Zahlen mit einem Pfeil und dem entsprechenden Buchstaben!

a) 42 e) 93
b) 58 f) 110
c) 70 g) 115
d) 84 h) 122

50 60 70 80 100

AUFGABE 5

Markiere die Zahlen mit einem Pfeil und dem entsprechenden Buchstaben!

a) 7 930 e) 8 150
b) 8 050 f) 8 210
c) 8 040 g) 8 260
d) 8 090 h) 8 320

8 000 8 100 8 200 8 300

AUFGABE 6

Welche Zahl liegt genau in der Mitte?

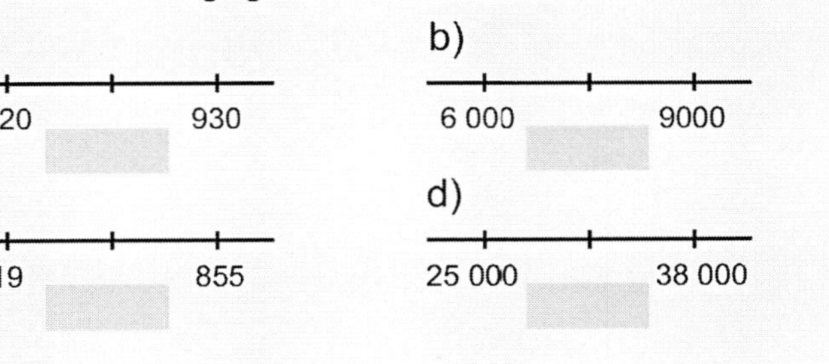

Lösungen Übungsaufgaben I

AUFGABE 1

Größer (>), kleiner (<) oder gleich groß (=)?

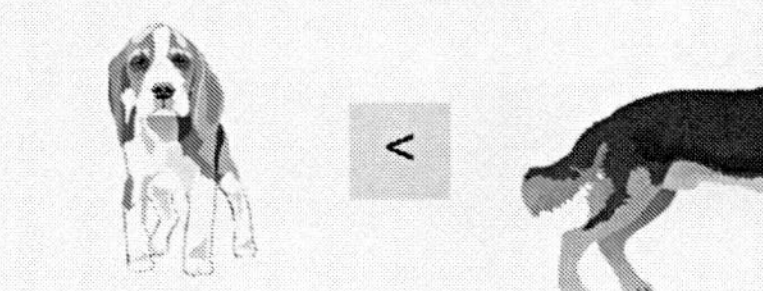

AUFGABE 2

Wo ist die größere Futtermenge? Setze > oder < ein!

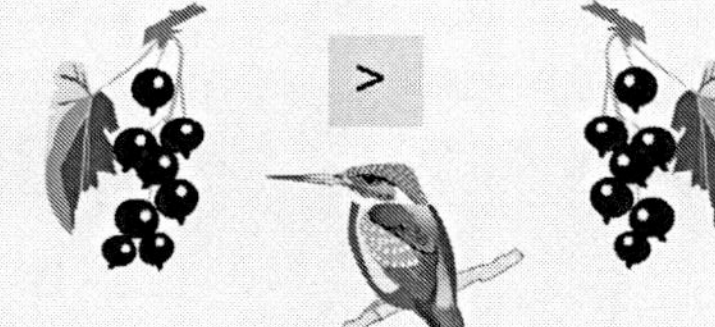

AUFGABE 3

Setze < oder > richtig ein!

12 **<** 21 64 **>** 46 332 **>** 323

121 **>** 112 13691 **<** 13916 13481 **<** 13779

291214 **<** 291241 76127344 **<** 761273443

AUFGABE 4

Größer oder kleiner? Setze >, < oder = ein!

AUFGABE 5

Welche Zahlen kannst du einsetzen?

14 > *13* / *12* / *11* > 10

Lösungen Übungsaufgaben II

AUFGABE 6

Welche Zahlen sind größer als 7 und kleiner als 12?

8, 9, 10, 11

AUFGABE 7

Größer, kleiner oder gleich?

11 + 5 **=** 9 + 7

AUFGABE 8

Kleiner, größer oder gleich? Setze <, > oder = ein!

6 • 13 **>** 198 : 3 16 • 25 **>** 360

70 • 6 **=** 12 • 35 57 : 3 **<** 84 : 4

AUFGABE 9

Stelle aus den Ziffern 5, 1 und 6 alle möglichen dreistelligen Zahlen dar und ordne sie von groß nach klein!

651 > 615 > 561 > 516 > 165 > 156

AUFGABE 10

Ordne die Zahlen von groß nach klein!

a) 67, 58, 73, 18, 6, 71 *73 > 71 > 67 > 58 > 18 > 6*

b) 844, 258, 64, 913, 11 *913 > 844 > 258 > 64 > 11*

c) 143, 431, 42, 34, 234 *431 > 234 > 143 > 42 > 34*

AUFGABE 11

Wer ist wer? Oliver ist kleiner als Niklas, Felix ist größer als Thomas, Niklas ist kleiner als Thomas, Oliver ist größer als Peter und Felix ist kleiner als Michael.

Dino T. Saurus´ Mathe-Flyer

zum Üben und Wiederholen in der Grundschule

15

Kleiner, größer, gleich

Zahlen können miteinander verglichen werden. Dafür gibt es drei Zeichen:

< ist kleiner als (*Merkhilfe I< k wie kleiner*)
> ist größer als
= gleich

Beispiele:

3 + 5 = 8 (*sprich 3 + 5 gleich 8*)
3 < 5 (*sprich 3 ist kleiner als 8*)
8 > 5 (*sprich 8 ist größer als 5*)

Mehrere Zahlen kannst du der Größe nach ordnen.

Beispiele:

Von klein nach groß 7 < 12 < 17 < 25 < 41 < 68
Von groß nach klein 68 > 41 > 25 > 17 > 12 > 7

Am besten machst du dir den Größenvergleich vorgegebener Zahlen an einem Zahlenstrahl klar. Alle Zahlen, die links von einer vorgegebenen Zahl auf dem Zahlenstrahl liegen, sind kleiner als diese Zahl. Alle Zahlen, die rechts von einer vorgegebenen Zahl liegen, sind größer als diese Zahl.

Beispiele:

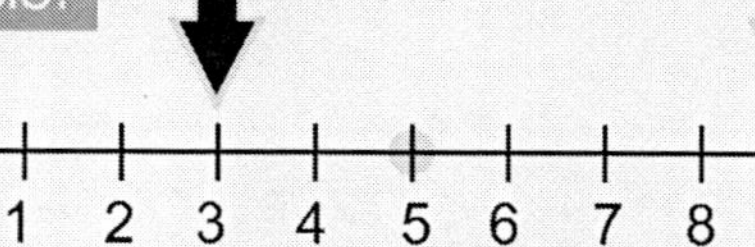

3 < 5, weil 3 links von der 5 liegt
9 > 5, weil 9 rechts von der 5 liegt

Musteraufgaben

AUFGABE 1

Kleiner (<) oder größer (>)?

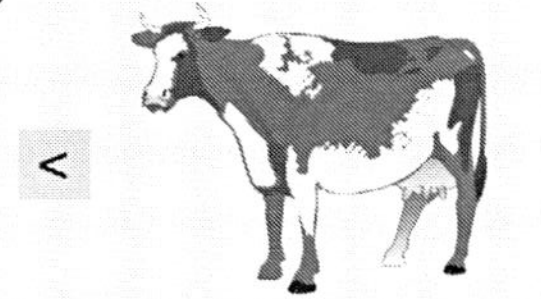

<

AUFGABE 2

Setze < oder > richtig ein!

12 < 15 78 > 39 97 > 79 512 < 521

83 > 79 11 < 111 17 < 71 887 > 878

AUFGABE 3

Ordne die Zahlen von klein nach groß!

a) 33, 21, 11, 66, 53, 7 *7 < 11 < 21 < 33 < 53 < 66*

b) 37, 5, 17, 54, 28, 3 *3 < 5 < 17 < 28 < 37 < 54*

AUFGABE 4

Ordne die Geldbeträge von klein nach groß!

165 ct; 1,32 €; 12,67 €; 0,85 €; 345 ct; 1120 ct

0,85 € < 1,32 € < 165 ct < 345 ct < 1120 ct < 12,67 €

AUFGABE 5

Kleiner, größer oder gleich? Setze <, > oder = ein!

4 • 7 < 99 : 3 12 • 13 > 6 • 25

90 • 9 = 81 • 10 42 : 3 < 90 : 6

AUFGABE 6

Stelle aus den Ziffern 6, 7 und 8 alle möglichen dreistelligen Zahlen dar und ordne sie von klein nach groß!

678 < 687 < 768 < 786 < 867 < 876

Übungsaufgaben I

AUFGABE 1

Größer (>), kleiner (<) oder gleich groß (=)?

AUFGABE 2

Wo ist die größere Futtermenge? Setze > oder < ein!

AUFGABE 3

Setze < oder > richtig ein!

12 ☐ 21 64 ☐ 46 332 ☐ 323

121 ☐ 112 13691 ☐ 13916 13481 ☐ 13779

291214 ☐ 291241 76127344 ☐ 761273443

AUFGABE 4

Größer, kleiner oder gleich? Setze >, < oder = ein!

AUFGABE 5

Welche Zahlen kannst du einsetzen?

14 > ☐ > 10

Übungsaufgaben II

AUFGABE 6

Welche Zahlen sind größer als 7 und kleiner als 12?

AUFGABE 7

Größer, kleiner oder gleich?

11 + 5 ☐ 9 + 7

AUFGABE 8

Kleiner, größer oder gleich? Setze <, > oder = ein!

6 • 13 ☐ 198 : 3 16 • 25 ☐ 360

70 • 6 ☐ 12 • 35 57 : 3 ☐ 84 : 4

AUFGABE 9

Stelle aus den Ziffern 5, 1 und 6 alle möglichen dreistelligen Zahlen dar und ordne sie von groß nach klein!

AUFGABE 10

Ordne die Zahlen von groß nach klein!

a) 67, 58, 73, 18, 6, 71

b) 844, 258, 64, 913, 11

c) 143, 431, 42, 34, 234

AUFGABE 11

Wer ist wer? Oliver ist kleiner als Niklas, Felix ist größer als Thomas, Niklas ist kleiner als Thomas, Oliver ist größer als Peter und Felix ist kleiner als Michael.

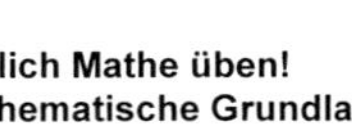

Lösungen Übungsaufgaben I

AUFGABE 1

Wie spät ist es? Gib beide Uhrzeiten an!

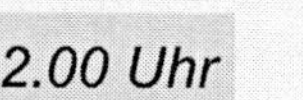
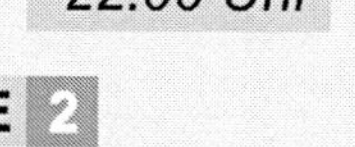
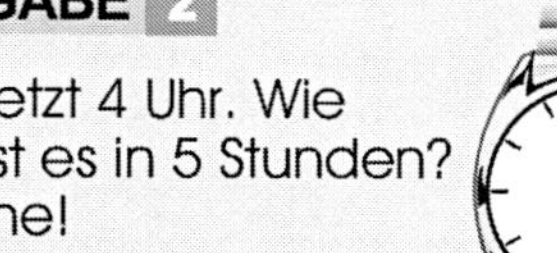

10.00 Uhr

22.00 Uhr

AUFGABE 2

Es ist jetzt 4 Uhr. Wie spät ist es in 5 Stunden? Zeichne!

9.00 Uhr

AUFGABE 3

Es ist jetzt 8 Uhr. Zeichne den Stundenzeiger ein!

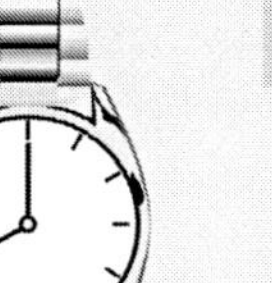
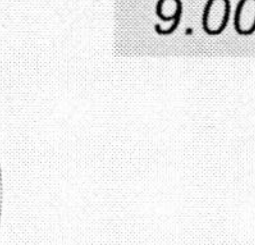

AUFGABE 4

Es ist jetzt 14.30 Uhr. Zeichne den Minutenzeiger ein!

AUFGABE 5

Ein Bus startet um 9 Uhr und fährt bis 14 Uhr. Wie lange war er unterwegs?

5 Stunden

Lösungen Übungsaufgaben II

AUFGABE 6

Es ist früh am Morgen. Ist die Uhrzeit auf den Uhren gleich? *ja*

AUFGABE 7

Ergänze!

16 Uhr → *4* Stunden →

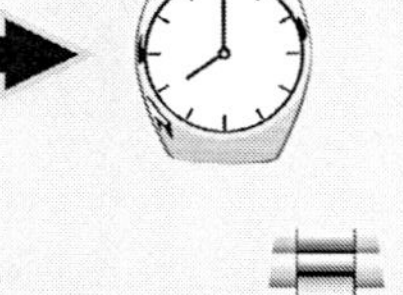

AUFGABE 8

Es ist jetzt 1 Uhr. Wie spät ist es in 12 Stunden? Zeichne!

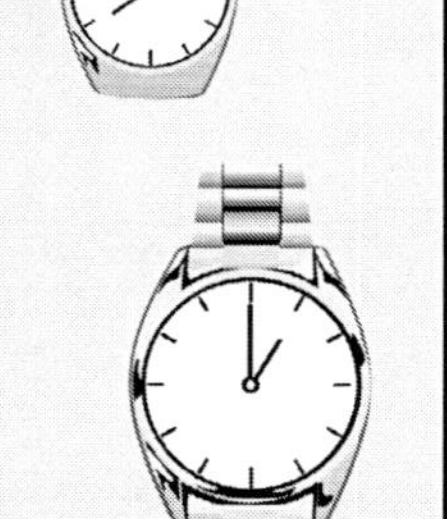

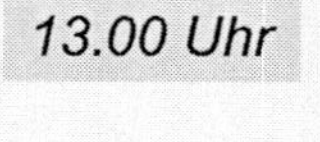

13.00 Uhr

AUFGABE 9

Julia sieht eine Uhr im Spiegel. Wie spät ist es wirklich? Gib beide Uhrzeiten an!

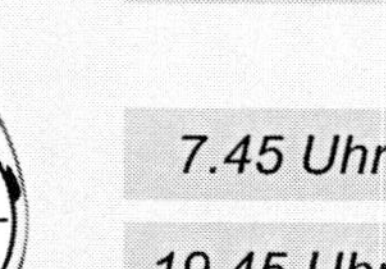
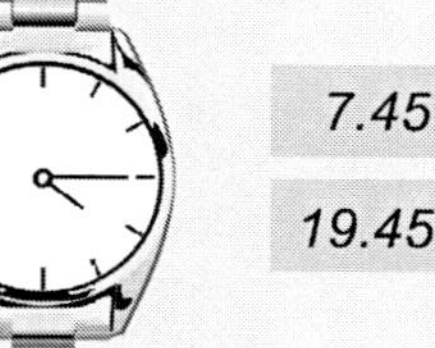

7.45 Uhr

19.45 Uhr

AUFGABE 10

Trage den Minuten- und Sekundenzeiger ein!

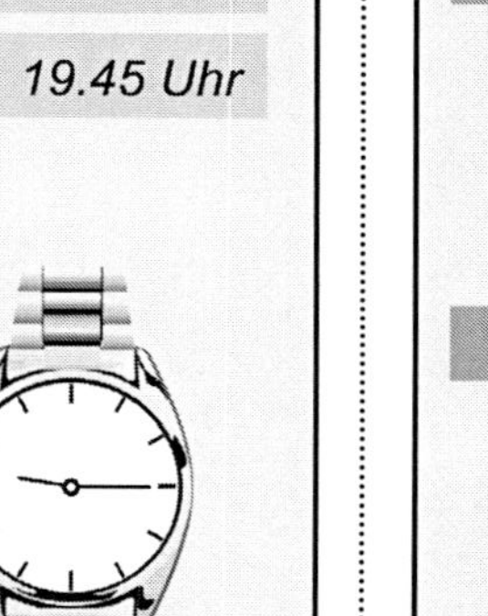

Dino T. Saurus´ Mathe-Flyer

zum Üben und Wiederholen in der Grundschule

17

Uhrzeiten

Die Zeiger einer Uhr geben dir die Tageszeit an.

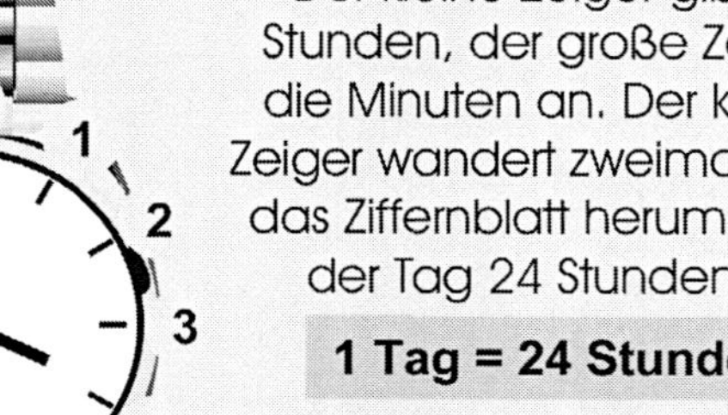
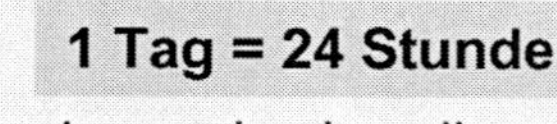

Der kleine Zeiger gibt die Stunden, der große Zeiger die Minuten an. Der kleine Zeiger wandert zweimal um das Ziffernblatt herum, weil der Tag 24 Stunden hat.

1 Tag = 24 Stunden

Man kann also jeweils zwei Uhrzeiten ablesen:

Tag: 15.45 Uhr

Nacht: 3.45 Uhr

Abkürzungen	Umrechnungen	
Tag (d)	**1 d = 24 h**	*1 Tag = 24 Stunden*
Stunde (h)	**1 h = 60 min**	*1 Stunde = 60 Minuten*
Minute (min)	**1 min = 60 s**	*1 Minute = 60 Sekunden*
Sekunde (s)		

Digitaluhr

3.20 Uhr

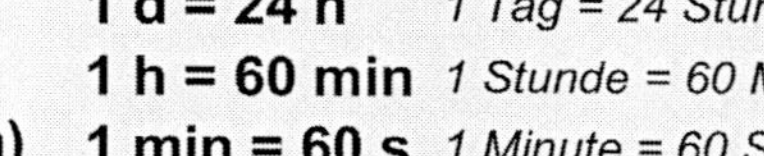

13.15 Uhr

Musteraufgaben

AUFGABE 1

Es ist jetzt 12.30 Uhr.
Zeichne den Minutenzeiger ein!

AUFGABE 2

Wie spät ist es?
Gib beide Uhrzeiten an!

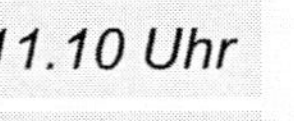

11.10 Uhr

23.10 Uhr

AUFGABE 3

Wie viele Minuten sind es bis zur nächsten vollen Stunde?

33 Minuten

AUFGABE 4

Wie lange fährt die S-Bahn in die Nachbarstadt?

Abfahrt 16.12 Uhr
Ankunft 16.48 Uhr

36 Minuten

AUFGABE 5

Ergänze und trage die fehlenden Zeiger ein!

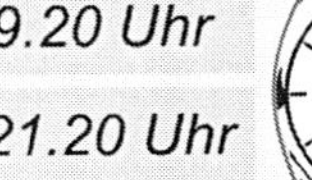
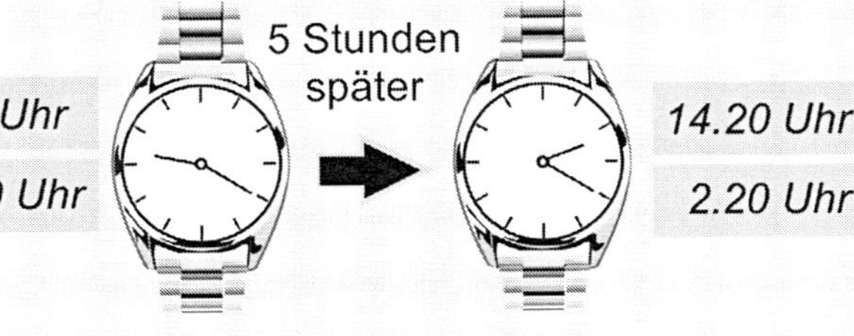

9.20 Uhr

21.20 Uhr

5 Stunden später

14.20 Uhr

2.20 Uhr

Übungsaufgaben I

AUFGABE 1

Wie spät ist es? Gib beide Uhrzeiten an!

AUFGABE 2

Es ist jetzt 4 Uhr. Wie spät ist es in 5 Stunden? Zeichne!

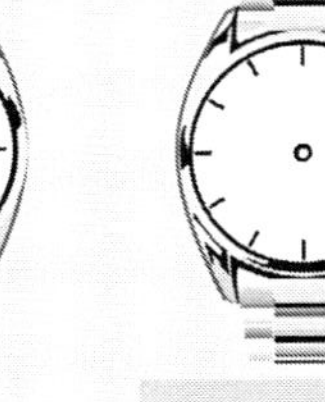

AUFGABE 3

Es ist jetzt 8 Uhr.
Zeichne den Stundenzeiger ein!

AUFGABE 4

Es ist jetzt 14.30 Uhr.
Zeichne den Minutenzeiger ein!

AUFGABE 5

Ein Bus startet um 9 Uhr und fährt bis 14 Uhr.
Wie lange war er unterwegs?

Übungsaufgaben II

AUFGABE 6

Es ist früh am Morgen.
Ist die Uhrzeit auf den Uhren gleich?

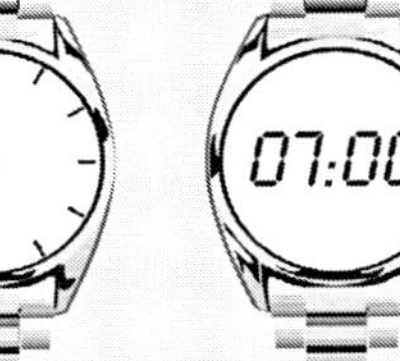

AUFGABE 7

Ergänze!

16 Uhr  Stunden  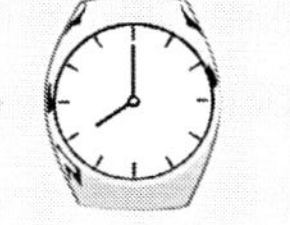

AUFGABE 8

Es ist jetzt 1 Uhr. Wie spät ist es in 12 Stunden? Zeichne!

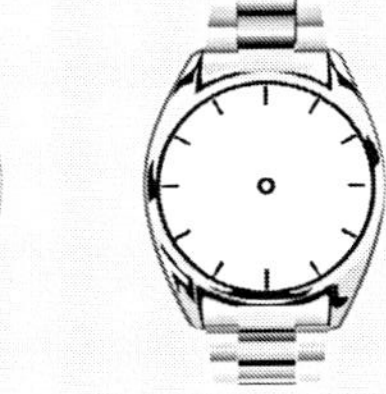

AUFGABE 9

Julia sieht eine Uhr im Spiegel. Wie spät ist es wirklich?
Gib beide Uhrzeiten an!

AUFGABE 10

Trage den Minuten- und Sekundenzeiger ein!

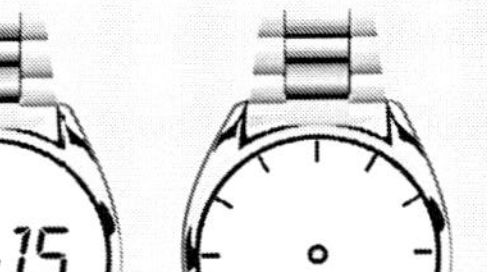
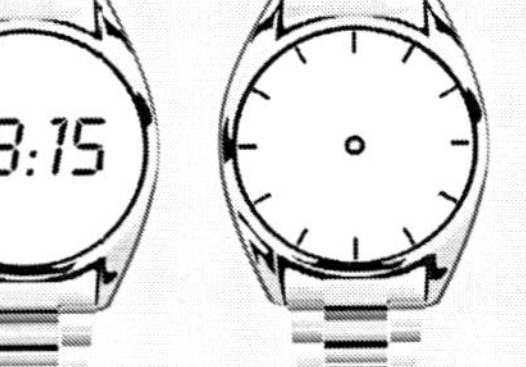

Lösungen Übungsaufgaben I

AUFGABE 1

Rechne in die angegebene Einheit um!

3 Stunden = *180* Minuten
4 Jahre 5 Monate = *53* Monate
63 Tage = *9* Wochen
36 Monate = *3* Jahre
4 Tage 3 Stunden = *99* Stunden
5 Minuten = *300* Sekunden
3 Minuten 25 Sekunden = *205* Sekunden
56 Tage = *8* Wochen

AUFGABE 2

Welches Datum liegt 4 Wochen nach dem 6. September?

4. Oktober

AUFGABE 3

Markiere die kürzeste Zeitspanne mit ✓!

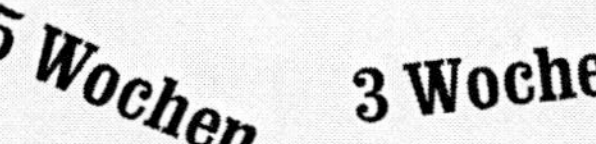

5 Wochen
3 Wochen 6 Tage ✓
31 Tage
1 Monat 2 Tage

AUFGABE 4

Ergänze die Sätze!

Ein Jahr hat *zwölf* Monate.
Ein halbes Jahr hat *sechs* Monate.
48 Monate sind *vier* Jahre.
6 Wochen sind *zweiundvierzig* Tage.
21 Tage sind *drei* Wochen.

Lösungen Übungsaufgaben II

AUFGABE 5

Heute ist der 7. September. Welches Datum ist 15 Tage später?

Mo	Di	Mi	Do	Fr	Sa	So
				1	2	3
4	5	6	7	8	9	10
11	12	13	14	15	16	17
18	19	20	21	22	23	24
25	25	27	28	29	30	

22. September

AUFGABE 6

1 Jahr hat 52 Wochen.

$1\frac{1}{2}$ Jahr = *78* Wochen

$\frac{3}{4}$ Jahr = *39* Wochen

AUFGABE 7

Richtig oder falsch?

Der Februar hat immer 28 Tage. *falsch*

AUFGABE 8

Wie lange fährt die S-Bahn in die Nachbarstadt?

Abfahrt 16^{12} Uhr
Ankunft 16^{48} Uhr

36 Minuten

AUFGABE 9

Wie viele Tage liegen zwischen dem 3. Januar und dem 13. März?

68 Tage

AUFGABE 10

Ergänze!

$3\frac{1}{4}$ Stunden = *195* Minuten

$5\frac{3}{4}$ Minuten = *345* Sekunden

Dino T. Saurus´ Mathe-Flyer

zum Üben und Wiederholen in der Grundschule

19

Jahre, Monate, Wochen und Tage

Maßeinheiten

Die Zeit misst man in Jahren, Monaten, Wochen, Tagen, Minuten und Sekunden.

1 Jahr dauert 12 Monate
1 Jahr dauert 365 Tage (Schaltjahr 366 Tage)
1 Monat dauert zwischen 28 und 31 Tage.

Januar	*31 Tage*
Februar	*28 Tage (Schaltjahr 29 Tage)*
März	*31 Tage*
April	*30 Tage*
Mai	*31 Tage*
Juni	*30 Tage*
Juli	*31 Tage*
August	*31 Tage*
September	*30 Tage*
Oktober	*31 Tage*
November	*30 Tage*
Dezember	*31 Tage*

Beispiel:

JANUAR

Montag		3	10	17	24	31
Dienstag		4	11	18	25	
Mittwoch		5	12	19	26	
Donnerstag		6	13	20	27	
Freitag		7	14	21	28	
Samstag	1	8	15	22	29	
Sonntag	2	9	16	23	30	

1 Woche hat 7 Tage 1 Tag hat 24 Stunden
1 Stunde hat 60 Minuten 1 Minute hat 60 Sekunden

Mit diesen Einheiten kannst du berechnen, wie lange etwas dauert, wann etwas begonnen oder geendet hat.

Musteraufgaben

AUFGABE 1

Rechne in die angegebene Einheit um!

4 Wochen = *28* Tage

3 Jahre = *36* Monate

21 Tage = *3* Wochen

72 Monate = *6* Jahre

AUFGABE 2

Heute ist der 3. September. Welches Datum ist 3 Wochen später?

Mo	Di	Mi	Do	Fr	Sa	So
				1	2	3
4	5	6	7	8	9	10
11	12	13	14	15	16	17
18	19	20	21	22	23	24
25	25	27	28	29	30	

24. September

AUFGABE 3

Markiere die längste Zeitspanne mit ✓!

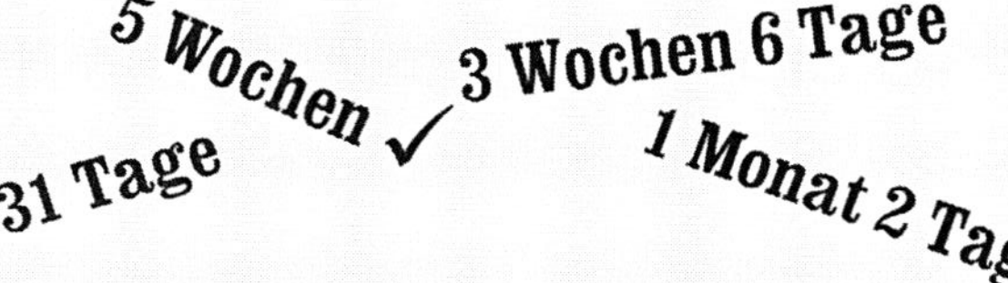

AUFGABE 4

Richtig oder falsch?

Der September hat 31 Tage. *falsch*

AUFGABE 5

Welches Datum liegt 3 Wochen vor dem 6. September?

16. August

Übungsaufgaben I

AUFGABE 1

Rechne in die angegebene Einheit um!

3 Stunden = ____ Minuten

4 Jahre 5 Monate = ____ Monate

63 Tage = ____ Wochen

36 Monate = ____ Jahre

4 Tage 3 Stunden = ____ Stunden

5 Minuten = ____ Sekunden

3 Minuten 25 Sekunden = ____ Sekunden

56 Tage = ____ Wochen

AUFGABE 2

Welches Datum liegt 4 Wochen nach dem 6. September?

AUFGABE 3

Markiere die kürzeste Zeitspanne mit ✓!

5 Wochen

3 Wochen 6 Tage

31 Tage

1 Monat 2 Tage

AUFGABE 4

Ergänze die Sätze!

Ein Jahr hat ____ Monate.

Ein halbes Jahr hat ____ Monate.

48 Monate sind ____ Jahre.

6 Wochen sind ____ Tage.

21 Tage sind ____ Wochen.

Übungsaufgaben II

AUFGABE 5

Heute ist der 7. September. Welches Datum ist 15 Tage später?

Mo	Di	Mi	Do	Fr	Sa	So
				1	2	3
4	5	6	7	8	9	10
11	12	13	14	15	16	17
18	19	20	21	22	23	24
25	25	27	28	29	30	

AUFGABE 6

1 Jahr hat 52 Wochen.

$1\frac{1}{2}$ Jahr = ____ Wochen

$\frac{3}{4}$ Jahr = ____ Wochen

AUFGABE 7

Richtig oder falsch?

Der Februar hat immer 28 Tage.

AUFGABE 8

Wie lange fährt die S-Bahn in die Nachbarstadt?

Abfahrt 16^{12} Uhr
Ankunft 16^{48} Uhr

AUFGABE 9

Wie viele Tage liegen zwischen dem 3. Januar und dem 13. März?

AUFGABE 10

Ergänze!

$3\frac{1}{4}$ Stunden = ____ Minuten

$5\frac{3}{4}$ Minuten = ____ Sekunden

Lösungen Übungsaufgaben I

AUFGABE 1

Wie viel Geld?

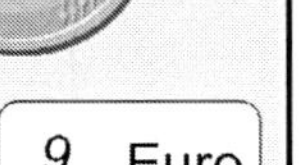

9 Euro

AUFGABE 2

Wie viel Geld?

67 Cent

AUFGABE 3

Wie viel Cent fehlen zu 15 Cent?

7 Cent

AUFGABE 4

Frau Müller hat eingekauft.

Früchte Müsli	2,00 €
Leberkäse	3,00 €
Camembert	1,00 €
Wein	6,00 €

Was muss sie bezahlen?

12 Euro

Lösungen Übungsaufgaben II

AUFGABE 5

Wie viel Cent fehlen an 3 €?

20 Cent

AUFGABE 6

Alexandra hat 11 €. Sie hat 4 € weniger als ihr Bruder Tim. Wie viel Geld hat Tim?

Tim hat 15 €.

AUFGABE 7

Wie viel Euro fehlen an 20 Euro?

11 Euro

Dino T. Saurus´ Mathe-Flyer

zum Üben und Wiederholen in der Grundschule

21

Geld

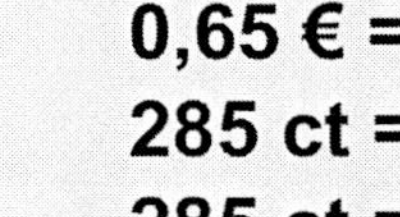

Maßeinheiten

Euro €

Cent ct

1 € = 100 ct

Schreibweisen

1 € 35 ct = 1,35 €

0,65 € = 65 ct

285 ct = 2,85 €

285 ct = 2 € 85 ct

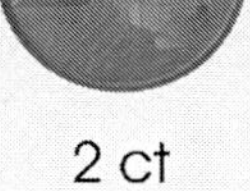

1 ct

2 ct

5 ct

Musteraufgaben

AUFGABE 1

Wie viel Geld?

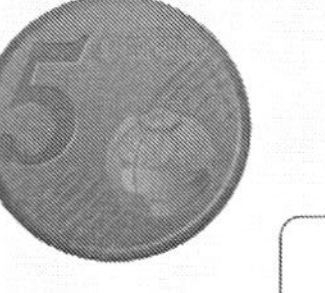

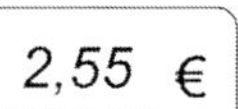

2,55 €

AUFGABE 2

Harry kaufte letzte Woche sechs Beefburger. Was hat er insgesamt bezahlt?

Nur 1,85 €

11,10 €

AUFGABE 3

Wie hoch ist der Geldbetrag?

2 €	1 €	50 ct	20 ct
4	3	4	5

14 €

AUFGABE 4

Wie viel Geld muss noch gespart werden, um auf 20 € zu kommen?

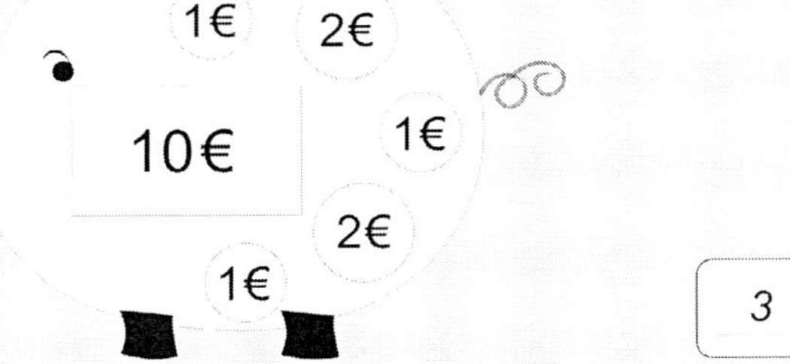

3 €

Übungsaufgaben I

AUFGABE 1

Wie viel Geld?

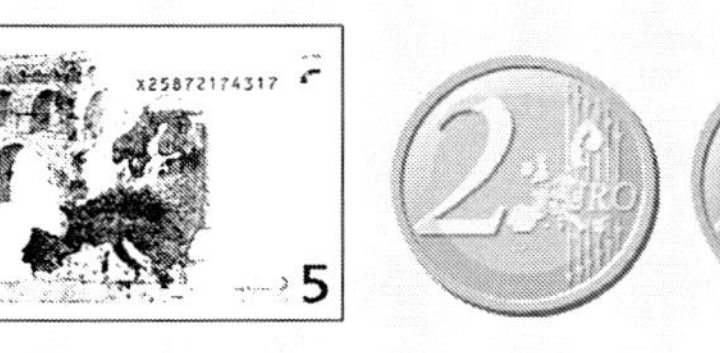

Euro

AUFGABE 2

Wie viel Geld?

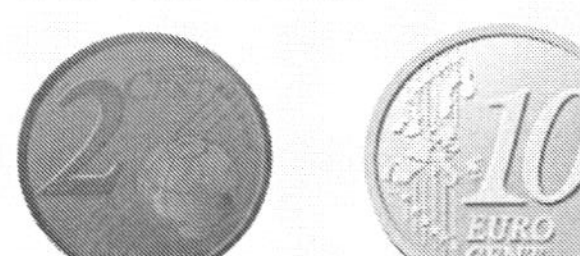

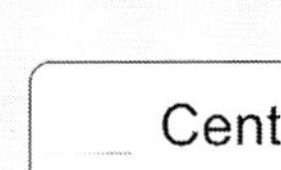

Cent

AUFGABE 3

Wie viel Cent fehlen zu 15 Cent?

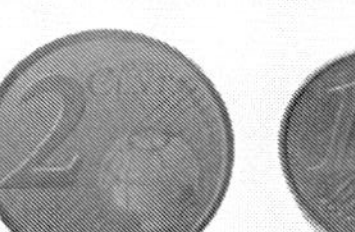

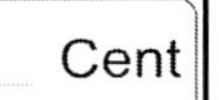

Cent

AUFGABE 4

Frau Müller hat eingekauft.

Früchte Müsli	2,00 €
Leberkäse	3,00 €
Camembert	1,00 €
Wein	6,00 €

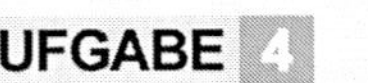

Was muss sie bezahlen?

Euro

Übungsaufgaben II

AUFGABE 5

Wie viel Cent fehlen an 3 €?

Cent

AUFGABE 6

Alexandra hat 11 €. Sie hat 4 € weniger als ihr Bruder Tim. Wie viel Geld hat Tim?

AUFGABE 7

Wie viel Euro fehlen an 20 Euro?

Euro

Lösungen Übungsaufgaben I

AUFGABE 1

Gib in cm an!

a) 5 dm 3 cm *53* cm

b) 3 m 7 dm *370* cm

a) 90 mm *9* cm

AUFGABE 2

Ordne von groß nach klein!

4 km; 440 cm; 400 m; 420 dm; 50000 mm

4 km > 400 m> 50000 mm > 420 dm> 440 cm

AUFGABE 3

Vergleiche! Setze <, > oder gleich ein!

4 m	>	380 cm
3 km	<	4000 m
90 mm	<	3 dm
17 dm	<	2 m
8000 m	>	75000 dm

AUFGABE 4

Mit welcher Längeneinheit misst du Pinwandnadeln?

mm

AUFGABE 5

Ergänze!

2 m		
65 cm +	*135*	cm
160 cm +	*40*	cm
91 cm +	*109*	cm
190 cm +	*10*	cm

Lösungen Übungsaufgaben II

AUFGABE 6

Ergänze!

$\frac{1}{2}$ km = *500* m

$\frac{3}{4}$ m = *75* cm

$\frac{1}{4}$ dm = *25* mm

AUFGABE 7

Ergibt sich als Summe 1 m?

9 dm + 9 cm + 9 mm *nein; 999 mm < 1 m*

AUFGABE 8

Wie lang ist diese Strecke in mm?

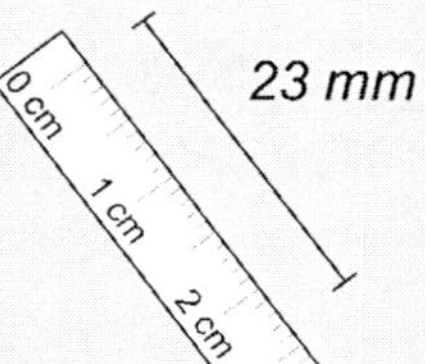

23 mm

AUFGABE 9

Ordne von der kleinsten zur größten Einheit!

cm; mm; km; m; dm

mm; cm; dm; m; km

AUFGABE 10

Herr Meier fährt mit seinem Auto in den letzten fünf Tagen jeweils 9,5 km zu seiner Arbeitsstelle und wieder 9,5 km zurück. Wie viele Meter sind das insgesamt?

95 000 m

AUFGABE 11

Welche Längenangabe ist die kürzeste?

a) 4 m 8 dm

b) 408 cm

c) 4 dm 2 cm

d) 980 mm

c) 4 dm 2 cm

Dino T. Saurus´ Mathe-Flyer

zum Üben und Wiederholen in der Grundschule

23

Längen

Um die Länge von Strecken messen zu können, benötigt man zunächst einmal eine Maßeinheit. 1795 wurde in Paris als Maßeinheit für Längen das Urmeter - und damit auch Kilometer, Zentimeter, Millimeter, usw. - international festgelegt.

Ein Meter ist die Länge, die dem zehnmillionsten Teil eines Viertels des Erdumfangs entspricht (Erdumfang 40 000 km). Ein Stück Metall dieser Länge aus Platin-Iridium kannst du noch heute in Sèvres bei Paris als Eichmaß besichtigen.

Wenn du also eine Strecke misst, nimmst du z. B. ein Lineal, legst es an die zu messende Strecke an und liest ab, wie oft die Einheitsstrecke von 1 cm in dieser Strecke enthalten ist. Ist das fünfmal der Fall, dann ist die Strecke 5 cm lang.

A ———————— B

0 1 2 3 4 5 6 7 8

1 cm

Längenmaße (Umrechnung)

Wichtige Längenmaße sind:

km (Kilometer) 1 km = 1000 m

m (Meter) 1 m = 10 dm

dm (Dezimeter) 1 dm = 10 cm

cm (Zentimeter) 1 cm = 10 mm

mm (Millimeter)

Die Umrechnungszahl bei Längenmaßen ist 10.

(Achtung bei Umwandlung km in m und m in km!)

Musteraufgaben

AUFGABE 1

Gib in mm an!

a) 6 cm 7 mm *67* mm

b) 1 dm 4 cm *140* mm

a) 2 m *2000* mm

AUFGABE 2

Ordne von groß nach klein!

3 dm; 31 cm; 3 m; 30 mm

3 m > 31 cm > 3 dm > 30 mm

AUFGABE 3

Gib in dm an!

Ein Viertel von 12 m *30 dm*

AUFGABE 4

Ergänze!

4 m	
70 cm	*330 cm*
135 cm	265 cm
230 cm	170 cm
320 cm	*80 cm*

AUFGABE 5

Welche Maßeinheit nimmst du für die Länge einer Fliege?

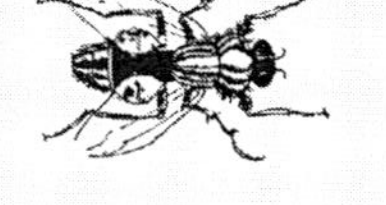

mm

AUFGABE 6

Ein 2,70 m langer Stab wird in neun gleich lange Stücke zersägt. Wie viele cm misst jedes Teilstück? *30 cm*

Übungsaufgaben I

AUFGABE 1

Gib in cm an!

a) 5 dm 3 cm ____ cm

b) 3 m 7 dm ____ cm

a) 90 mm ____ cm

AUFGABE 2

Ordne von groß nach klein!

4 km; 440 cm; 400 m; 420 dm; 50000 mm

AUFGABE 3

Vergleiche! Setze <, > oder gleich ein!

4 m ☐ 380 cm

3 km ☐ 4000 m

90 mm ☐ 3 dm

17 dm ☐ 2 m

8000 m ☐ 75000 dm

AUFGABE 4

Mit welcher Längeneinheit misst du Pinwandnadeln?

AUFGABE 5

Ergänze!

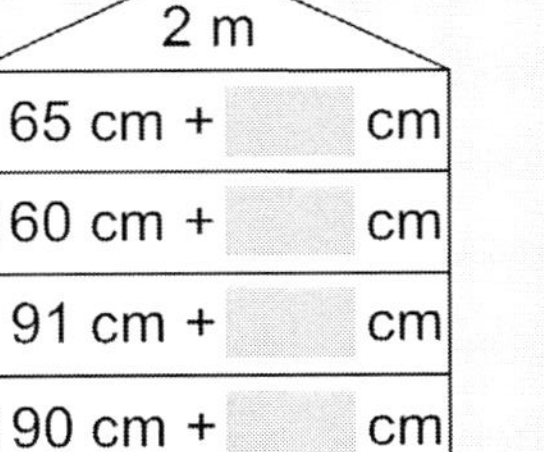

2 m		
65 cm +		cm
160 cm +		cm
91 cm +		cm
190 cm +		cm

Übungsaufgaben II

AUFGABE 6

Ergänze!

$\frac{1}{2}$ km = ____ m

$\frac{3}{4}$ m = ____ cm

$\frac{1}{4}$ dm = ____ mm

AUFGABE 7

Ergibt sich als Summe 1 m?

9 dm + 9 cm + 9 mm

AUFGABE 8

Wie lang ist diese Strecke in mm?

0 cm 1 cm 2 cm

AUFGABE 9

Ordne von der kleinsten zur größten Einheit!

cm; mm; km; m; dm

AUFGABE 10

Herr Meier fährt mit seinem Auto in den letzten fünf Tagen jeweils 9,5 km zu seiner Arbeitsstelle und wieder 9,5 km zurück. Wie viele Meter sind das insgesamt?

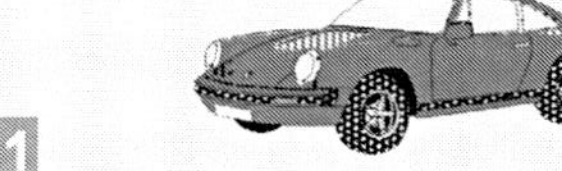

AUFGABE 11

Welche Längenangabe ist die kürzeste?

a) 4 m 8 dm

b) 408 cm

c) 4 dm 2 cm

d) 980 mm

Lösungen Übungsaufgaben I

AUFGABE 1

In welcher Einheit misst man das Gewicht eines Elefanten? Gramm? Tonnen? Kilogramm?

t (5,6 t)

AUFGABE 2

Wandle in die angegebene Einheit um!

a) 4,07 kg = *4070* g   b) 3,2 t = *3200* kg

c) 3000 mg = *3* g   d) 0,5 g = *500* mg

e) 71 kg = *71000* g   f) 3300 kg = *3,3* t

AUFGABE 3

Ergänze die fehlende Grammzahl!

a)

3 kg	
1400 g	*1600 g*
2750 g	$\frac{1}{4}$ kg
$1\frac{1}{10}$ kg	*1900 g*

b)

0,9 kg	
375 g	*525 g*
400 g	$\frac{1}{2}$ kg
$\frac{7}{10}$ kg	*200 g*

AUFGABE 4

Wandle um und berechne!

a) $1\frac{1}{4}$ kg + $\frac{1}{2}$ kg = ?   *1250 g + 500 g = 1750 g*

b) $3\frac{1}{2}$ t + 750 kg = ?   *3500 kg + 750 kg = 4250 kg*

c) 5,4 kg + $\frac{1}{4}$ kg = ?   *5400 g + 250 g = 5650 g*

d) 0,7 kg + 300 g = ?   *700 g + 3 g = 1000 g = 1 kg*

AUFGABE 5

Ordne der Größe nach! Beginne mit dem kleinsten Gewicht!

1 kg, $2\frac{1}{2}$ kg, $1\frac{3}{4}$ kg, $5\frac{1}{2}$ kg, $2\frac{1}{4}$ kg

1 kg < $1\frac{3}{4}$ kg < $2\frac{1}{4}$ kg < $2\frac{1}{2}$ kg < $5\frac{1}{2}$ kg

Lösungen Übungsaufgaben II

AUFGABE 6

Schreibe in der kleineren Einheit und subtrahiere!

a) 3,724 t – 968 kg = *3724 kg – 968 kg = 2756 kg*

b) 5,02 kg – 850 g = *5020 g – 850 g = 4170 g*

AUFGABE 7

Schreibe die Gewichte auf verschiedene Arten!

a) 5 kg 8 5 g = *5 0 8 5* g = *5,0 8 5* kg

b) 3 t 2 6 5 kg = *3 2 6 5* kg = *3,2 6 5* t

AUFGABE 8

Rechne um in g bzw. kg und multipliziere!

a) 0,45 kg • 5

4 5 0 g • 5 = 2 2 5 0 g = 2,2 5 kg

a) 0,275 t • 7

2 7 5 kg • 7 = 1 9 2 5 kg = *1,9 2 5* t

AUFGABE 9

So ein Löwe futtert pro Tag bis zu 50 kg Fleisch. Wie viel Fleisch (t) frisst er in einem Jahr mit 365 Tagen?

18,25 t

AUFGABE 10

Ein Blauwal wiegt bis zu 170 t. Ein Erwachsener wiegt 80 kg. Wie viele Erwachsene müssten zusammenkommen, um dasselbe Gewicht wie ein Wal zu erreichen?

170000 kg : 80 kg = 2125
2125 Erwachsene

AUFGABE 11

Olgas Vater kauft 5 kg Kartoffeln, 2,5 kg Braten und 4,5 kg Obst. Wie schwer ist sein Einkaufskorb?

12 kg

Dino T. Saurus´ Mathe-Flyer

zum Üben und Wiederholen in der Grundschule

25

Gewichte

Zur Feststellung des Gewichts von Personen oder Gegenständen gibt es folgende Maßeinheiten:

t (Tonne) **1 t = 1000 kg**
kg (Kilogramm) **1 kg = 1000 g**
g (Gramm) **1 g = 1000 mg**
mg (Milligramm)

Zur Information: *Die Einheiten t, kg, g und mg werden auch als Masseeinheiten bezeichnet. Die Umwandlungszahl bei Masseeinheiten ist 1000.*

Du kannst Gewichte in der Stellenwerttafel notieren und in der Kommaschreibweise angeben:

1 t	100 kg	10 kg	1 kg	100 g	10 g	1 g	100 mg	10 mg	1 mg	
2	7	5	3							2 753 kg = 2,753 t
			7		2	3				7 kg 23 g = 7,023 kg
		2	5	3	0	0				25300 g = 25,3 kg

Gewichtsangaben können auch in Bruchteilen angegeben werden:

$\frac{1}{2}$ kg = 500 g $\frac{1}{4}$ t = 250 kg

Gewicht können addiert, subtrahiert, multipliziert und dividiert werden. Dafür musst du allerdings die Angaben in gleiche Maßeinheiten umwandeln.

4 kg 623 g + 2300 g = 4 kg 623 g + 2 kg 300 g = 6 kg 923 g

Musteraufgaben

AUFGABE 1

Welche Maßeinheit nimmst du für das Gewicht eines Tigers?
kg; ein Tiger wiegt ungefähr 350 kg

AUFGABE 2

Wandle in die angegebene Einheit um!

a) 2,1 kg = *2100* g   b) 1,02 t = *1020* kg
c) 50000 kg = *50* t   d) 1,5 g = *1500* mg

AUFGABE 3

Ergänze jeweils die fehlenden Kilogramm!

a)

2 t	
650 kg	*1350 kg*
1500 kg	$\frac{1}{2}$ t
$1\frac{3}{10}$ t	*700 kg*

b)

0,6 t	
375 kg	*225 kg*
350 kg	$\frac{1}{4}$ t
$\frac{1}{10}$ t	*500 kg*

AUFGABE 4

Ordne der Größe nach! Beginne mit dem größten Gewicht!

$1\frac{3}{4}$ t, 2000 kg, $2\frac{1}{2}$ t, 2550 kg, 1 t 800 kg

2550 kg > $2\frac{1}{2}$ t > 2000 kg > 1 t 800 kg > $1\frac{3}{4}$ t

AUFGABE 5

Frau Vielfraß kauft beim Metzger ein: $2\frac{1}{2}$ kg Rindfleisch, $1\frac{3}{4}$ kg Schweinefleisch und $1\frac{1}{4}$ kg Bratwurst. Wie viel kg sind es insgesamt? *$5\frac{1}{2}$ kg*

AUFGABE 6

Ein Kiste Nägel im Bauhaus wiegt 1,5 kg. Wie viel wiegen 8 Kisten? *12 kg*

AUFGABE 7

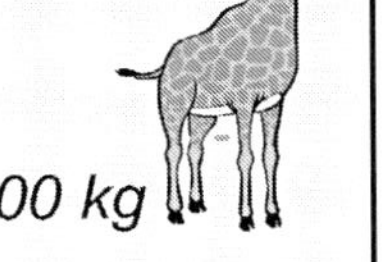

Eine Giraffe frisst pro Tag 80 kg Blätter. Wie viele kg frisst sie in einem Monat mit 30 Tagen? *2400 kg*

Übungsaufgaben I

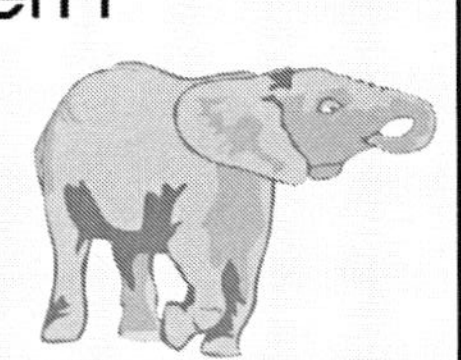

AUFGABE 1

In welcher Einheit misst man das Gewicht eines Elefanten? Gramm? Tonnen? Kilogramm?

AUFGABE 2

Wandle in die angegebene Einheit um!

a) 4,07 kg = ____ g   b) 3,2 t = ____ kg
c) 3000 mg = ____ g   d) 0,5 g = ____ mg
e) 71 kg = ____ g   f) 3300 kg = ____ t

AUFGABE 3

Ergänze die fehlende Grammzahl!

a)

3 kg	
1400 g	
	$\frac{1}{4}$ kg
$1\frac{1}{10}$ kg	

b)

0,9 kg	
375 g	
	$\frac{1}{2}$ kg
$\frac{7}{10}$ kg	

AUFGABE 4

Wandle um und berechne!

a) $1\frac{1}{4}$ kg + $\frac{1}{2}$ kg = ?

b) $3\frac{1}{2}$ t + 750 kg = ?

c) 5,4 kg + $\frac{1}{4}$ kg = ?

d) 0,7 kg + 300 g = ?

AUFGABE 5

Ordne der Größe nach! Beginne mit dem kleinsten Gewicht!

1 kg, $2\frac{1}{2}$ kg, $1\frac{3}{4}$ kg, $5\frac{1}{2}$ kg, $2\frac{1}{4}$ kg

Übungsaufgaben II

AUFGABE 6

Schreibe in der kleineren Einheit und subtrahiere!

a) 3,724 t – 968 kg
b) 5,02 kg – 850 g

AUFGABE 7

Schreibe die Gewichte auf verschiedene Arten!

a)

5	kg		8	5	g
					g
					kg

b)

3	t	2	6	5	kg
					kg
					t

AUFGABE 8

Rechne um in g bzw. kg und multipliziere!

a) 0,45 kg • 5

			g	•	5	
						g
						kg

a) 0,275 t • 7

			kg	•	7	
						kg
						t

AUFGABE 9

So ein Löwe futtert pro Tag bis zu 50 kg Fleisch. Wie viel Fleisch (t) frisst er in einem Jahr mit 365 Tagen?

AUFGABE 10

Ein Blauwal wiegt bis zu 170 t. Ein Erwachsener wiegt 80 kg. Wie viele Erwachsene müssten zusammenkommen, um dasselbe Gewicht wie ein Wal zu erreichen?

AUFGABE 11

Olgas Vater kauft 5 kg Kartoffeln, 2,5 kg Braten und 4,5 kg Obst. Wie schwer ist sein Einkaufskorb?

Lösungen Übungsaufgaben I

AUFGABE 1

Wandle um!

a) 2 l 257 ml = *2 257* ml

b) 4 679 ml = *4* l *679* ml

c) 0,55 l = *550* ml

d) 8,05 l = *8* l *50* ml

AUFGABE 2

Rechne in Milliliter um!

a) $2\frac{1}{2}$ l = *2 500* ml

b) $\frac{3}{4}$ l = *750* ml

c) $\frac{1}{8}$ l = *125* ml

d) $4\frac{7}{8}$ l = *4 875* ml

AUFGABE 3

Ordne der Größe nach! Fange mit dem kleinsten Hohlmaß an!

a) 2 600 ml, 150 ml, 2 l, 0,5 l, $\frac{1}{4}$ l

150 ml < $\frac{1}{4}$ l < 0,5 l < 2 l < 2 600 ml

b) 700 ml, $\frac{1}{8}$ l, 0,02 l, 10 ml, $\frac{1}{2}$ l

10 ml < 0,02 l < $\frac{1}{8}$ l < $\frac{1}{2}$ l < 700 ml

AUFGABE 4

Fülle die Lücken aus!

3 l	*7 l*	2,25 l	*1,75 l*	4,05 l
3 000 ml	7 000 ml	*2 250 ml*	1 750 ml	*4 050 ml*

Lösungen Übungsaufgaben II

AUFGABE 5

Ergänze zu einem Liter!

a) 377 ml + *623* ml = 1 l

b) $\frac{5}{8}$ l + *375* ml = 1 l

c) 0,075 l + *925* ml = 1 l

AUFGABE 6

Berechne!

a) 525 ml + 2,23 l = *525 ml + 2 230 ml = 2 755 ml*
oder 2,755 l

b) 750 ml + $1\frac{1}{2}$ l = *750 ml + 1 500 ml = 2 250 ml*
oder 2,25 l

c) $4\frac{1}{4}$ l – 2,5 l = *4 250 ml – 2 500 ml = 1 750 ml*
oder 1,75 l

d) 1,3 l – 0,75 l = *1 300 ml – 750 ml = 550 ml*
oder 0,55 l

e) 2,35 l • 4 = *2 350 ml • 4 = 9 400 ml*
oder 9,4 l

f) $1\frac{1}{8}$ l • 16 = *1 125 ml • 16 = 18 000 ml*
oder 18 l

g) 4 l 725 ml : 3 = *4 725 ml : 3 = 1 575 ml*
oder 1,575 l

h) $5\frac{5}{8}$ l : 9 = *5 625 ml : 9 = 625 ml*
oder 0,625 l

AUFGABE 7

Bei einer Klassenfeier wurden insgesamt 40 Gläser Apfelsaft ausgeschenkt. In jedem Glas waren 0,2 l. Wie viele Liter Apfelsaft waren das? *8,0 l*

Dino T. Saurus´ Mathe-Flyer

zum Üben und Wiederholen in der Grundschule

27

Hohlmaße (Volumen)

Um bei Gefäßen wie Flaschen, Eimern, Fässern oder auch Schwimmbecken festzustellen, wie groß das Fassungsvermögen ist, braucht man die sogenannten Hohlmaße Liter (l) oder Milliliter (ml).

1 l = 1 000 ml

(In einer Sprudelwasserflasche sind z. B. 0,75 l bzw. 750 ml enthalten)

Hohlmaße können auch in Bruchteilen angegeben werden:

$\frac{1}{2}$ l = 500 ml $\frac{1}{8}$ l = 125 ml

Mengenangaben mit Hohlmaßen können addiert, subtrahiert, multipliziert und dividiert werden. Dafür musst du allerdings die Angaben manchmal zuerst umwandeln.

Beispiele

650 ml + $1\frac{1}{2}$ l = 650 ml + 1500 ml = 2150 ml = 2,15 l
(statt 2,15 l kannst du auch 2 l 150 ml angeben)

0,65 l • 7 = 650 ml • 7

6	5	0		ml	•	7
	4	5	5	0		ml
	4,	5	5			l

4,55 l : 7 = 4550 ml : 7

4	5	5	0		ml	:	7	=	6	5	0		ml
4	2												
	3	5											
	3	5											
		0	0										

Ergebnis: 0,65 l

Musteraufgaben

AUFGABE 1

Ergänze zu einem Liter!

a) 425 ml + *575* ml = 1 l

b) $\frac{3}{4}$ l + *250* ml = 1 l

AUFGABE 2

Wandle um!

a) 4 l 60 ml = *4 060* ml

b) 2,05 l = *2* l *50* ml

AUFGABE 3

Ordne der Größe nach! Fange mit dem größten Hohlmaß an!

10 ml, $\frac{1}{8}$ l, 0,02 l, 700 ml, $\frac{1}{2}$ l

700 ml > $\frac{1}{2}$ l > $\frac{1}{8}$ l > 0,02 l > 10 ml

AUFGABE 4

Rechne um!

$2\frac{1}{4}$ l = *2 250* ml = *2,25* l

AUFGABE 5

a) 270 ml + $1\frac{3}{4}$ l = *270 ml + 1 750 ml = 2 020 ml*
oder 2,02 l

b) $7\frac{1}{8}$ l : 3 = *7 125 ml : 3 = 2 375 ml*
oder 2,375 l

AUFGABE 6

In einem Kasten sind 12 Flaschen mit Mineralwasser mit je 0,75 l.
Wie viele Liter sind das zusammen? *9 l*

Übungsaufgaben I

AUFGABE 1

Wandle um!

a) 2 l 257 ml = ____ ml

b) 4 679 ml = ____ l ____ ml

c) 0,55 l = ____ ml

d) 8,05 l = ____ l ____ ml

AUFGABE 2

Rechne in Milliliter um!

a) $2\frac{1}{2}$ l = ____ ml

b) $\frac{3}{4}$ l = ____ ml

c) $\frac{1}{8}$ l = ____ ml

d) $4\frac{7}{8}$ l = ____ ml

AUFGABE 3

Ordne der Größe nach! Fange mit dem kleinsten Hohlmaß an!

a) 2 600 ml, 150 ml, 2 l, 0,5 l, $\frac{1}{4}$ l

b) 700 ml, $\frac{1}{8}$ l, 0,02 l, 10 ml, $\frac{1}{2}$ l

AUFGABE 4

Fülle die Lücken aus!

3 l		2,25 l		4,05 l
3 000 ml	7 000 ml		1 750 ml	

Übungsaufgaben II

AUFGABE 5

Ergänze zu einem Liter!

a) 377 ml + ____ ml = 1 l

b) $\frac{5}{8}$ l + ____ ml = 1 l

c) 0,075 l + ____ ml = 1 l

AUFGABE 6

Berechne!

a) 525 ml + 2,23 l =

b) 750 ml + $1\frac{1}{2}$ l =

c) $4\frac{1}{4}$ l – 2,5 l =

d) 1,3 l – 0,75 l =

e) 2,35 l • 4 =

f) $1\frac{1}{8}$ l • 16 =

g) 4 l 725 ml : 3 =

h) $5\frac{5}{8}$ l : 9 =

AUFGABE 7

Bei einer Klassenfeier wurden insgesamt 40 Gläser Apfelsaft ausgeschenkt. In jedem Glas waren 0,2 l. Wie viele Liter Apfelsaft waren das?

Lösungen Übungsaufgaben I

AUFGABE 1

Welche Figur hat die die größte Fläche?
Zähle die Kästchen!

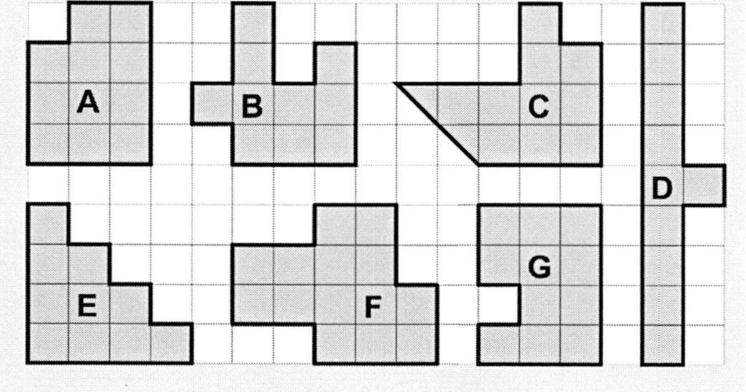

A	*11*	Kästchen	**E**	*10*	Kästchen
B	*10*	Kästchen	**F**	*14*	Kästchen
C	*11*	Kästchen	**G**	*11*	Kästchen
D	*10*	Kästchen			Figur F hat die größte Fläche

AUFGABE 2

Welche Figuren haben gleich große Flächen?

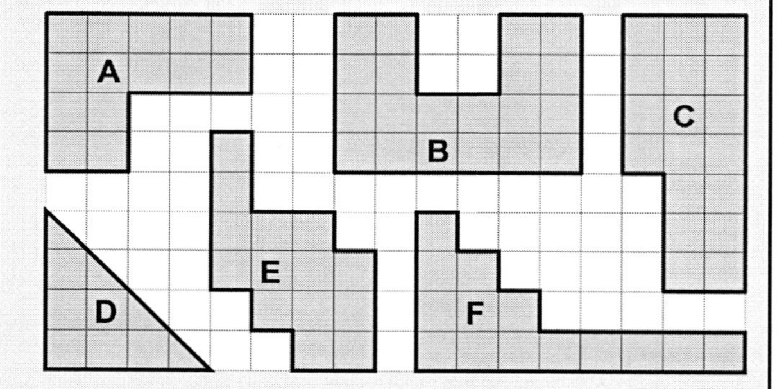

Figur A, Figur E und Figur F haben gleich große Flächen (14 Kästchen)

Lösungen Übungsaufgaben II

AUFGABE 3

Zeichne eine weitere Fläche, die den gleichen Flächeninhalt hat. Es gibt natürlich verschiedene Möglichkeiten!

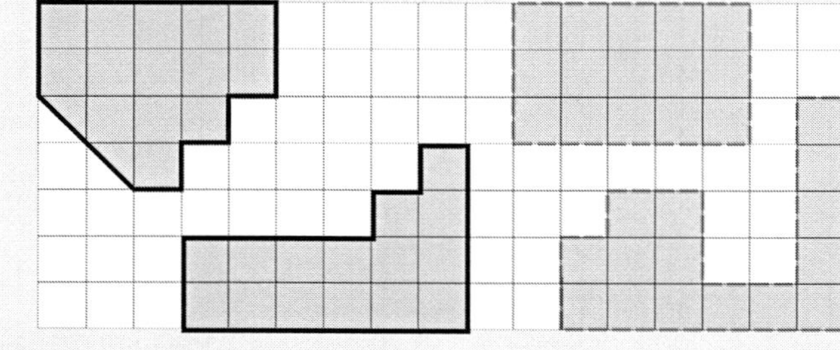

AUFGABE 4

Wie viele Fliesen braucht man zum Auslegen?

60 Fliesen

AUFGABE 5

Sind die beiden Flächen gleich groß?

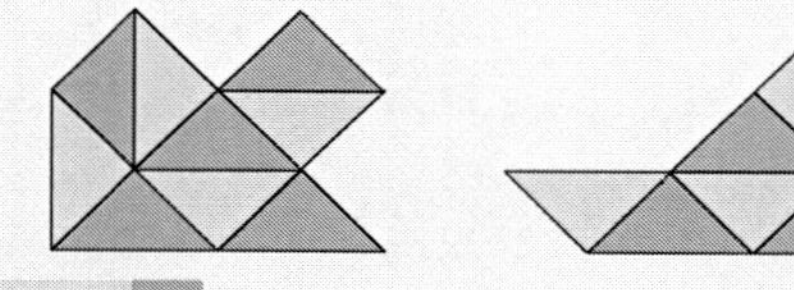

nein

AUFGABE 6

Welche Seitenlänge hat ein Quadrat mit einem Flächeninhalt von 36 cm²?

6 cm

AUFGABE 7

Ein rechteckiger Garten ist 7 m lang und 4 m breit. Berechne den Flächeninhalt!

28 m²

Dino T. Saurus´ Mathe-Flyer

zum Üben und Wiederholen in der Grundschule

29

Flächeninhalt

Alle ebenen Figuren haben eine Fläche, die durch die Seiten begrenzt wird. Diesen Flächeninhalt kann man bestimmen, indem man die Fläche mit quadratischen Karos überzieht. Die Größe der Karos spielt keine Rolle, aber meistens wählt man Quadrate mit einer Seitenlänge von 1 cm.

Beispiele

Rechenkästchen im Heft — *Zentimeterquadrat*

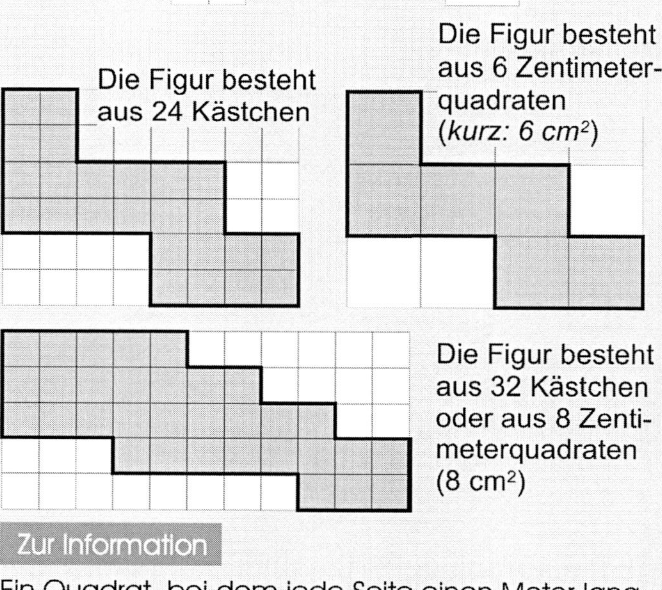

Die Figur besteht aus 24 Kästchen

Die Figur besteht aus 6 Zentimeterquadraten (*kurz: 6 cm²*)

Die Figur besteht aus 32 Kästchen oder aus 8 Zentimeterquadraten (8 cm²)

Zur Information

Ein Quadrat, bei dem jede Seite einen Meter lang ist, bezeichnet man als Quadratmeter und schreibt kurz 1 m².

Musteraufgaben

AUFGABE 1

Eine Terrasse wird mit Fliesen belegt. Wie viele Fliesen braucht man?

77 Fliesen

AUFGABE 2

Welche Fläche hat den größten Flächeninhalt?

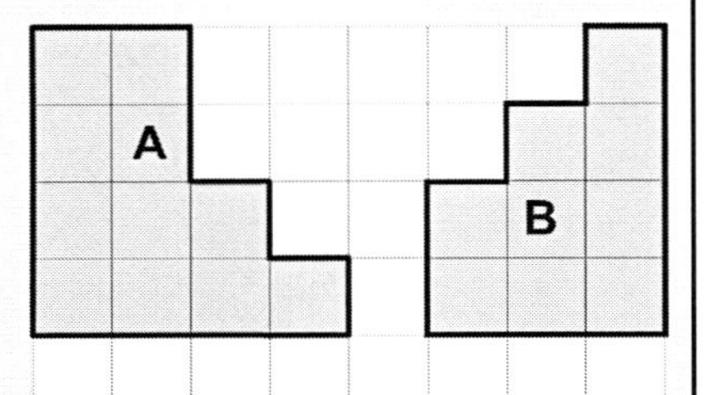

Fläche A

AUFGABE 3

Sind die beiden Flächen gleich groß?

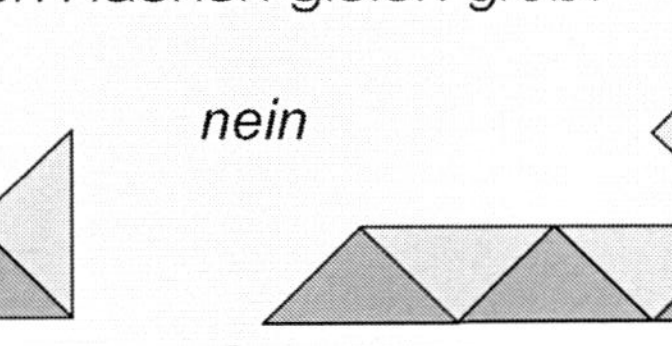

nein

AUFGABE 4

Zeichne eine weitere Fläche, die den gleichen Flächeninhalt hat. Es gibt natürlich verschiedene Möglichkeiten!

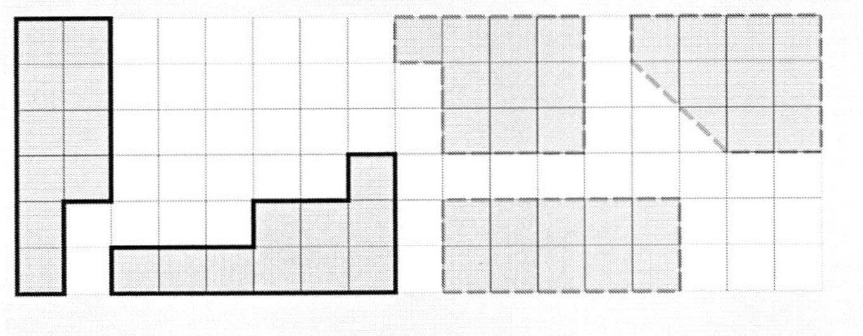

Übungsaufgaben I

AUFGABE 1

Welche Figur hat die die größte Fläche? Zähle die Kästchen!

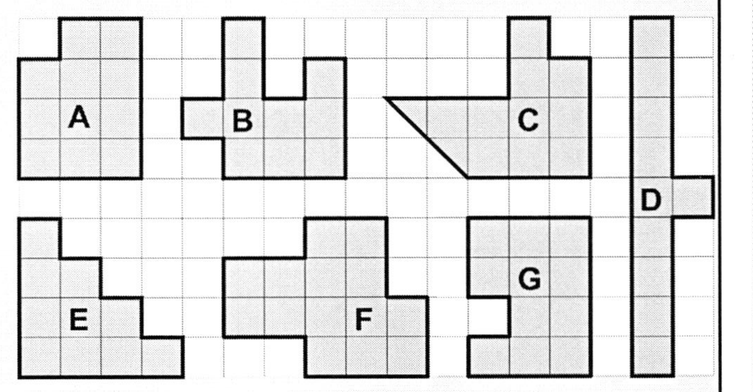

A	Kästchen	**E**	Kästchen
B	Kästchen	**F**	Kästchen
C	Kästchen	**G**	Kästchen
D	Kästchen		

AUFGABE 2

Welche Figuren haben gleich große Flächen?

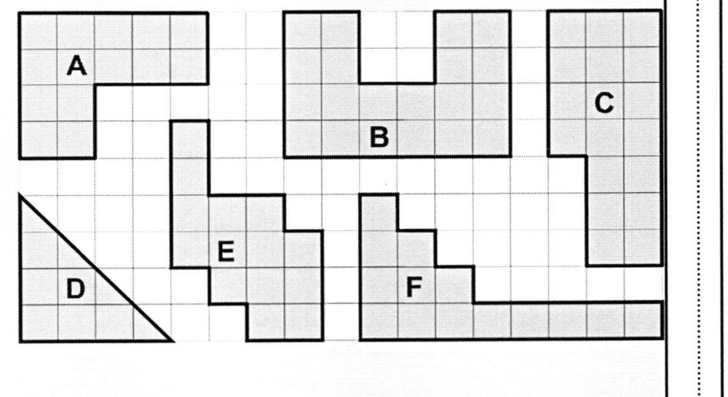

Übungsaufgaben II

AUFGABE 3

Zeichne eine weitere Fläche, die den gleichen Flächeninhalt hat. Es gibt natürlich verschiedene Möglichkeiten!

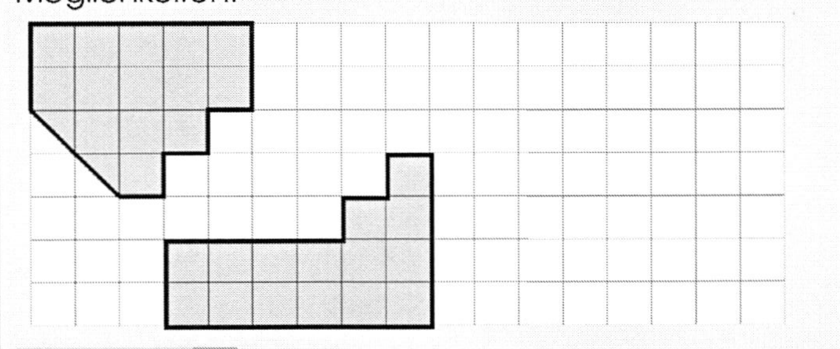

AUFGABE 4

Wie viele Fliesen braucht man zum Auslegen?

AUFGABE 5

Sind die beiden Flächen gleich groß?

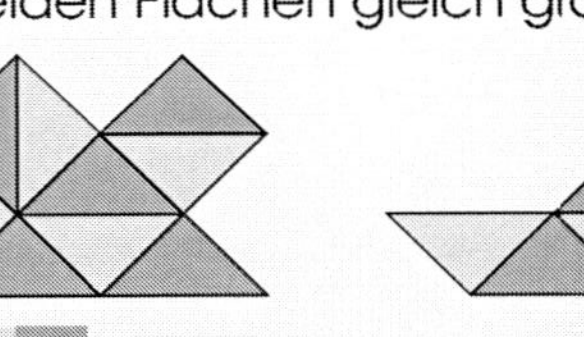

AUFGABE 6

Welche Seitenlänge hat ein Quadrat mit einem Flächeninhalt von 36 cm^2?

AUFGABE 7

Ein rechteckiger Garten ist 7 m lang und 4 m breit. Berechne den Flächeninhalt!

Lösungen Übungsaufgaben I

AUFGABE 1

Wie lauten die nächsten vier Zahlen dieser bildlich dargestellten Zahlenfolge?

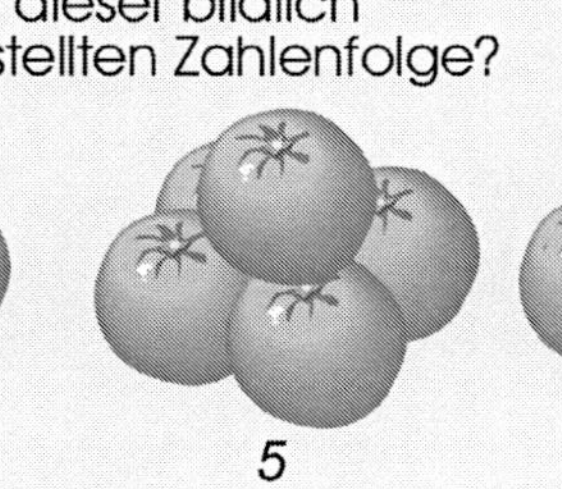

1 *5* *14* *30* *55* *91* *140*

AUFGABE 2

Schreibe die nächsten 4 Zahlen auf!

a) 7 $\xrightarrow{\cdot 4}$ *28* $\xrightarrow{\cdot 4}$ *112* $\xrightarrow{\cdot 4}$ *448* $\xrightarrow{\cdot 4}$ *1792*

b) 203 $\xrightarrow{-21}$ *182* $\xrightarrow{-21}$ *161* $\xrightarrow{-21}$ *140* $\xrightarrow{-21}$ *119*

c) 486 $\xrightarrow{:3}$ *162* $\xrightarrow{:3}$ *54* $\xrightarrow{:3}$ *18* $\xrightarrow{:3}$ *6*

AUFGABE 3

Wie geht die Zahlenfolge weiter? Schreibe vier weitere Zahlen auf!

a) 6, 9, 12, 15, ... *18, 21, 24, 27*

b) 180, 169, 158, 147, ... *136, 125, 114, 103*

c) 4, 8, 16, 32, 64, ... *128, 256, 512, 1024*

AUFGABE 4

Gib die nächsten 5 Zahlen an!

a) 4, 8, 15, 30, ... (Regel $\xrightarrow{\cdot 2}$ $\xrightarrow{+7}$)
37, 74, 81, 162, 169

b) 4, 12, 10, 30, ... (Regel $\xrightarrow{\cdot 3}$ $\xrightarrow{-2}$)
28, 84, 82, 246, 244

c) 6, 18, 13, 39, ... (Regel $\xrightarrow{\cdot 3}$ $\xrightarrow{-5}$)
34, 102, 97, 291, 286

d) 4, 14, 56, 66, ... (Regel $\xrightarrow{+10}$ $\xrightarrow{\cdot 4}$)
264, 274, 1096, 1106, 4424

Lösungen Übungsaufgaben II

AUFGABE 5

Wie heißen die nächsten 7 Zahlen der bildlich dargestellten Zahlenfolge?

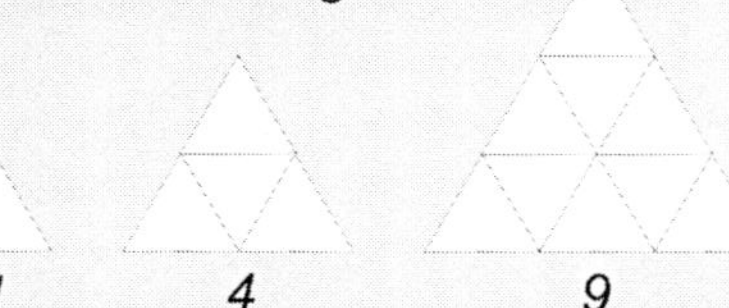

1 *4* *9* *16* *25* *36* *49* *64* *81* *100*

AUFGABE 6

Gib die nachfolgende und die vorhergehende Zahl in jeder Folge an, die du bei der angegebenen Regel erhältst:

a) Regel: • 4 ..., *9* , 36, *144* , ...

b) Regel: : 3 ..., *45* , 15, *5* , ...

c) Regel: + 14 ..., *58* , 72, *86* , ...

AUFGABE 7

Setze die passenden Zahlen ein!

a) *15* , *25* , *30* , 40, 45, 55, 60, *70* , *75*

b) *12* , *24* , *48* , 96, 192, 384, *768* , *1536*

c) *200* , *50* , *250* , 100, 300, 150, 350, *200* , *400*

d) *1* , *2* , *12* , 24, 34, 68, 78, 156, *166* , *332*

AUFGABE 8

Wie heißen die nächsten vier Zahlen der folgenden Zahlenfolgen?

a) 1, 3, 9, 27, ... *81, 243, 729, 2187*

b) 16, 17, 19, 22, 26, ... *31, 37, 44, 52*

c) 5, 15, 25, 75, 85, ... *255, 265, 795, 805*

d) 8, 9, 13, 22, 38, ... *63, 99, 148, 212*

Dino T. Saurus´ Mathe-Flyer

zum Üben und Wiederholen in der Grundschule

31

Zahlenfolgen

Die Zahlen 5, 25, 45, 65, 85, ... bilden eine Zahlenfolge. Die Zahl 5 heißt Anfangszahl. Die Regel, nach der diese Zahlenfolge aufgebaut wird, lautet: »Addiere jeweils die Zahl 20«. Die Zahlenfolge kann beliebig fortgesetzt werden. Man kann sie auch so darstellen:

5 $\xrightarrow{+20}$ 25 $\xrightarrow{+20}$ 45 $\xrightarrow{+20}$ 65 $\xrightarrow{+20}$ 85 ...

Die Regeln zur Bildung von Zahlenfolge können auch wechseln.

Beispiele

7 $\xrightarrow{+11}$ 18 $\xrightarrow{-5}$ 13 $\xrightarrow{+11}$ 24 $\xrightarrow{-5}$ 19 ...

7 $\xrightarrow{\cdot 3}$ 21 $\xrightarrow{-2}$ 19 $\xrightarrow{\cdot 3}$ 57 $\xrightarrow{-2}$ 55 ...

8 $\xrightarrow{:2}$ 4 $\xrightarrow{+8}$ 12 $\xrightarrow{:2}$ 6 $\xrightarrow{+8}$ 14 ...

Zahlenfolgen werden oft bildlich dargestellt.

Beispiele

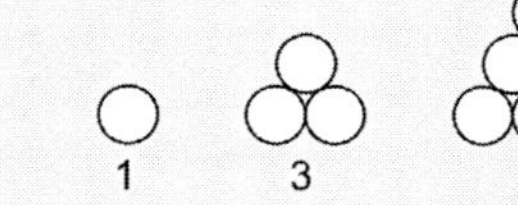

3 8 15 24

1 3 6 10 15

Musteraufgaben

AUFGABE 1

Schreibe die nächsten vier Zahlen auf!

a) $5 \xrightarrow{\cdot 3} 15 \xrightarrow{\cdot 3} 45 \xrightarrow{\cdot 3} 135 \xrightarrow{\cdot 3} 405$

b) $165 \xrightarrow{-25} 140 \xrightarrow{-25} 115 \xrightarrow{-25} 90 \xrightarrow{-25} 65$

c) $128 \xrightarrow{:2} 64 \xrightarrow{:2} 32 \xrightarrow{:2} 16 \xrightarrow{:2} 8$

AUFGABE 2

Wie geht die Zahlenfolge weiter? Schreibe drei weitere Zahlen auf!

a) 3, 10, 17, 24, ... *31, 38, 45*

b) 4, 7, 15, 18, 26, ... *29, 37, 40*

c) 30, 60, 45, 90, 75, 150, ... *135, 270, 255*

AUFGABE 3

Setze die passenden Zahlen ein!

a) *15* , *30* , *45* , 60, 75, 90, 105, *120* , *135*

b) *60* , *90* , *120* , 150, 180, 210, *240* , *270*

c) *136* , *124* , *112* , 100, 88, 76, 64, *52* , *40*

AUFGABE 4

Wie heißen die nächsten drei Zahlen der bildlich dargestellten Zahlenfolge?

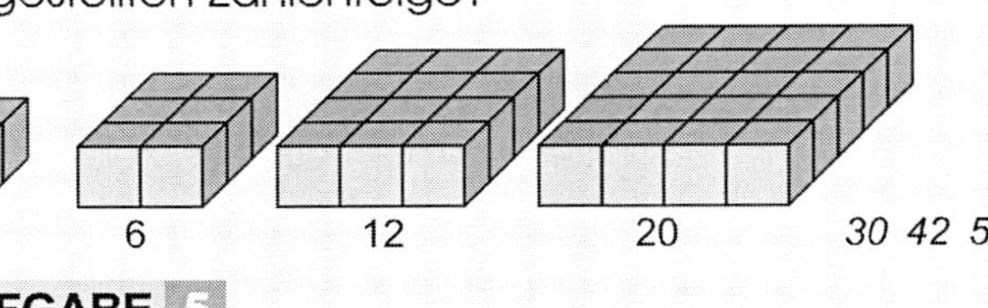

2 6 12 20 *30 42 56*

AUFGABE 5

Wie heißen die nächsten fünf Zahlen der Zahlenfolgen?

a) 6, 8, 11, 15, 20, *26, 33, 41, 50, 60*

b) 5, 6, 10, 19, 35, 60 *96, 145, 209, 290, 390*

c) 20, 21, 19, 22, 18 *23, 17, 24, 16, 25*

Übungsaufgaben I

AUFGABE 1

Wie lauten die nächsten vier Zahlen dieser bildlich dargestellten Zahlenfolge?

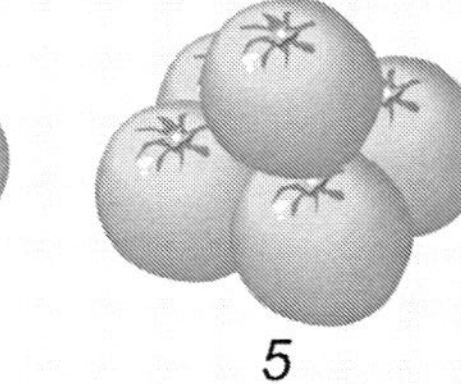

1 5 14

AUFGABE 2

Schreibe die nächsten 4 Zahlen auf!

a) $7 \xrightarrow{\cdot 4} \quad \xrightarrow{\cdot 4} \quad \xrightarrow{\cdot 4} \quad \xrightarrow{\cdot 4}$

b) $203 \xrightarrow{-21} \quad \xrightarrow{-21} \quad \xrightarrow{-21} \quad \xrightarrow{-21}$

c) $486 \xrightarrow{:3} \quad \xrightarrow{:3} \quad \xrightarrow{:3} \quad \xrightarrow{:3}$

AUFGABE 3

Wie geht die Zahlenfolge weiter? Schreibe vier weitere Zahlen auf!

a) 6, 9, 12, 15, ...

b) 180, 169, 158, 147, ...

c) 4, 8, 16, 32, 64, ...

AUFGABE 4

Gib die nächsten 5 Zahlen an!

a) 4, 8, 15, 30, ... (Regel $\xrightarrow{\cdot 2} \xrightarrow{+7}$)

b) 4, 12, 10, 30, ... (Regel $\xrightarrow{\cdot 3} \xrightarrow{-2}$)

c) 6, 18, 13, 39, ... (Regel $\xrightarrow{\cdot 3} \xrightarrow{-5}$)

d) 4, 14, 56, 66, ... (Regel $\xrightarrow{+10} \xrightarrow{\cdot 4}$)

Übungsaufgaben II

AUFGABE 5

Wie heißen die nächsten 7 Zahlen der bildlich dargestellten Zahlenfolge?

1 4 9

AUFGABE 6

Gib die nachfolgende und die vorhergehende Zahl in jeder Folge an, die du bei der angegebenen Regel erhältst:

a) Regel: • 4 ..., ___, 36, ___, ...

b) Regel: : 3 ..., ___, 15, ___, ...

c) Regel: + 14 ..., ___, 72, ___, ...

AUFGABE 7

Setze die passenden Zahlen ein!

a) ___, ___, ___, 40, 45, 55, 60, ___, ___

b) ___, ___, ___, 96, 192, 384, ___, ___

c) ___, ___, ___, 100, 300, 150, 350, ___, ___

d) ___, ___, ___, 24, 34, 68, 78, 156, ___, ___

AUFGABE 8

Wie heißen die nächsten vier Zahlen der folgenden Zahlenfolgen?

a) 1, 3, 9, 27, ...

b) 16, 17, 19, 22, 26, ...

c) 5, 15, 25, 75, 85, ...

d) 8, 9, 13, 22, 38, ...

Lösungen Übungsaufgaben I

AUFGABE 1

Gib alle Teiler an!

a) 27 *1, 3, 9, 27*

b) 82 *1, 2, 41, 82*

c) 96 *1, 2, 3, 4, 6, 8, 12, 16, 24, 32, 48, 96*

d) 138 *1, 2, 3, 6, 23, 46, 69, 138*

e) 257 *1, 257 (Primzahl)*

f) 290 *1, 2, 5, 10, 29, 58, 145, 290*

g) 100 *1, 2, 4, 5, 10, 20, 25, 50, 100*

h) 315 *1, 3, 5, 7, 9, 15, 21, 35, 45, 63, 105, 315*

AUFGABE 2

Gib die ersten fünf Vielfachen an!

a) 7 *7, 14, 21, 28, 35, ...*

b) 12 *12, 24, 36, 48, 60, ...*

c) 13 *13, 26, 39, 52, 65, ...*

d) 20 *20, 40, 60, 80, 100, ...*

e) 25 *25, 50, 75, 100, 125, ...*

f) 28 *28, 56, 84, 112, 140, ...*

g) 45 *45, 90, 135, 180, 225, ...*

h) 62 *62, 124, 186, 248, 310, ...*

AUFGABE 3

Gib an!

a) Vielfache von 16 zwischen 75 und 111.
80, 96

a) Vielfache von 9 zwischen 134 und 164.
135, 144, 153, 162

a) Vielfache von 25 zwischen 30 und 105.
50, 75, 100

a) Vielfache von 18 zwischen 100 und 150.
108, 126, 144

Lösungen Übungsaufgaben II

AUFGABE 4

Gib die gemeinsamen Teiler der beiden Zahlen an!

a) 6, 12 *1, 2, 3, 6* e) 18, 24 *1, 2, 3, 6*

b) 9, 15 *1, 3* f) 10, 15 *1, 5*

c) 8, 20 *1, 2, 4* g) 9, 45 *1, 3, 9*

d) 5, 23 *1* h) 12, 24 *1, 2, 3, 4, 6, 12*

AUFGABE 5

Gib den größten gemeinsamen Teiler (ggT) an!

a) ggT(16,20) *4* e) ggT(10,15) *5*

b) ggT(11,19) *1* f) ggT(13,21) *1*

c) ggT(24,32) *8* g) ggT(18,54) *18*

d) ggT(14,21) *7* h) ggT(12,30) *6*

AUFGABE 6

Bestimme die Vielfachen der beiden Zahlen und gib dann das kleinste gemeinsame Vielfache an!

a) 8 *8, 16, 24, 32, 40, 48, ...*
12 *12, 24, 36, 48, 60, 72, ...*
kleinstes gemeinsames Vielfache ist 24

b) 5 *5, 10, 15, 20, 25, 30, 35, 40, 45, ...*
8 *8, 16, 24, 32, 40, 48, ...*
kleinstes gemeinsames Vielfache ist 40

c) 12 *12, 24, 36, 48, 60, 72, ...*
20 *20, 40, 60, 80, ...*
kleinstes gemeinsames Vielfache ist 60

AUFGABE 7

Setze zwei verschiedene Zahlen ein, die passen!

a) 60 ist das kleinste gemeinsame Vielfache von 12 und ... . *5, 10, 15, ...*

b) 45 ist das kleinste gemeinsame Vielfache von 9 und *5, 15*

c) 260 ist das kleinste gemeinsame Vielfache von 4 und *65, 130*

Dino T. Saurus´ Mathe-Flyer

zum Üben und Wiederholen in der Grundschule

33

Vielfache und Teiler

Als Vielfache einer Zahl bezeichnet man alle Zahlen der Einmaleinsreihe dieser Zahl.

Beispiele

Vielfache von 8: 8, 16, 24, 32, 40, ..., 96, ... 888, ...
Vielfache von 11: 11, 22, 33, 44, ..., 99, ..., 121, ...

Als Teiler einer Zahl werden diejenigen Zahlen aufgeschrieben, die diese Zahl ohne Rest teilen.

Beispiele

Teiler von 24: 1, 2, 3, 4, 6, 8, 12, 24
Teiler von 19: 1, 19 (*19 ist eine Primzahl*)

Verschiedene Zahlen haben gemeinsame Vielfache. Das sind die Zahlen, die in der Einmaleinsreihe gleiche Ergebnisse liefern.

Beispiel

Vielfache von 4: 4, 8, **12**, 16, 20, **24**, ..., **36**, ..., **48**, ...
Vielfache von 6: 6, **12**, 18, **24**, ..., **36**, ..., **48**, ...
gemeinsame Vielfache von 4 und 6 sind 12, 24, 36, 48, ... Das **kleinste gemeinsame Vielfache** ist 12.

Zahlen haben Teiler,die übereinstimmen.
Man nennt sie gemeinsame Teiler.

Beispiel

Teiler von 12: 1, 2, 3, 4, 6, 12
Teiler von 18: 1, 2, 3, 6, 9, 18
gemeinsame Teiler sind 1, 2, 3 und 6.
Der **größte gemeinsame Teiler** ist 6.

Musteraufgaben

AUFGABE 1

Schreibe alle Teiler der Zahlen auf!

a) 84 *1, 2, 3, 4, 6, 7, 12, 14, 21, 38, 42, 84*

b) 90 *1, 2, 3, 5, 6, 9, 10, 15, 18, 30, 45, 90*

c) 25 *1, 5, 25*

d) 64 *1, 2, 4, 8, 16, 32, 64*

AUFGABE 2

Gib die ersten fünf Vielfachen an!

a) 8 *8, 16, 24, 32, 40, ...*

b) 14 *14, 28, 42, 56, 70, ...*

c) 17 *17, 34, 51, 68, 85, ...*

d) 35 *35, 70, 105, 140, 175, ...*

AUFGABE 3

Gib die gemeinsamen Teiler der beiden Zahlen an!

a) 9, 14 *1*

b) 12, 15 *1, 3*

e) 18, 30 *1, 2, 3, 6*

f) 15, 25 *1, 5*

AUFGABE 4

Gib den größten gemeinsamen Teiler (ggT) an!

a) ggT(12,16) *4*

b) ggT(17,51) *17*

e) ggT(15,25) *5*

f) ggT(21,28) *7*

AUFGABE 5

Gib die Vielfachen von 24 zwischen 70 und 150 an! *72, 96, 120, 144*

AUFGABE 6

Bestimme die Vielfachen der beiden Zahlen und gib dann das kleinste gemeinsame Vielfache an!

12 *12, 24, 36, 48, 60, 72, 84, ...*

18 *18, 36, 54, 72, 90, 108, ...*

kleinstes gemeinsames Vielfache ist 36

Übungsaufgaben I

AUFGABE 1

Gib alle Teiler an!

a) 27

b) 82

c) 96

d) 138

e) 257

f) 290

g) 100

h) 315

AUFGABE 2

Gib die ersten fünf Vielfachen an!

a) 7

b) 12

c) 13

d) 20

e) 25

f) 28

g) 45

h) 62

AUFGABE 3

Gib an!

a) Vielfache von 16 zwischen 75 und 111.

a) Vielfache von 9 zwischen 134 und 164.

a) Vielfache von 25 zwischen 30 und 105.

a) Vielfache von 18 zwischen 100 und 150.

Übungsaufgaben II

AUFGABE 4

Gib die gemeinsamen Teiler der beiden Zahlen an!

a) 6, 12

b) 9, 15

c) 8, 20

d) 5, 23

e) 18, 24

f) 10, 15

g) 9, 45

h) 12, 24

AUFGABE 5

Gib den größten gemeinsamen Teiler (ggT) an!

a) ggT(16,20)

b) ggT(11,19)

c) ggT(24,32)

d) ggT(14,21)

e) ggT(10,15)

f) ggT(13,21)

g) ggT(18,54)

h) ggT(12,30)

AUFGABE 6

Bestimme die Vielfachen der beiden Zahlen und gib dann das kleinste gemeinsame Vielfache an!

a) 8
12

b) 5
8

c) 12
20

AUFGABE 7

Setze zwei verschiedene Zahlen ein, die passen!

a) 60 ist das kleinste gemeinsame Vielfache von 12 und ... .

b) 45 ist das kleinste gemeinsame Vielfache von 9 und ... .

c) 260 ist das kleinste gemeinsame Vielfache von 4 und ... .

Lösungen Übungsaufgaben I

AUFGABE 1

Setze ein: ***ist Teiler von*** oder ***ist nicht Teiler von***!

3	*ist Teiler von*	912	25	*ist Teiler von*	11675
4	*ist Teiler von*	10464	8	*ist Teiler von*	10000
9	*ist nicht Teiler von*	1289	9	*ist Teiler von*	97236
8	*ist nicht Teiler von*	5708	4	*ist nicht Teiler von*	5738
5	*ist nicht Teiler von*	13893	5	*ist Teiler von*	130560
3	*ist nicht Teiler von*	826	2	*ist nicht Teiler von*	1826345

AUFGABE 2

Wie heißt die kleinste Zahl, die
a) durch 2 und 7 teilbar ist? *14*
b) durch 2, 3 und 5 teilbar ist? *30*
c) durch 6, 9 und 12 teilbar ist? *36*

AUFGABE 3

Prüfe, ob die Zahl die Teiler hat! Kreise den Buchstaben ein, der sich unter dem Teiler befindet! Zeilenweise gelesen erhältst du ein Sprichwort.

Die Zahl hat den/die Teiler	2	3	4	5	8	9	10	25	125
153153		A				L			
94465				L					
346	E								
109375				R				A	N
2368	F		A		N				
564081		G							
1001									
132800	I		S	T	S		C	H	
31227		W							
4083		E							
35695				R					

Lösungen Übungsaufgaben II

AUFGABE 4

Fülle aus und kreuze das entsprechende Feld an!

Zahl	Quersumme	teilbar durch 3	teilbar durch 9
1422	*9*	*x*	*x*
8027	*17*		
111225	*12*	*x*	
97218	*27*	*x*	*x*
7028943	*33*	*x*	
352398	*30*	*x*	

AUFGABE 5

Den Weg durch dieses Labyrinth findest du, indem du nur die durch 3 teilbaren Zahlen suchst. Reihe alle Buchstaben auf deinem Weg aneinander! Welchen Lösungsspruch erhältst du?

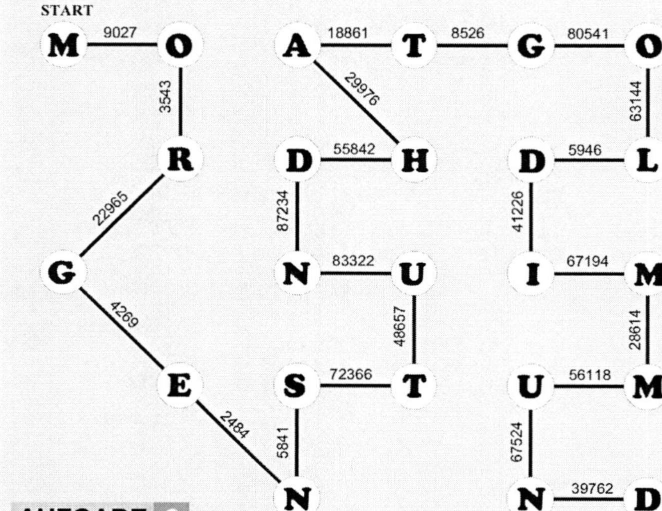

AUFGABE 6

Zerlege in zwei Summanden und prüfe, ob die Aussage wahr oder falsch ist!

7 ist Teiler von 756
700 : 7 = 100 und 56 : 7 = 8, richtig

Dino T. Saurus´ Mathe-Flyer

zum Üben und Wiederholen in der Grundschule

35

Teilbarkeitsregeln

Die Divisionsaufgabe 32 : 4 geht ohne Rest auf. Man sagt 4 teilt 32 oder 4 ist Teiler von 32.

Anhand einiger Regeln kannst du schon feststellen, ob eine Zahl sich teilen lässt.

Eine Zahl ist **teilbar durch 10**, wenn ihre letzte Ziffer 0 ist.

Beispiele: 10 teilt 11240; 10 ist nicht Teiler von 53

Eine Zahl ist **teilbar durch 5**, wenn ihre letzte Ziffer 0 oder 5 ist.

Beispiele: 5 teilt 6450; 5 ist Teiler von 373215

Eine Zahl ist **teilbar durch 2**, wenn die Zahl auf 0, 2, 4, 6 oder 8 endet.

Beispiele: 2 teilt 56678; 2 ist nicht Teiler von 1563

Eine Zahl ist **teilbar durch 3**, wenn ihre Quersumme durch 3 teilbar ist.

Beispiel: 3 teilt 1467, denn 1 + 4 + 6 + 7 = 18 und 18 lässt sich durch 3 teilen

Eine Zahl ist **teilbar durch 9**, wenn ihre Quersumme durch 9 teilbar ist.

Beispiel: 9 teilt 4617, denn 4 + 6 + 1 + 7 = 18 und 18 lässt sich durch 9 teilen

Eine Zahl ist **teilbar durch 4**, wenn sie auf 00 endet oder wenn die aus ihren letzten zwei Ziffern gebildete Zahl durch 4 teilbar ist.

Beispiel: 4 teilt 4616, denn 16 lässt sich durch 4 teilen

Eine Zahl ist **teilbar durch 8**, wenn sie auf 000 endet oder wenn die aus ihren letzten drei Ziffern gebildete Zahl durch 8 teilbar ist.

Beispiel: 8 teilt 46176, denn 176 lässt sich durch 8 teilen; 8 ist nicht Teiler von 551244, denn 8 teilt nicht 244

Musteraufgaben

AUFGABE 1

Setze ein: ***ist Teiler von*** oder ***ist nicht Teiler von***!

7	*ist Teiler von*	91	6	*ist Teiler von*	72
3	*ist nicht Teiler von*	82	8	*ist Teiler von*	13424
9	*ist Teiler von*	32454	4	*ist nicht Teiler von*	33434

AUFGABE 2

Welche Ziffern kannst du in das Kästchen einsetzen, damit sich eine Zahl ergibt, die durch 3, aber nicht durch 9 teilbar ist?

a) 5 ☐ 7 — *507, 537, 597*

b) 4 0 0 0 ☐ — *40002, 40008*

c) 2 2 2 2 ☐ 1 — *222231, 222261*

AUFGABE 3

Gib an, ob folgende Sachverhalte richtig oder falsch sind!

a) 4 ist Teiler von 375 *falsch*

b) 8 ist Teiler von 672 *richtig*

c) 9 ist Teiler von 674 *falsch*

d) 3 ist Teiler von 6741 *richtig*

AUFGABE 4

Wie heißt die kleinste Zahl, die

a) durch 4 und 6 teilbar ist? *12*

b) durch 2, 5 und 8 teilbar ist? *40*

AUFGABE 5

Zerlege in zwei Summanden und prüfe, ob die Aussage wahr oder falsch ist!

a) 6 ist Teiler von 1852
1800 : 6 = 300; 52 : 6 = 8 Rest 4; falsch

b) 13 ist Teiler von 299
260 : 13 = 20; 33 : 13 = 3 Rest 0; richtig

Übungsaufgaben I

AUFGABE 1

Setze ein: *ist Teiler von* oder *ist nicht Teiler von*!

3		912	25		11675
4		10464	8		10000
9		1289	9		97236
8		5708	4		5738
5		13893	5		130560
3		826	2		1826345

AUFGABE 2

Wie heißt die kleinste Zahl, die

a) durch 2 und 7 teilbar ist?

b) durch 2, 3 und 5 teilbar ist?

c) durch 6, 9 und 12 teilbar ist?

AUFGABE 3

Prüfe, ob die Zahl die Teiler hat! Kreise den Buchstaben ein, der sich unter dem Teiler befindet! Zeilenweise gelesen erhältst du ein Sprichwort.

Die Zahl hat den/die Teiler	2	3	4	5	8	9	10	25	125
153153	W	A	H	Z	U	L	T	P	B
94465	G	O	A	L	K	F	O	I	L
346	E	I	N	S	T	E	I	N	X
109375	F	A	H	R	T	B	H	A	N
2368	F	R	A	U	N	H	A	A	R
564081	E	G	O	T	I	S	M	U	S
1001	F	I	R	L	E	F	A	N	Z
132800	I	M	S	T	S	U	C	H	X
31227	F	W	L	M	O	T	H	E	K
4083	W	E	I	H	N	A	C	H	T
35695	M	E	E	R	E	N	G	E	N

Übungsaufgaben II

AUFGABE 4

Fülle aus und kreuze das entsprechende Feld an!

Zahl	Quersumme	teilbar durch 3	teilbar durch 9
1422			
8027			
111225			
97218			
7028943			
352398			

AUFGABE 5

Den Weg durch dieses Labyrinth findest du, indem du nur die durch 3 teilbaren Zahlen suchst. Reihe alle Buchstaben auf deinem Weg aneinander! Welchen Lösungsspruch erhältst du?

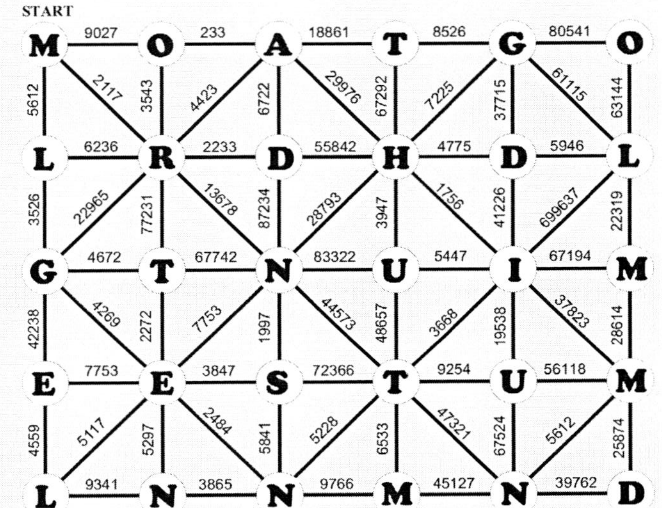

AUFGABE 6

Zerlege in zwei Summanden und prüfe, ob die Aussage wahr oder falsch ist!

7 ist Teiler von 756

Lösungen Übungsaufgaben I

AUFGABE 1

Addiere halbschriftlich!

a)

4	5	8	+	2	9	3	=	7	5	1
4	0	0	+	2	0	0	=	6	0	0
	5	0	+		9	0	=	1	4	0
		8	+			3	=		1	1

600 + 140 + 11 = 751

b)

6	5	1	+	2	7	8	=	9	2	9
6	5	1	+	2	0	0	=	8	5	1
8	5	1	+		7	0	=	9	2	1
9	2	1	+			8	=	9	2	9

c)

2	8	8	+	5	5	9	=	8	4	7
2	0	0	+	5	0	0	=	7	0	0
	8	0	+		5	0	=	1	3	0
		8	+			9	=		1	7

700 + 130 + 17 = 847

AUFGABE 2

Subtrahiere halbschriftlich!

a)

7	5	1	–	3	7	4	=	3	7	7
7	5	1	–	3	0	0	=	4	5	1
4	5	1	–		7	0	=	3	8	1
3	8	1	–			4	=	3	7	7

b)

9	1	5	–	6	2	1	=	2	9	4
9	1	5	–	6	0	0	=	3	1	5
3	1	5	–		2	0	=	2	9	5
2	9	5	–			1	=	2	9	4

c)

8	6	3	–	3	9	7	=	4	6	6
8	6	3	–	3	0	0	=	5	6	3
5	6	3	–		9	0	=	4	7	3
4	7	3	–			7	=	4	6	6

Lösungen Übungsaufgaben II

AUFGABE 3

Löse am Zahlenstrahl!

a) 528 + 319 = 847

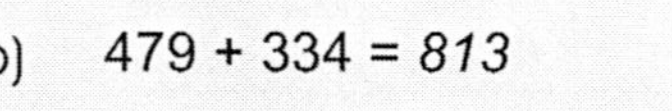
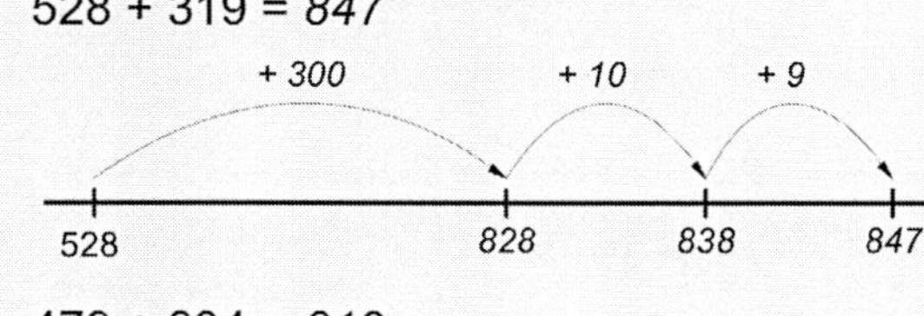

b) 479 + 334 = 813

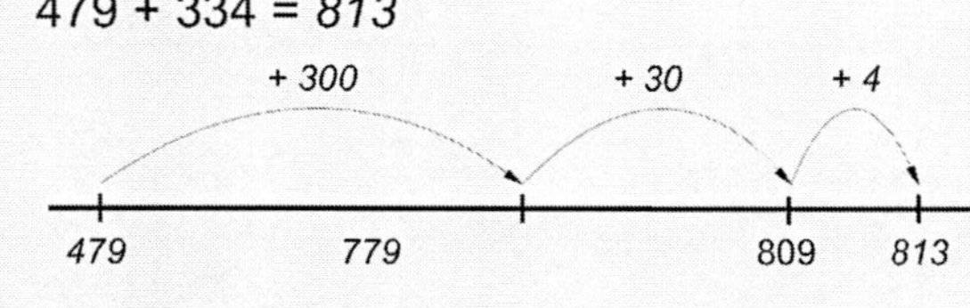

c) 813 – 565 = 248

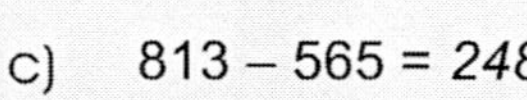
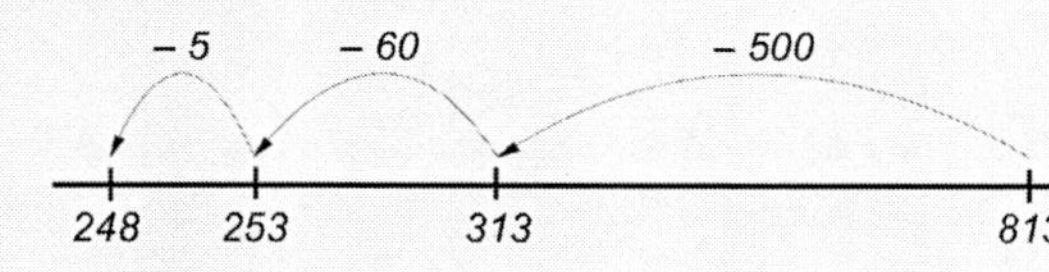

d) 958 – 642 = 316

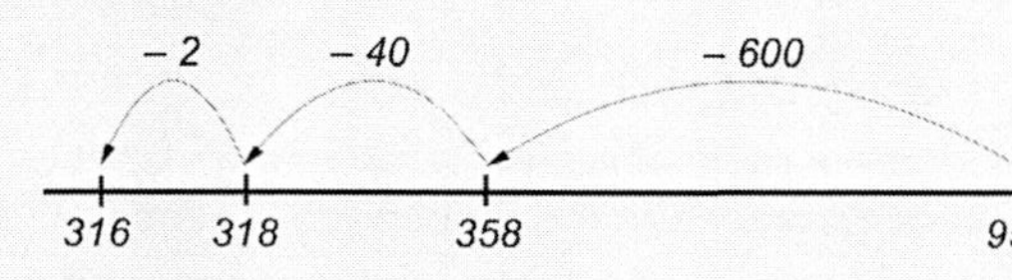

AUFGABE 4

Ergänze die Zahlenmauer!

Dino T. Saurus´ Mathe-Flyer

zum Üben und Wiederholen in der Grundschule

37

Halbschriftliche Addition und Subtraktion

Hunderterzahlen lassen sich gut in mehreren Schritten addieren und subtrahieren.

Beispiel zur Addition

1. Möglichkeit

5	3	7	+	3	2	6	=	8	6	3
5	0	0	+	3	0	0	=	8	0	0
	3	0	+		2	0	=		5	0
		7	+			6	=		1	3

800 + 50 + 13 = 863

2. Möglichkeit

5	3	7	+	3	2	6	=	8	6	3
5	3	7	+	3	0	0	=	8	3	7
8	3	7	+		2	0	=	8	5	7
8	5	7	+			6	=	8	6	3

3. Möglichkeit Du löst am Zahlenstrahl.

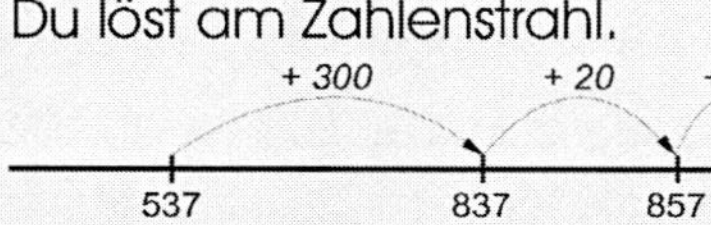

Beispiel zur Subtraktion

1. Möglichkeit

8	3	6	–	4	5	9	=	3	7	7
8	3	6	–	4	0	0	=	4	3	6
4	3	6	–		5	0	=	3	8	6
3	8	6	–			9	=	3	7	7

2. Möglichkeit Du löst am Zahlenstrahl.

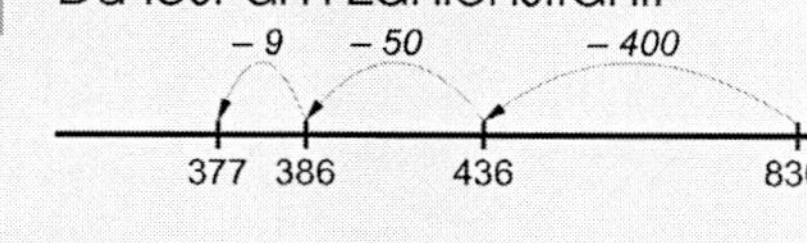

Musteraufgaben

AUFGABE 1

Addiere halbschriftlich!

a)

6	3	5	+	1	8	7	=	8	2	2
6	*0*	*0*	+	*1*	*0*	*0*	=	*7*	*0*	*0*
	3	*0*	+		*8*	*0*	=	*1*	*1*	*0*
		5	+			*7*	=		*1*	*2*

700 + *110* + *12* = *822*

AUFGABE 2

Subtrahiere halbschriftlich!

a)

5	4	2	–	2	8	3	=	2	5	9
5	*4*	*2*	–	*2*	*0*	*0*	=	*3*	*4*	*2*
3	*4*	*2*	–		*8*	*0*	=	*2*	*6*	*2*
2	*6*	*2*	–			*3*	=	*2*	*5*	*9*

AUFGABE 3

Löse am Zahlenstrahl!

a) 417 + 532 = *949*

+ 500 *+ 30* *+ 2*

417 *917* *947* *949*

b) 721 – 489 = *232*

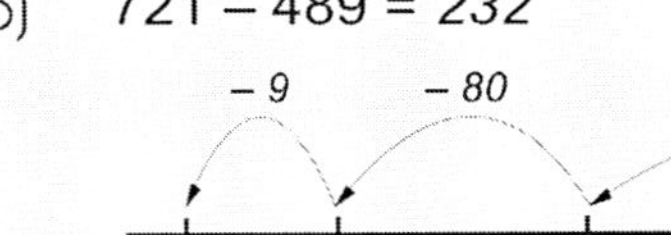

AUFGABE 3

Ergänze die Zahlenmauer!

1099

598 *501*

303 *295* *206*

125 178 117 89

Übungsaufgaben I

AUFGABE 1

Addiere halbschriftlich!

a)

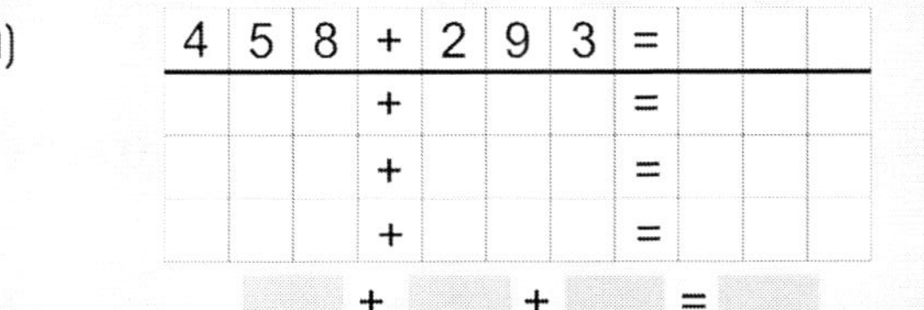

4	5	8	+	2	9	3	=			
			+				=			
			+				=			
			+				=			

__ + __ + __ = __

b)

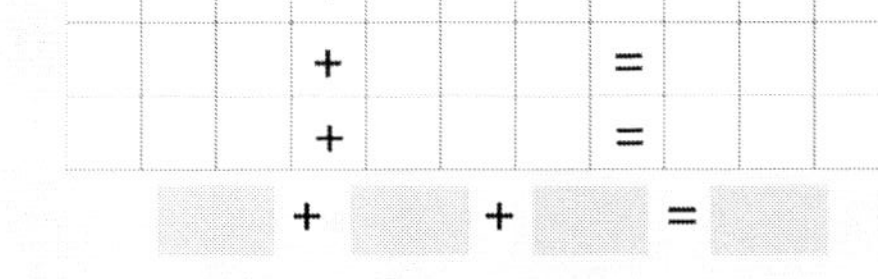

6	5	1	+	2	7	8	=			
			+				=			
			+				=			
			+				=			

c)

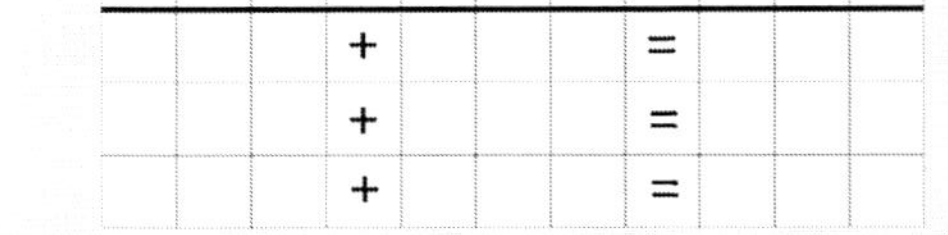

2	8	8	+	5	5	9	=			
			+				=			
			+				=			
			+				=			

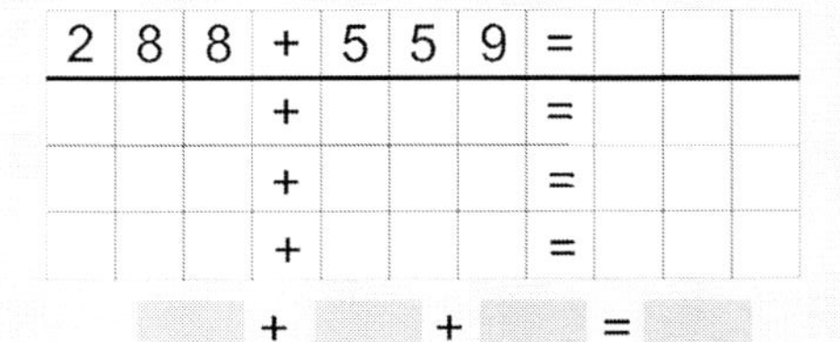

__ + __ + __ = __

AUFGABE 2

Subtrahiere halbschriftlich!

a)

7	5	1	–	3	7	4	=			
			–				=			
			–				=			
			–				=			

b)

9	1	5	–	6	2	1	=			
			–				=			
			–				=			
			–				=			

c)

8	6	3	–	3	9	7	=			
			–				=			
			–				=			
			–				=			

Übungsaufgaben II

AUFGABE 3

Löse am Zahlenstrahl!

a) 528 + 319 =

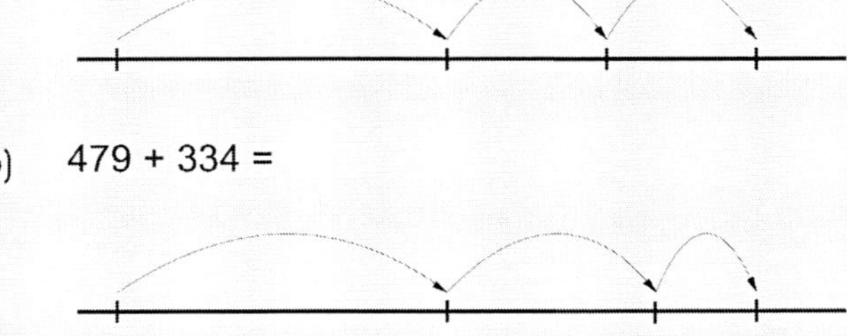

b) 479 + 334 =

c) 813 – 565 =

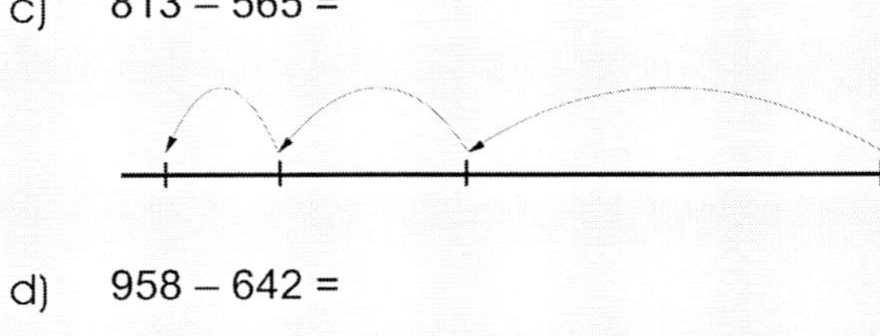

d) 958 – 642 =

AUFGABE 4

Ergänze die Zahlenmauer!

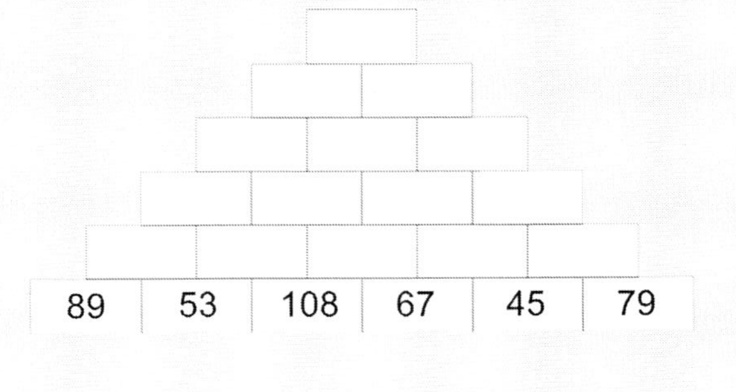

Lösungen Übungsaufgaben I

AUFGABE 1

Löse anhand der Zeichnung und übersetze die Aufgabe!

	H	Z	E
	5	4	3
+	2	2	6
	7	6	9

AUFGABE 2

Gib das Ergebnis an!

a)

	H	Z	E
	2	3	5
+	6	6	2
	8	9	7

b)

	T	H	Z	E
	1	4	3	7
+	3	1	5	2
	4	5	8	9

c)

	T	H	Z	E
	1	2	5	4
+	6	5	3	1
	7	7	8	5

d)

	T	H	Z	E
	5	6	3	4
+	4	1	2	3
	9	7	5	7

AUFGABE 3

Addiere schriftlich!

a)

	1	3	2
+		2	1
+	3	1	6
	4	6	9

b)

	5	1	4
+		3	2
+	4	5	1
	9	9	7

c)

	2	2	3
+		5	1
+	4	2	4
	6	9	8

AUFGABE 4

Addiere schriftlich!

a)

	2	4	1	2
+		1	4	3
+	1	0	2	4
	3	5	7	9

b)

	5	0	1	4
+		3	3	0
+	1	2	5	3
	6	5	9	7

c)

	5	2	1	4
+		2	1	2
+	1	3	7	1
	6	7	9	7

Lösungen Übungsaufgaben II

AUFGABE 5

Addiere schriftlich! Denke an den Übertrag!

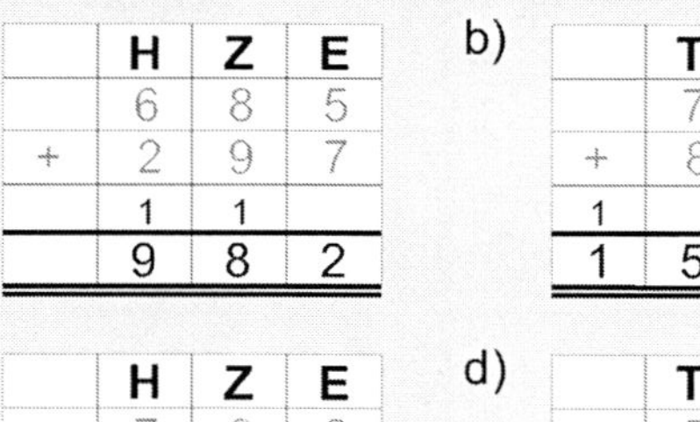

a)

	H	Z	E
	6	8	5
+	2	9	7
	1	1	
	9	8	2

b)

	T	H	Z	E
	7	4	8	3
+	8	2	9	5
1		1		
1	5	7	7	8

c)

	H	Z	E
	7	3	8
+	2	6	5
1	1	1	
1	0	0	3

d)

	T	H	Z	E
	5	6	8	8
+	2	5	4	7
	1	1	1	
	8	2	3	5

AUFGABE 6

Addiere schriftlich!

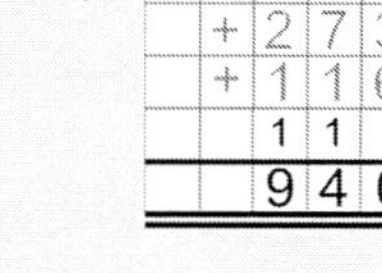

a)

	2	5	7
+		8	3
+	4	5	2
	1	1	
	7	9	2

b)

		6	4	8
+			7	5
+		3	9	3
	1	2	1	
	1	1	1	6

c)

	5	5	1
+	2	7	3
+	1	1	6
	1	1	
	9	4	0

AUFGABE 7

Addiere schriftlich!

a)

	2	1	7	4
+	3	2	5	8
+	6	6	2	7
1	1	1	1	
1	2	0	5	9

b)

	1	3	9	3
+	2	6	7	4
+	5	1	3	8
	1	2	1	
	9	2	0	5

c)

	6	5	5	7
+	2	4	8	2
+	5	1	9	4
1	1	2	1	
1	4	2	3	3

AUFGABE 8

Addiere schriftlich!

a)

	1	2	2	7	4
+		6	9	3	5
+	2	8	3	4	9
	1	1	1	1	
	4	7	5	5	8

b)

		8	7	0	9
+	5	2	0	3	8
+	2	4	4	7	6
	1	1	1	2	
	8	5	2	2	3

c)

		4	5	2	7	3
+		6	1	9	2	5
+		7	4	4	0	6
	1	1	1	1	1	
	1	8	1	6	0	4

Dino T. Saurus´ Mathe-Flyer

zum Üben und Wiederholen in der Grundschule

39

Schriftliche Addition

Schriftliche Addition ohne Zehnerüberschreitung

	H	Z	E
	4	3	2
+	3	1	5
	7	**4**	**7**

Sprechweise

2 E plus 5 E gleich 9 E
3 Z plus 1 Z gleich 4 Z
4 H plus 3 H gleich 7 H

Schriftliche Addition mit Zehnerüberschreitung

	H	Z	E
	4	5	9
+	2	7	6
Übertrag	1	1	
	7	**3**	**5**

Übertrag

Übertrag

Sprechweise

9 E plus 6 E gleich 15 E
15 E gleich 1 Z plus 5 E
5 Z plus 7 Z plus 1 Z gleich 13 Z
13 Z gleich 1 H plus 3 Z
4 H plus 2 H plus 1 H gleich 7 H

Musteraufgaben

AUFGABE 1

Löse anhand der Zeichnung und übersetze die Aufgabe!

	H	Z	E
	4	3	2
+	3	2	5
	7	5	7

AUFGABE 2

Addiere schriftlich! Denke an den Übertrag!

a)

	H	Z	E
	2	6	8
+	4	7	5
	1	1	
	7	4	3

b)

	T	H	Z	E
	3	5	2	9
+	6	7	4	8
1	1		1	
1	0	2	7	7

AUFGABE 3

Addiere schriftlich!

a)

	6	2	1
+		4	2
+	1	3	3
	7	9	6

b)

	1	0	1
+	5	4	3
+	2	5	2
	8	9	6

c)

	3	3	4
+		1	2
+	1	4	3
	4	8	9

AUFGABE 4

Addiere schriftlich! Denke an den Übertrag!

a)

	3	4	5
+	6	3	7
+	7	2	9
1	1	2	
1	7	1	1

b)

	2	2	4	8
+	5	7	2	1
+	4	6	6	2
1	1	1	1	
1	2	6	3	1

c)

	1	0	6	3
+	3	7	7	4
+	6	1	2	0
1		1		
1	0	9	5	7

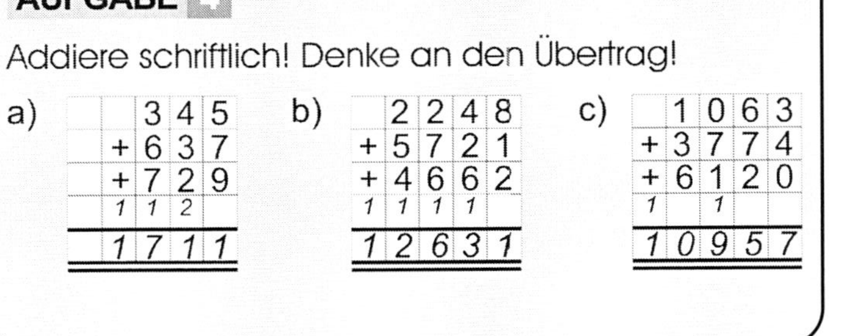

Übungsaufgaben I

AUFGABE 1

Löse anhand der Zeichnung und übersetze die Aufgabe!

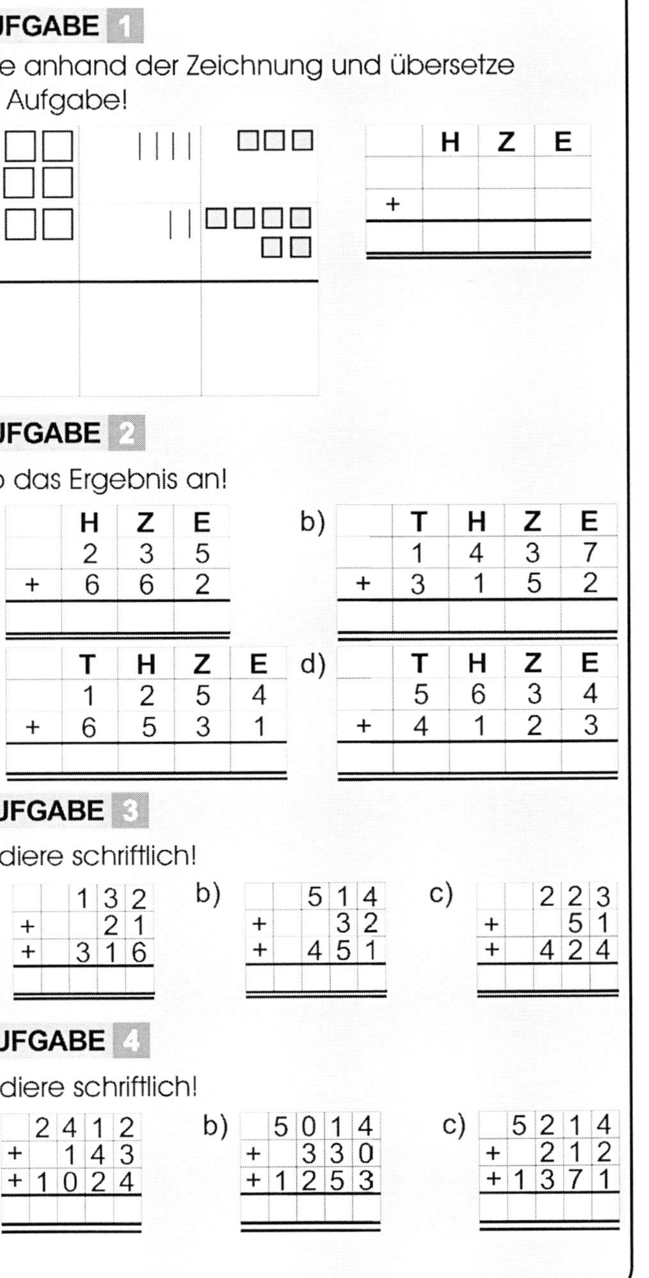

	H	Z	E
+			

AUFGABE 2

Gib das Ergebnis an!

a)

	H	Z	E
	2	3	5
+	6	6	2

b)

	T	H	Z	E
	1	4	3	7
+	3	1	5	2

c)

	T	H	Z	E
	1	2	5	4
+	6	5	3	1

d)

	T	H	Z	E
	5	6	3	4
+	4	1	2	3

AUFGABE 3

Addiere schriftlich!

a)

	1	3	2
+		2	1
+	3	1	6

b)

	5	1	4
+		3	2
+	4	5	1

c)

	2	2	3
+		5	1
+	4	2	4

AUFGABE 4

Addiere schriftlich!

a)

	2	4	1	2
+		1	4	3
+	1	0	2	4

b)

	5	0	1	4
+		3	3	0
+	1	2	5	3

c)

	5	2	1	4
+		2	1	2
+	1	3	7	1

Übungsaufgaben II

AUFGABE 5

Addiere schriftlich! Denke an den Übertrag!

a)

	H	Z	E
	6	8	5
+	2	9	7

b)

	T	H	Z	E
	7	4	8	3
+	8	2	9	5

c)

	H	Z	E
	7	3	8
+	2	6	5

d)

	T	H	Z	E
	5	6	8	8
+	2	5	4	7

AUFGABE 6

Addiere schriftlich!

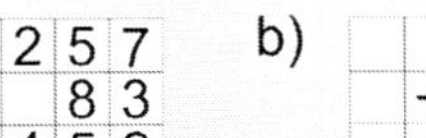

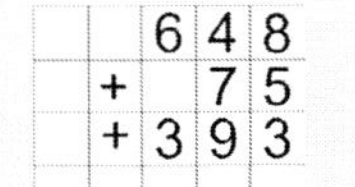

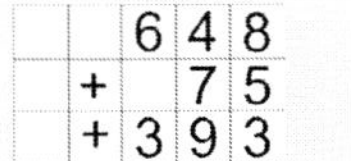

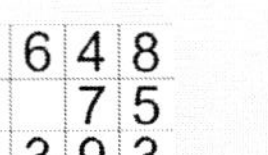

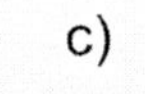

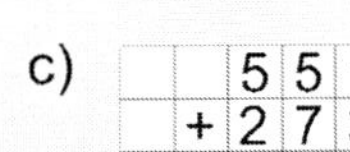

a)

	2	5	7
+		8	3
+	4	5	2

b)

	6	4	8
+		7	5
+	3	9	3

c)

	5	5	1
+	2	7	3
+	1	1	6

AUFGABE 7

Addiere schriftlich!

a)

	2	1	7	4
+	3	2	5	8
+	6	6	2	7

b)

	1	3	9	3
+	2	6	7	4
+	5	1	3	8

c)

	6	5	5	7
+	2	4	8	2
+	5	1	9	4

AUFGABE 8

Addiere schriftlich!

a)

	1	2	2	7	4
+		6	9	3	5
+	2	8	3	4	9

b)

		8	7	0	9
+	5	2	0	3	8
+	2	4	4	7	6

c)

	4	5	2	7	3
+	6	1	9	2	5
+	7	4	4	0	6

Lösungen Übungsaufgaben I

AUFGABE 1

Löse anhand der Zeichnung und übersetze die Aufgabe!

	H	Z	E
	5	7	8
–	2	3	6
	3	4	2

AUFGABE 2

Gib das Ergebnis an!

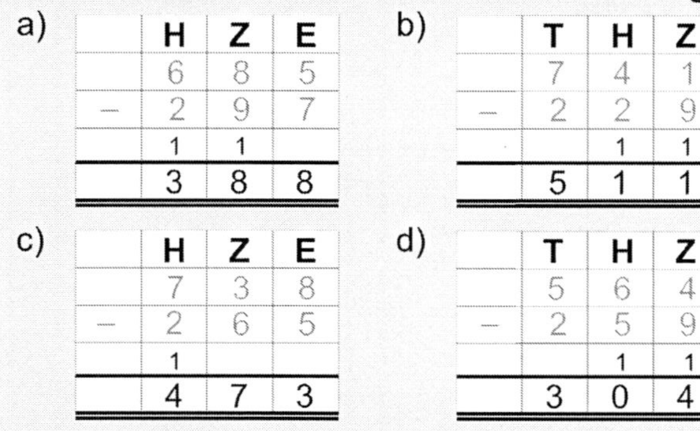

a)

	H	Z	E
	7	8	4
–	3	5	2
	4	3	2

b)

	T	H	Z	E
	4	5	7	3
–	1	4	5	2
	3	1	2	1

c)

	T	H	Z	E
	5	6	7	4
–	3	2	6	1
	2	4	1	3

d)

	T	H	Z	E
	9	1	5	8
–	7	1	1	2
	2	0	4	6

e)

	T	H	Z	E
	7	5	9	8
–	6	3	1	2
	1	2	8	6

f)

	T	H	Z	E
	4	2	6	5
–	4	1	2	2
		1	4	3

AUFGABE 3

Subtrahiere schriftlich mit Zwischenergebnis!

a) 698 – 221 – 314

	6	9	8
–	2	2	1
	4	7	7
–	3	1	4
	1	6	3

b) 856 – 312 – 423

	8	5	6
–	3	1	2
	5	4	4
–	4	2	3
	1	2	1

Lösungen Übungsaufgaben II

AUFGABE 4

Subtrahiere schriftlich! Denke an den Übertrag!

a)

	H	Z	E
	6	8	5
–	2	9	7
	1	1	
	3	8	8

b)

	T	H	Z	E
	7	4	1	2
–	2	2	9	5
		1	1	
	5	1	1	7

c)

	H	Z	E
	7	3	8
–	2	6	5
	1		
	4	7	3

d)

	T	H	Z	E
	5	6	4	1
–	2	5	9	6
		1	1	
	3	0	4	5

e)

	H	Z	E
	7	3	8
–	6	6	5
	1		
		7	3

f)

	T	H	Z	E
	4	3	5	3
–	2	5	8	7
	1	1	1	
	1	7	6	6

AUFGABE 5

Subtrahiere schriftlich mit Zwischenergebnis!

a) 715 – 236 – 182

	7	1	5
–	2	3	6
	4	7	9
–	1	8	2
	2	9	7

b) 835 – 289 – 359

	8	3	5
–	2	8	9
	5	4	6
–	3	5	9
	1	8	7

c) 3413 – 998 – 1356

	3	4	1	3
–		9	9	8
	2	4	1	5
–	1	3	5	6
	1	0	5	9

d) 6234 – 1359 – 897

	6	2	3	4
–	1	3	5	9
	4	8	7	5
–		8	9	7
	3	9	7	8

Dino T. Saurus´ Mathe-Flyer

zum Üben und Wiederholen in der Grundschule

41

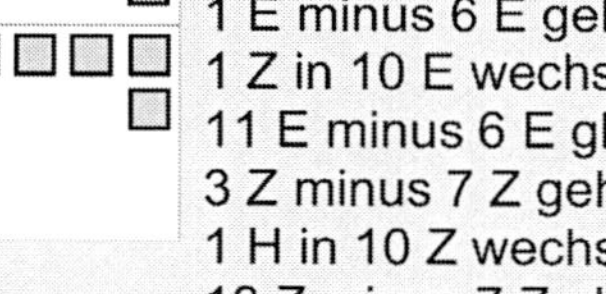

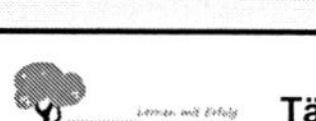

Schriftliche Subtraktion

Schriftliche Subtraktion ohne Zehnerüberschreitung

	H	Z	E
	5	7	6
–	2	5	5
	3	**2**	**1**

Sprechweise

6 E minus 5 E gleich 1 E
7 Z minus 5 Z gleich 2 Z
5 H minus 2 H gleich 3 H

Schriftliche Subtraktion mit Zehnerüberschreitung

1.Übertrag

2.Übertrag

	H	Z	E
	5	4	1
–	2	7	6
Übertrag	1	1	
	2	**6**	**5**

Sprechweise

1 E minus 6 E geht nicht
1 Z in 10 E wechseln
11 E minus 6 E gleich 5 E
3 Z minus 7 Z geht nicht
1 H in 10 Z wechseln
13 Z minus 7 Z gleich 6 Z
4 H minus 2 H gleich 2 H

Musteraufgaben

AUFGABE 1

Löse anhand der Zeichnung und übersetze die Aufgabe!

	H	Z	E
	6	*5*	*7*
–	*4*	*2*	*4*
	2	*3*	*3*

AUFGABE 2

Gib das Ergebnis an!

a)

	H	Z	E
	5	4	7
–	2	1	3
	3	***3***	***4***

b)

	T	H	Z	E
	4	9	8	5
–	3	6	7	2
	1	***3***	***1***	***3***

AUFGABE 3

Subtrahiere schriftlich! Denke an den Übertrag!

a)

	H	Z	E
	4	3	6
–	2	5	9
	1	*1*	
	1	***7***	***7***

b)

	T	H	Z	E
	3	1	5	2
–	2	8	4	5
	1		*1*	
		3	***0***	***7***

AUFGABE 4

Subtrahiere schriftlich mit Zwischenergebnis!

a) 576 – 312 – 185

	5	7	6
–	3	1	2
	2	***6***	***4***
–	1	8	5
		7	***9***

b) 726 – 157 – 389

	7	2	6
–	1	5	7
	5	***6***	***9***
–	3	8	9
	1	***8***	***0***

c) 5317 – 2455 – 958

	5	3	1	7
–	2	4	5	5
	2	***8***	***6***	***2***
–		9	5	8
	1	***9***	***0***	***4***

Übungsaufgaben I

AUFGABE 1

Löse anhand der Zeichnung und übersetze die Aufgabe!

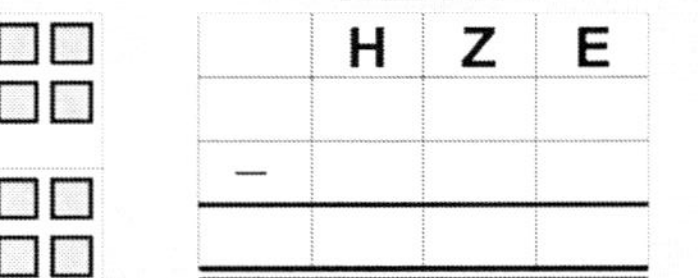

	H	Z	E
–			

AUFGABE 2

Gib das Ergebnis an!

a)

	H	Z	E
	7	8	4
–	3	5	2

b)

	T	H	Z	E
	4	5	7	3
–	1	4	5	2

c)

	T	H	Z	E
	5	6	7	4
–	3	2	6	1

d)

	T	H	Z	E
	9	1	5	8
–	7	1	1	2

e)

	T	H	Z	E
	7	5	9	8
–	6	3	1	2

f)

	T	H	Z	E
	4	2	6	5
–	4	1	2	2

AUFGABE 3

Subtrahiere schriftlich mit Zwischenergebnis!

a) 698 – 221 – 314

	6	9	8
–	2	2	1
–	3	1	4

b) 856 – 312 – 423

	8	5	6
–	3	1	2
–	4	2	3

Übungsaufgaben II

AUFGABE 4

Subtrahiere schriftlich! Denke an den Übertrag!

a)

	H	Z	E
	6	8	5
–	2	9	7

b)

	T	H	Z	E
	7	4	1	2
–	2	2	9	5

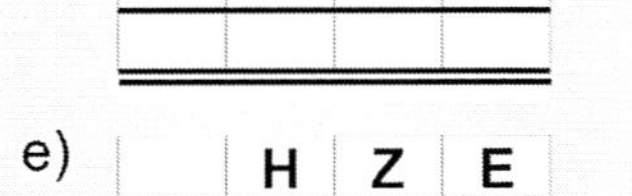

c)

	H	Z	E
	7	3	8
–	2	6	5

d)

	T	H	Z	E
	5	6	4	1
–	2	5	9	6

e)

	H	Z	E
	7	3	8
–	6	6	5

f)

	T	H	Z	E
	4	3	5	3
–	2	5	8	7

AUFGABE 5

Subtrahiere schriftlich mit Zwischenergebnis!

a) 715 – 236 – 182

	7	1	5
–	2	3	6
–	1	8	2

b) 835 – 289 – 359

	8	3	5
–	2	8	9
–	3	5	9

c) 3413 – 998 – 1356

	3	4	1	3
–		9	9	8
–	1	3	5	6

d) 6234 – 1359 – 897

	6	2	3	4
–	1	3	5	9
–		8	9	7

Lösungen Übungsaufgaben I

AUFGABE 1

Multipliziere halbschriftlich!

a)

7	6	•	9	=	***6***	***8***	***4***
7	0	•	9	=	***6***	***3***	***0***
	6	•	9	=		***5***	***4***

b)

5	8	•	6	=	***3***	***4***	***8***
5	0	•	6	=	***3***	***0***	***0***
	8	•	6	=		***4***	***8***

c)

9	7	•	8	=	***7***	***7***	***6***
9	0	•	8	=	***7***	***2***	***0***
	7	•	8	=		***5***	***6***

AUFGABE 2

Dividiere halbschriftlich!

a)

9	1	8	:	6	=	***1***	***5***	***3***
6	0	0	:	6	=	***1***	***0***	***0***
3	0	0	:	6	=		***5***	***0***
	1	8	:	6	=			***3***

b)

9	8	8	:	4	=	***2***	***4***	***7***
8	0	0	:	4	=	***2***	***0***	***0***
1	6	0	:	4	=		***4***	***0***
	2	8	:	4	=			***7***

c)

1	8	7	6	:	7	=	***2***	***6***	***8***
1	4	0	0	:	7	=	***2***	***0***	***0***
	4	2	0	:	7	=		***6***	***0***
		5	6	:	7	=			***8***

Lösungen Übungsaufgaben II

AUFGABE 3

Multipliziere halbschriftlich (!Malkreuz)

a) 59 • 8

•	50	9
8	***400***	***72***

472

b) 253 • 4

•	200	50	3
4	***800***	***200***	***12***

1012

c) 94 • 9

•	90	4
9	***810***	***36***

846

d) 187 • 8

•	100	80	7
8	***800***	***640***	***56***

1496

AUFGABE 4

Multipliziere halbschriftlich!

a)

9	1	5	•	6	=	***5***	***4***	***9***	***0***
9	0	0	•	6	=	***5***	***4***	***0***	***0***
	1	0	•	6	=			***6***	***0***
		5	•	6	=			***3***	***0***

b)

3	7	9	•	8	=	***3***	***0***	***3***	***2***
3	0	0	•	8	=	***2***	***4***	***0***	***0***
	7	0	•	8	=		***5***	***6***	***0***
		9	•	8	=			***7***	***2***

AUFGABE 5

8	7	3	6	:	7	=	***1***	***2***	***4***	***8***
7	0	0	0	:	7	=	***1***	***0***	***0***	***0***
1	4	0	0	:	7	=		***2***	***0***	***0***
	2	8	0	:	7	=			***4***	***0***
		5	6	:	7	=				***8***

Dino T. Saurus´ Mathe-Flyer

zum Üben und Wiederholen in der Grundschule

43

Halbschriftliche Multiplikation und Division

Beispiel zur Multiplikation

1. Möglichkeit

6	3	•	7	=	***4***	***4***	***1***
6	0	•	7	=	***4***	***2***	***0***
	3	•	7	=		***2***	***1***

2. Möglichkeit Malkreuz (63 • 7)

•	60	3
7	***420***	***21***

441

Beispiel zur Division

1. Beispiel

6	8	4	:	6	=	***1***	***1***	***4***
6	0	0	:	6	=	***1***	***0***	***0***
	6	0	:	6	=		***1***	***0***
	2	4	:	6	=			***4***

2. Beispiel

9	9	4	4	:	8	=	***1***	***2***	***4***	***3***
8	0	0	0	:	8	=	***1***	***0***	***0***	***0***
1	6	0	0	:	8	=		***2***	***0***	***0***
	3	2	0	:	8	=			***4***	***0***
		2	4	:	8	=				***3***

Musteraufgaben

AUFGABE 1

Multipliziere halbschriftlich!

a)

9	6	•	8	=	***7***	***6***	***8***
9	0	•	8	=	***7***	***2***	***0***
	6	•	8	=		***4***	***8***

AUFGABE 2

Multipliziere halbschriftlich (Malkreuz)

a) 34 • 9

•	30	4
9	***270***	***36***

306

b) 186 • 3

•	100	80	6
3	***300***	***240***	***18***

558

AUFGABE 3

Dividiere halbschriftlich!

9	6	6	:	7	=	***1***	***3***	***8***
7	0	0	:	7	=	***1***	***0***	***0***
2	1	0	:	7	=		***3***	***0***
	5	6	:	7	=			***8***

AUFGABE 4

Multipliziere halbschriftlich!

8	6	9	•	8	=	***6***	***9***	***5***	***2***
8	0	0	•	8	=	***6***	***4***	***0***	***0***
	6	0	•	8	=		***4***	***8***	***0***
		9	•	8	=			***7***	***2***

AUFGABE 5

Kreuze die richtigen Lösungen an!

x 4 • 46 = 184 ☐ 8 • 97 = 676 x 5 • 67 = 335

☐ 7 • 53 = 361 x 6 • 39 = 234 x 9 • 26 = 234

Übungsaufgaben I

AUFGABE 1

Multipliziere halbschriftlich!

a)

7	6	•	9	=			
7	0	•	9	=			
	6	•	9	=			

b)

5	8	•	6	=			
5	0	•	6	=			
	8	•	6	=			

c)

9	7	•	8	=			
9	0	•	8	=			
	7	•	8	=			

AUFGABE 2

Dividiere halbschriftlich!

a)

9	1	8	:	6	=			
6	0	0	:	6	=			
3	0	0	:	6	=			
	1	8	:	6	=			

b)

9	8	8	:	4	=			
8	0	0	:	4	=			
1	6	0	:	4	=			
	2	8	:	4	=			

c)

1	8	7	6	:	7	=			
1	4	0	0	:	7	=			
	4	2	0	:	7	=			
		5	6	:	7	=			

Übungsaufgaben II

AUFGABE 3

Multipliziere halbschriftlich (Malkreuz)

a) 59 • 8

•	50	9
8		

b) 253 • 4

•	200	50	3
4			

c) 94 • 9

•	90	4
9		

d) 187 • 8

•	100	80	7
8			

AUFGABE 4

Multipliziere halbschriftlich!

a)

9	1	5	•	6	=				
9	0	0	•	6	=				
	1	0	•	6	=				
		5	•	6	=				

b)

3	7	9	•	8	=				
3	0	0	•	8	=				
	7	0	•	8	=				
		9	•	8	=				

AUFGABE 5

8	7	3	6	:	7	=				
7	0	0	0	:	7	=				
1	4	0	0	:	7	=				
	2	8	0	:	7	=				
		2	4	:	7	=				

Lösungen Übungsaufgaben I

AUFGABE 1

Multipliziere schriftlich!

a) 624 • 7 = 4368

e) 1397 • 5 = 6985

b) 7704 • 3 = 23112

f) 2881 • 9 = 25929

c) 6378 • 4 = 25512

g) 5759 • 3 = 17277

d) 8893 • 5 = 44465

h) 6735 • 8 = 53880

AUFGABE 2

Trage die fehlenden Ziffern ein!

a) 642 • 6 = 3852

b) 313 • 8 = 2504

c) 3715 • 3 = 11145

d) 2683 • 7 = 18781

AUFGABE 3

Berechne!

a)

•	6
93	558
117	702
85	390
219	1314
308	1848
551	3306

b)

•	9
87	783
63	567
132	1188
236	2124
358	3222
547	4923

Lösungen Übungsaufgaben II

AUFGABE 4

Wähle dir aus jeder Wabe 2 Ziffern und setze sie zu einer Zahl zusammen! Das Ergebnis soll 351 betragen.

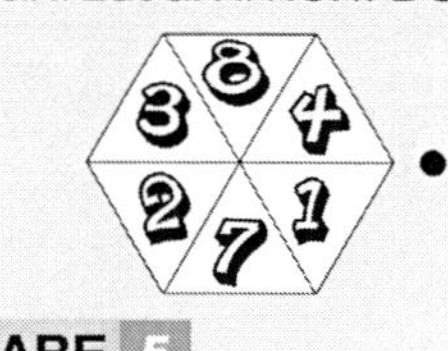 • 

27 • 13

AUFGABE 5

Fülle die Tabelle aus!

•	3	7	5	8	11	15	21
69	207	483	345	552	759	1035	1449
135	405	945	675	1080	1485	2025	2835

AUFGABE 6

Multipliziere schriftlich!

a) 627 • 83

```
 627 • 83
   5016
    1881
   52041
```

c) 874 • 53

```
 874 • 53
   4370
    2622
   46322
```

b) 2158 • 29

```
 2158 • 29
    4316
    19422
    62582
```

d) 3926 • 47

```
 3926 • 47
   15704
    27482
   184522
```

AUFGABE 7

Multipliziere schriftlich!

a) 6093 • 427

```
 6093 • 427
  24372
   12186
    42651
  2601711
```

b) 9254 • 365

```
 9254 • 365
  27762
   55524
    46270
  3377710
```

Dino T. Saurus´ Mathe-Flyer

zum Üben und Wiederholen in der Grundschule

45

Schriftliche Multiplikation

Multiplikation mit einer einstelligen Zahl

Beispiel

```
 2537 • 8
  20296
```

Beginne mit den Einern

8 • 7 = 56
▸ schreibe 6, merke 5
8 • 3 = 24, 24 + 5 = 29
▸ schreibe 9, merke 2
8 • 5 = 40, 40 + 2 = 42
▸ schreibe 2, merke 4
8 • 2 = 16, 16 + 4 = 20
▸ schreibe 20

Multiplikation mit einer zweistelligen Zahl

Beispiel

Schreibe die Zahlen richtig untereinander

```
 849 • 26
  1698
   5094
  22074
```

2 • 9 = 18
▸ schreibe 8, merke 1
2 • 4 = 8, 8 + 1 = 9
▸ schreibe 9
2 • 8 = 16
▸ schreibe 16

6 • 9 = 54
▸ schreibe 4, merke 5
6 • 4 = 24, 24 + 5 = 29
▸ schreibe 9, merke 2
6 • 8 = 48, 48 + 2 = 50
▸ schreibe 50

weitere Beispiele

```
 3751 • 97
  33759
   26257
  363847
```

```
 4387 • 236
   8774
    13161
     26322
  1035332
```

Musteraufgaben

AUFGABE 1

Multipliziere schriftlich!

a)

	7	5	3	•	6
		4	5	1	8

e)

2	8	9	3	•	7
	2	0	2	5	1

AUFGABE 2

Trage die fehlenden Ziffern ein!

a)

4	7	3	•	5
	2	3	6	5

b)

3	7	4	•	9
	3	3	6	6

AUFGABE 3

Multipliziere schriftlich!

a)

	2	9	6	•	3	4
			8	8	8	
			1	1	8	4
		1	0	0	6	4

b)

	8	9	7	•	6	2
		5	3	8	2	
			1	7	9	4
		5	5	6	1	4

AUFGABE 4

Wähle dir aus jeder Wabe 2 Ziffern und setze sie zu einer Zahl zusammen! Das Ergebnis soll 779 betragen.

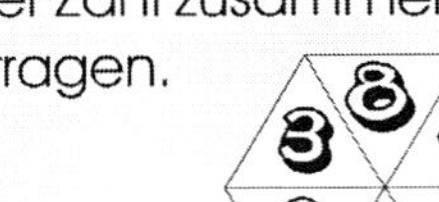

•

41 • 19

AUFGABE 5

Berechne!

a)

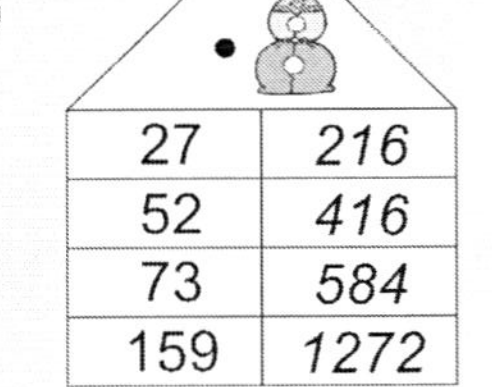

• 8	
27	216
52	416
73	584
159	1272

b)

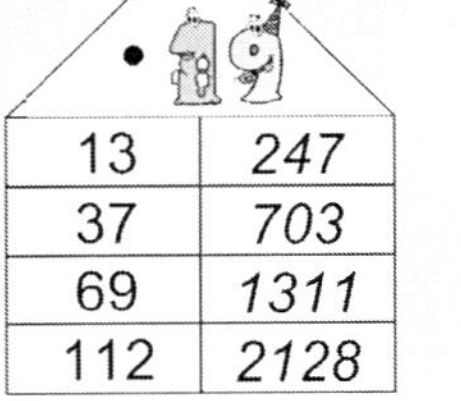

• 19	
13	247
37	703
69	1311
112	2128

Übungsaufgaben I

AUFGABE 1

Multipliziere schriftlich!

a)

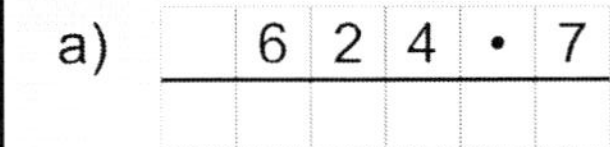

	6	2	4	•	7

b)

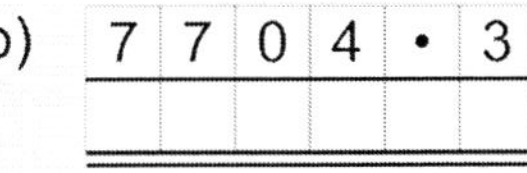

7	7	0	4	•	3

c)

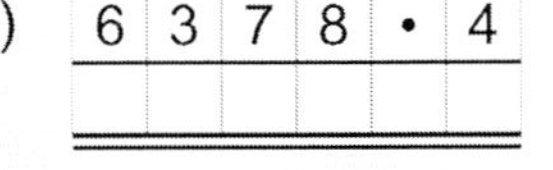

6	3	7	8	•	4

d)

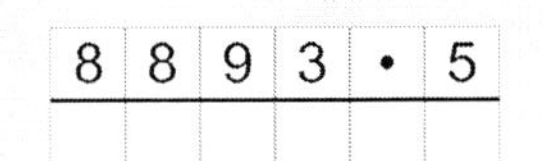

8	8	9	3	•	5

e)

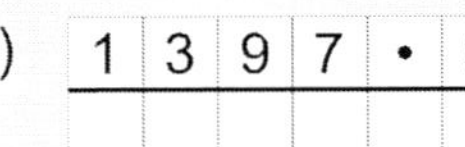

1	3	9	7	•	5

f)

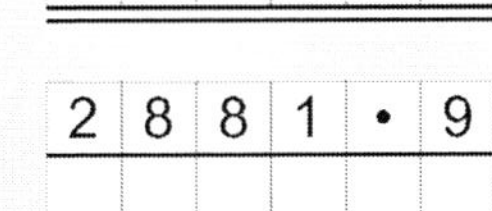

2	8	8	1	•	9

g)

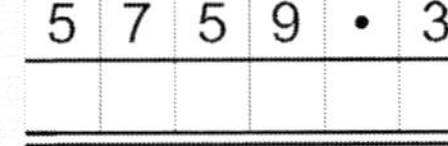

5	7	5	9	•	3

h)

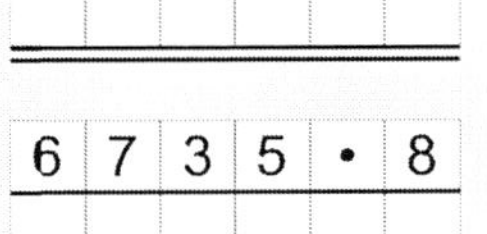

6	7	3	5	•	8

AUFGABE 2

Trage die fehlenden Ziffern ein!

a)

	4	2	•	6
	3	8		

b)

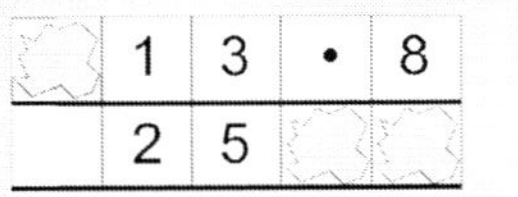

	1	3	•	8
	2	5		

c)

	7	1		•	3
	1	1	1		5

d)

	6	8		•	7
	1	8			1

AUFGABE 3

Berechne!

a)

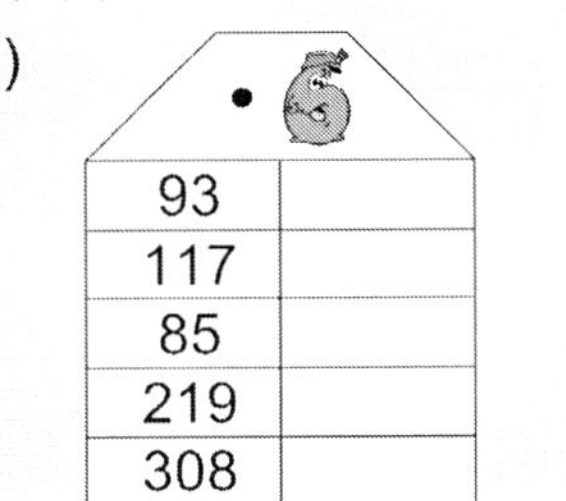

• 6	
93	
117	
85	
219	
308	
551	

b)

• 9	
87	
63	
132	
236	
358	
547	

Übungsaufgaben II

AUFGABE 4

Wähle dir aus jeder Wabe 2 Ziffern und setze sie zu einer Zahl zusammen! Das Ergebnis soll 351 betragen.

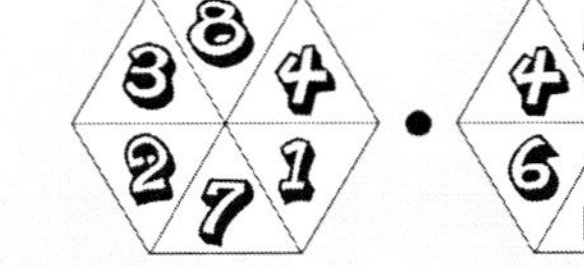

AUFGABE 5

Fülle die Tabelle aus!

•	3	7	5	8	11	15	21
69							
135							

AUFGABE 6

Multipliziere schriftlich!

a)

	6	2	7	•	8	3

b)

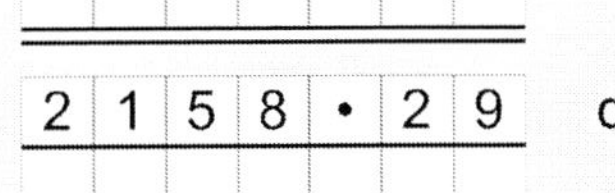
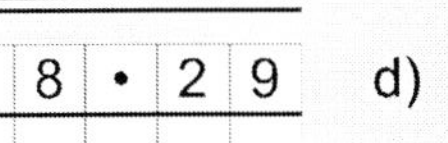

2	1	5	8	•	2	9

c)

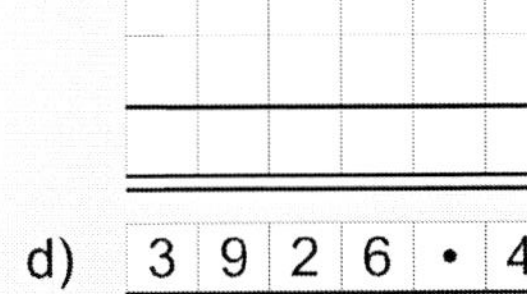

	8	7	4	•	5	3

d)

3	9	2	6	•	4	7

AUFGABE 7

Multipliziere schriftlich!

a)

6	0	9	3	•	4	2	7

b)

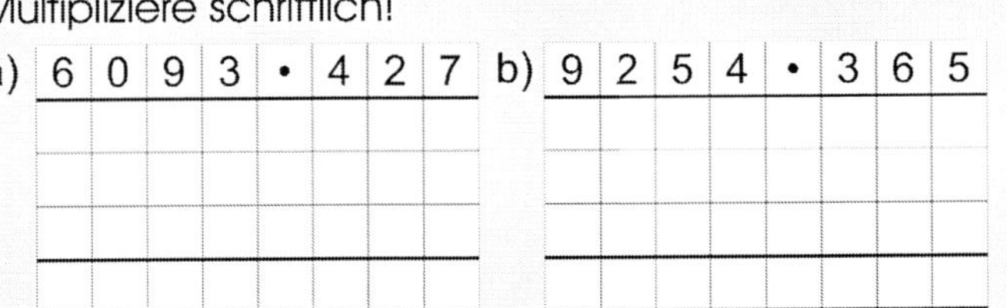

9	2	5	4	•	3	6	5

Lösungen Übungsaufgaben I

AUFGABE 1

```
4304 : 8 = 538
40↓↓
 30
 24
  64
  64
   0
```

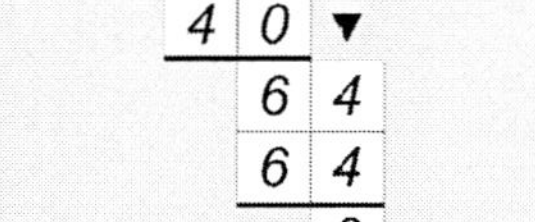

```
4424 : 7 = 632
42↓↓
 22
 21
  14
  14
   0
```

```
4644 : 6 = 774
42↓↓
 44
 42
  24
  24
   0
```

```
5112 : 9 = 568
45↓↓
 61
 54
  72
  72
   0
```

```
3492 : 4 = 873
32↓↓
 29
 28
  12
  12
   0
```

```
2955 : 3 = 985
27↓↓
 25
 24
  15
  15
   0
```

```
2395 : 5 = 479
20↓↓
 39
 35
  45
  45
   0
```

```
6064 : 8 = 758
56↓↓
 46
 40
  64
  64
   0
```

Lösungen Übungsaufgaben II

AUFGABE 3

```
6413 : 11 = 583
55↓↓
 91
 88
  33
  33
   0
```

1 • 11 = 11
2 • 11 = 22
3 • 11 = 33
4 • 11 = 44
5 • 11 = 55
6 • 11 = 66
7 • 11 = 77
8 • 11 = 88
9 • 11 = 99

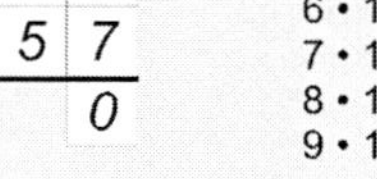

```
5152 : 14 = 368
42↓↓
 95
 84
 112
 112
   0
```

1 • 14 = 14
2 • 14 = 28
3 • 14 = 42
4 • 14 = 56
5 • 14 = 70
6 • 14 = 84
7 • 14 = 98
8 • 14 = 112
9 • 14 = 126

```
7939 : 17 = 467
68↓↓
113
102
 119
 119
   0
```

1 • 17 = 17
2 • 17 = 34
3 • 17 = 51
4 • 17 = 68
5 • 17 = 85
6 • 17 = 102
7 • 17 = 119
8 • 17 = 136
9 • 17 = 153

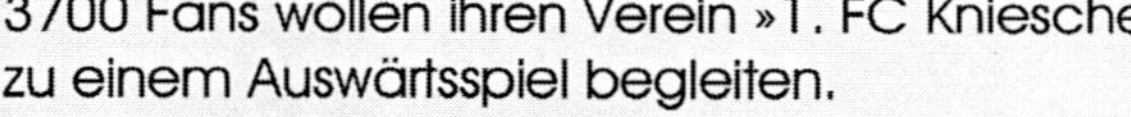

```
8037 : 19 = 423
76↓↓
 43
 38
  57
  57
   0
```

1 • 19 = 19
2 • 19 = 38
3 • 19 = 57
4 • 19 = 76
5 • 19 = 95
6 • 19 = 114
7 • 19 = 133
8 • 19 = 152
9 • 19 = 171

AUFGABE 4

3700 Fans wollen ihren Verein »1. FC Kniescheibe« zu einem Auswärtsspiel begleiten.

a) Wie viele Busse mit jeweils 54 Sitzplätzen müssen eingesetzt werden?

b) Wie viele Plätze bleiben unbesetzt?

3700 : 54 = 68 Rest 28
68 • 54 = 3672
69 • 54 = 3726
26 Plätze bleiben unbesetzt

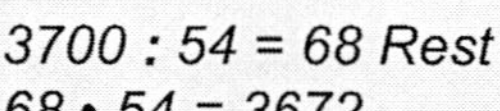

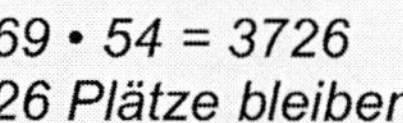

Dino T. Saurus´ Mathe-Flyer

zum Üben und Wiederholen in der Grundschule

47

Schriftliche Division

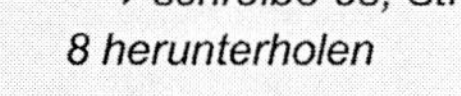

Division durch eine einstellige Zahl

Beispiel

```
6258 : 7 = 894
56↓↓
 65
 63
  28
  28
   0
```

6 : 7 geht nicht

62 : 7 = 8; 7 • 8 = 56
▸ schreibe 56, Strich 6

5 herunterholen

65 : 7 = 9; 7 • 9 = 63
▸ schreibe 63, Strich 2

8 herunterholen

28 : 7 = 4; 7 • 4 = 28
▸ schreibe 28, Strich 0

Division durch eine zweistellige Zahl

Beispiel

```
5941 : 13 = 457
52↓↓
 74
 65
  91
  91
   0
```

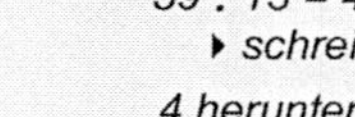

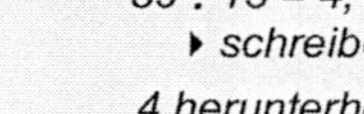

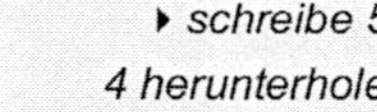

5 : 13 geht nicht

59 : 13 = 4; 4 • 13 = 52
▸ schreibe 52, Strich 7

4 herunterholen

74 : 13 = 5; 5 • 13 = 65
▸ schreibe 65, Strich 9

1 herunterholen

91 : 13 = 7; 7 • 13 = 91
▸ schreibe 91, Strich 0

Zur Information

Die Dreizehnerreihe:

1 • 13 = 13	6 • 13 = 78
2 • 13 = 26	7 • 13 = 91
3 • 13 = 39	8 • 13 = 104
4 • 13 = 52	9 • 13 = 117
5 • 13 = 65	

Musteraufgaben

AUFGABE 1

3752 : 8 = *469*
32
55
48
72
72
0

5971 : 7 = *853*
56
37
35
21
21
0

AUFGABE 2

6086 : 17 = *358*
51
98
85
136
136
0

1 • 17 = *17*
2 • 17 = *34*
3 • 17 = *51*
4 • 17 = *68*
5 • 17 = *85*
6 • 17 = *102*
7 • 17 = *119*
8 • 17 = *136*
9 • 17 = *153*

8911 : 19 = *469*
76
131
114
171
171
0

1 • 19 = *19*
2 • 19 = *38*
3 • 19 = *57*
4 • 19 = *76*
5 • 19 = *95*
6 • 19 = *114*
7 • 19 = *133*
8 • 19 = *152*
9 • 19 = *171*

AUFGABE 4

Eine Giraffe frisst pro Tag ungefähr 80 kg Blätter. Wie viele Tage kommt sie mit einem Vorrat von 5225 kg aus? Wie viel kg müssen ergänzt werden, damit sie zwei Tag länger auskommt?

5225 : 80 = 65 Rest 25
65 Tage
125 kg müssen ergänzt werden

Übungsaufgaben I

AUFGABE 1

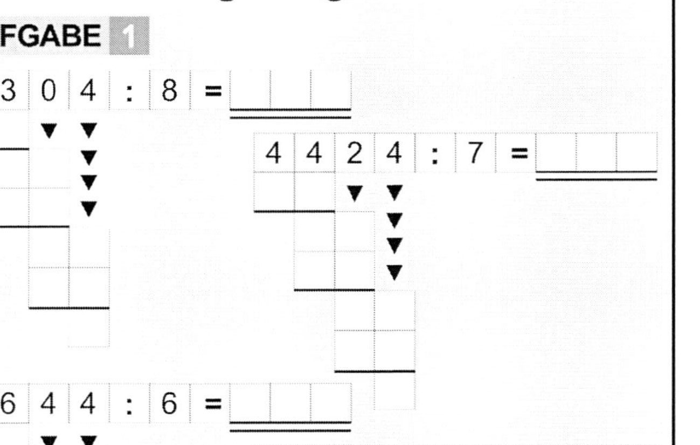

4304 : 8 =

4424 : 7 =

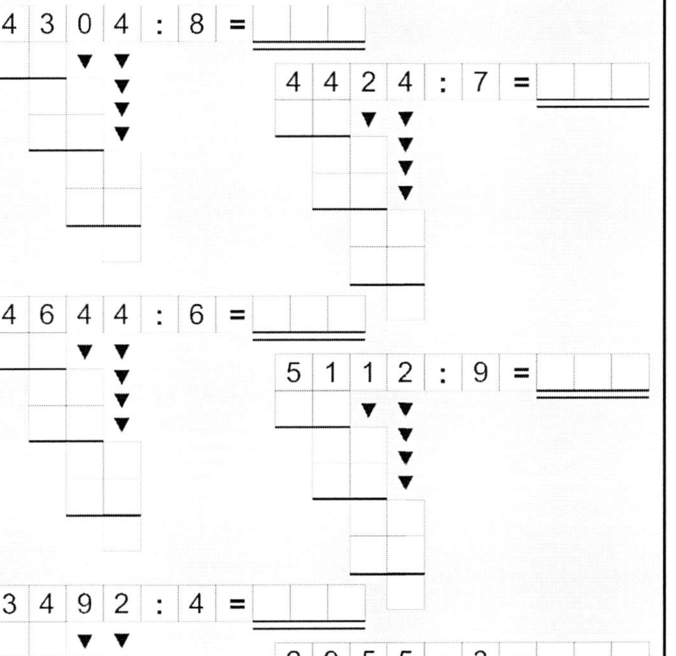

4644 : 6 =

5112 : 9 =

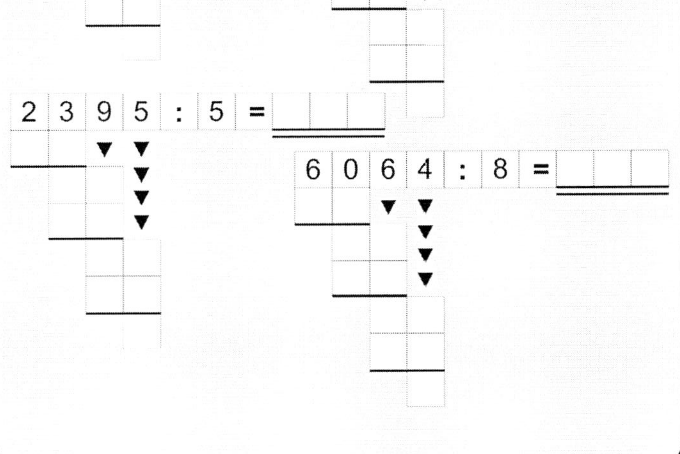

3492 : 4 =

2955 : 3 =

2395 : 5 =

6064 : 8 =

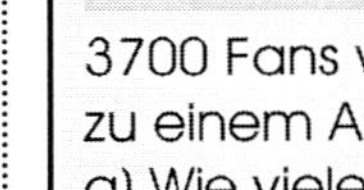

Übungsaufgaben II

AUFGABE 3

6413 : 11 =

1 • 11 =
2 • 11 =
3 • 11 =
4 • 11 =
5 • 11 =
6 • 11 =
7 • 11 =
8 • 11 =
9 • 11 =

5152 : 14 =

1 • 14 =
2 • 14 =
3 • 14 =
4 • 14 =
5 • 14 =
6 • 14 =
7 • 14 =
8 • 14 =
9 • 14 =

7939 : 17 =

1 • 17 =
2 • 17 =
3 • 17 =
4 • 17 =
5 • 17 =
6 • 17 =
7 • 17 =
8 • 17 =
9 • 17 =

8037 : 19 =

1 • 19 =
3 • 19 =
4 • 19 =
5 • 19 =
6 • 19 =
7 • 19 =
8 • 19 =
9 • 19 =

AUFGABE 4

3700 Fans wollen ihren Verein »1. FC Kniescheibe« zu einem Auswärtsspiel begleiten.

a) Wie viele Busse mit jeweils 54 Sitzplätzen müssen eingesetzt werden?

b) Wie viele Plätze bleiben unbesetzt?

Lösungen Übungsaufgaben I

AUFGABE 1

Berechne schnell im Kopf und schreibe dein Ergebnis in das graue Kästchen!

a) *670* • 100 = 67 000

b) 830 • 1 000 = *830 000*

c) *112* • 10 = 1 120

d) 53 000 : *1 000* = 53

e) *2 300* : 100 = 23

f) 11 000 : 100 = *110*

AUFGABE 2

Berechne schnell im Kopf und schreibe dein Ergebnis in das graue Kästchen.

a) 40 • 900 = *36 000*

b) 700 • 4 000 = *2 800 000*

c) 36 000 : 900 = *40*

d) 2 100 : 30 = *70*

AUFGABE 3

Berechne schnell im Kopf, also Zahl halbieren und Null(en) anhängen.

a) 124 • 5 = *620*

b) 318 • 5 = *1 590*

c) 422 • 50 = *21 100*

d) 500 • 610 = *305 000*

e) 562 • 50 = *28 100*

f) 500 • 240 = *120 000*

g) 1 246 • 50 = *62 300*

h) 5 000 • 868 = *4 340 000*

Lösungen Übungsaufgaben II

AUFGABE 4

Berechne schnell im Kopf, also Zahl durch 4 teilen und Nullen anhängen.

a) 36 • 25 = *900*

b) 16 • 2 500 = *40 000*

c) 168 • 25 = *4 200*

d) 44 • 2 500 = *111 000*

e) 96 • 25 = *2 400*

f) 48 • 2 500 = *120 000*

g) 248 • 25 = *6 200*

h) 244 • 2 500 = *610 000*

AUFGABE 5

Berechne schnell im Kopf, also Zahl durch 8 teilen und Nullen anhängen.

a) 16 • 125 = *2 000*

b) 24 • 1 250 = *30 000*

c) 12 500 • 24 = *300 000*

d) 88 • 125 = *11 000*

e) 96 • 125 = *12 000*

f) 32 • 1 250 = *40 000*

g) 12 500 • 112 = *1 400 000*

h) 720 • 125 = *90 000*

AUFGABE 6

Berechne schnell im Kopf.

a) 15 • 15 + 35 • 35 = *1 450*

b) 800 • 40 + 120 • 30 + 70 • 50 = *39 100*

c) 4 000 : 500 + 20 000 : 40 = *508*

d) 540 000 : 900 + 1 250 : 10 = *725*

Dino T. Saurus´ Mathe-Flyer

zum Üben und Wiederholen in der Grundschule

49

Tipps fürs Kopfrechnen

Man multipliziert eine Zahl mit 10, 100, 1000, ... , indem man an die Zahl 1, 2, 3, ... Nullen anhängt.

143 • 100 = 14 300

29 700 : 100 = 297

Man dividiert eine Zahl durch 10, 100, 1000, ... , indem man am Ende der Zahl 1, 2, 3, ... Nullen weglässt.

Man multipliziert eine Zahl mit 5, indem man die zu multiplizierende Zahl halbiert und an das Ergebnis eine Null anhängt.

Beispiel 148 • 5 = 74 • 10 = 740

148 halbieren und Null anhängen

Man multipliziert eine Zahl mit 25, indem man die zu multiplizierende Zahl zweimal halbiert und an das Ergebnis zwei Nullen anhängt.

Beispiel 36 • 25 = 9 • 100 = 900

36 durch 4 dividieren und zwei Nullen anhängen

Man multipliziert eine Zahl mit 125, indem man die zu multiplizierende Zahl dreimal halbiert und an das Ergebnis drei Nullen anhängt.

Beispiel 168 • 125 = (168 : 8) • 1 000 = 21 000

168 durch 8 dividieren und drei Nullen anhängen

40 • 90 = 4 • 9 • 100 = 3 600

6 300 : 90 = 630 : 9 = 70

Für Zahlen, die am Ende ein 5 haben, lassen sich ganz einfach die Quadratzahlen berechnen.

Beispiele
25 • 25 = 2 • 3 • 100 + 5 • 5 = 1 225
45 • 45 = 4 • 5 • 100 + 5 • 5 = 2 025
95 • 95 = 9 • 10 • 100 + 5 • 5 = 9 025

Musteraufgaben

AUFGABE 1

Berechne schnell im Kopf und schreibe dein Ergebnis in das graue Kästchen!

a) 420 • 10 000 = *4 200 000*

b) *573* • 100 = 57 300

AUFGABE 2

Berechne schnell im Kopf und schreibe dein Ergebnis in das graue Kästchen!

a) 70 • 800 = *56 000*

b) 900 • 3 000 = *2 700 000*

AUFGABE 3

Berechne schnell im Kopf, also Zahl halbieren und Null(en) anhängen.

a) 164 • 5 = *820*

b) 418 • 50 = *20 900*

AUFGABE 4

Berechne schnell im Kopf, also Zahl durch 4 teilen und Nullen anhängen!

a) 52 • 25 = *1 300*

b) 164 • 250 = *41 000*

AUFGABE 5

Berechne schnell im Kopf, also Zahl durch 8 teilen und Nullen anhängen!

a) 32 • 125 = *4 000*

b) 72 • 1 250 = *90 000*

AUFGABE 6

Berechne schnell im Kopf!

a) 45 • 45 + 25 • 25 = *2 650*

b) 600 • 40 + 230 • 20 + 70 • 60 = *32 800*

Übungsaufgaben I

AUFGABE 1

Berechne schnell im Kopf und schreibe dein Ergebnis in das graue Kästchen!

a) ____ • 100 = 67 000

b) 830 • 1 000 = ____

c) ____ • 10 = 1 120

d) 53 000 : ____ = 53

e) ____ : 100 = 23

f) 11 000 : 100 = ____

AUFGABE 2

Berechne schnell im Kopf und schreibe dein Ergebnis in das graue Kästchen!

a) 40 • 900 = ____

b) 700 • 4 000 = ____

c) 36 000 : 900 = ____

d) 2 100 : 30 = ____

AUFGABE 3

Berechne schnell im Kopf, also Zahl halbieren und Null(en) anhängen!

a) 124 • 5 = ____

b) 318 • 5 = ____

c) 422 • 50 = ____

d) 500 • 610 = ____

e) 562 • 50 = ____

f) 500 • 240 = ____

g) 1 246 • 50 = ____

h) 5 000 • 868 = ____

Übungsaufgaben II

AUFGABE 4

Berechne schnell im Kopf, also Zahl durch 4 teilen und Nullen anhängen!

a) 36 • 25 = ____

b) 16 • 2 500 = ____

c) 168 • 25 = ____

d) 44 • 2 500 = ____

e) 96 • 25 = ____

f) 48 • 2 500 = ____

g) 168 • 25 = ____

h) 244 • 2 500 = ____

AUFGABE 5

Berechne schnell im Kopf, also Zahl durch 8 teilen und Nullen anhängen!

a) 16 • 125 = ____

b) 24 • 1 250 = ____

c) 12 500 • 24 = ____

d) 88 • 125 = ____

e) 96 • 125 = ____

f) 32 • 1 250 = ____

g) 12 500 • 112 = ____

h) 720 • 125 = ____

AUFGABE 6

Berechne schnell im Kopf!

a) 15 • 15 + 35 • 35 = ____

b) 800 • 40 + 120 • 30 + 70 • 50 = ____

c) 4 000 : 500 + 20 000 : 40 = ____

d) 540 000 : 900 + 1 250 : 10 = ____

Lösungen Übungsaufgaben I

AUFGABE 1

Berechne!

a) (25 + 8) : 3 + 17 *33 : 3 + 17 = 11 + 17 = 28*

b) (38 + 17) : (17 – 6) *55 : 11 = 5*

c) 6 • 9 – 126 : 18 *54 – 7 = 47*

d) (17 • 5 + 11 • 7) : 9 *(85 + 77) : 9 = 162 : 9 = 18*

AUFGABE 2

Berechne und vergleiche!

a) (11 + 7) • 4 – 18 : 3 *= 72 – 6 = 66*

b) 11 + (7 • 4 – 18 : 3) *= 11 + 22 = 33*

c) (11 + 7 • 4 – 18) : 3 *= 21 : 3 = 7*

d) (11 + 7 • 4) – 18 : 3 *= 39 – 6 = 33*

AUFGABE 3

Schreibe mit mathematischen Zeichen und berechne!

a) Multipliziere die Summe von 14 und 7 mit 9!
(14 + 7) • 9 = 21 • 9 = 189

b) Multipliziere die Differenz von 28 und 17 mit der Summe von 11 und 19!
(28 – 17) • (11 + 19) = 11 • 30 = 330

c) Subtrahiere die Summe von 18 und 35 vom Produkt der Zahlen 9 und 25!
9 • 25 – (18 + 35) = 225 – 53 = 172

AUFGABE 4

Setze Klammern so, dass die angegebenen Ergebnisse richtig sind!

a) 4 + 8 • 7 = 84 *(4 + 8) • 7 = 84*

b) 3 + 5 • 11 – 6 = 28 *3 + 5 • (11 – 6) = 28*

c) 36 • 3 + 14 – 5 = 432 *36 • (3 + 14 – 5) = 432*

AUFGABE 5

(60 – 3 • 16) • (4 + 3 • 7 + 72 : 6) – 169 : 13

= (60 – 48) • (4 + 21 + 12) – 13

= 12 • 37 – 13 = 444 – 13 = 431

Lösungen Übungsaufgaben II

AUFGABE 6

Wenn du wissen willst, welcher Spruch von Eugen Roth sich hinter den 20 Silben verbirgt, dann löse die Aufgaben! Die Ergebnisse liefern dir die Silben, die du für den Spruch aneinanderketten musst.

Nr.	Aufgabe				
1.	5 • 8 + 3 • 7	61	DER	58	SA
2.	9 • (17 – 5) + 6 : 2	111	BÄR	2	FA
3.	60 : (7 + 8) + 3 • 7	25	HAT	26	FT
4.	(6 + 4 • 9) : 21	2	FA	16	BÄ
5.	48 : 4 + 5 • 8	52	ST	38	AR
6.	10 • 6 + 23 – 81 : 3	56	SCH	61	DER
7.	(476 + 174) : 50	13	ON	55	EI
8.	93 – 5 • (26 – 19)	58	SA	80	HA
9.	76 + (12 • 6 + 15) • 3	337	GEN	107	REN
10.	(99 – 7 • 13) • 4 + 4 • 12	80	HA	54	NR
11.	35 : 7 + 63 : 7 + 84 : 7	26	FT	52	ST
12.	(128 : 4 – 19) • 5	65	IM	132	AFT
13.	143 – 5 • 21	38	AR	65	IM
14.	30 : (6 – 1 • 3 + 2)	6	ME	111	BÄR
15.	(3 + 8) • (17 – 12)	55	EI	337	GEN
16.	30 : (6 – 1) + 12 • 4	54	NR	56	SCH
17.	(30 • 6 – 30) : 75 + 14	16	BÄ	12	KR
18.	5 • 4 • 7 – 11 • 3	107	REN	6	ME
19.	(45 • 3 – 25 • 3) : 5	12	KR	13	ON
20.	12 : 3 + 16 • (25 – 17)	132	AFT	25	HAT

DER BÄR HAT FAST SCHON SAGENHAFT IM ARME EINE BÄRENKRAFT

Dino T. Saurus´ Mathe-Flyer

zum Üben und Wiederholen in der Grundschule

51

Verknüpfung von Grundrechenarten

Bei den vier dir bekannten Rechenarten unterscheidet man
- Strichrechnungen (Addition +, Subtraktion –)
- Punktrechnungen (Multiplikation •, Division :)

Die Mathematiker aller Länder haben für die Verbindung der Rechenarten Vereinbarungen getroffen, die jeder unbedingt einhalten muss.

Vorfahrtsregeln

Regel 1 Punktrechnung (• , :) geht vor Strichrechnung (+ , –)

Regel 2 Was in Klammern steht, wird zuerst berechnet.

Regel 3 Ansonsten wird grundsätzlich von links nach rechts gerechnet

Beispiele

4 + 8 • 7 = 4 + 56 (*Regel 1*) = 60

(11 + 7) • 3 = 18 • 3 (*Regel 2*) = 54

(230 – 30) • 4 = 200 • 4 (*Regel 2*) = 800

230 – 30 • 4 = 230 – 120 (*Regel 1*) = 110

34 + 16 : 4 = 34 + 4 (*Regel 1*) = 38

200 : (65 – 40) = 200 : 25 (*Regel 2*) = 8

Musteraufgaben

AUFGABE 1

Berechne und vergleiche.

a) $100 - 25 \cdot 3$ und $(100 - 25) \cdot 3$

$100 - 25 \cdot 3 = 25$ und $(100 - 25) \cdot 3 = 225$

b) $12 \cdot 4 + 5 \cdot 3$ und $12 \cdot (4 + 5 \cdot 3)$

$48 + 15 = 63$ und $12 \cdot 19 = 228$

AUFGABE 2

Berechne.

a) $38 + 4 \cdot 9$ *$= 38 + 36 = 74$*

b) $28 + 36 : 4$ *$= 28 + 9 = 37$*

c) $(28 + 4 \cdot 9) : 16$ *$= (28 + 36) : 16 = 64 : 16 = 4$*

d) $2 \cdot (20 + 3 \cdot 7) + 18$ *$= 82 + 18 = 100$*

AUFGABE 3

Berechne und vergleiche.

a) $(12 + 6) \cdot 3 - 12 : 2$ *$= 54 - 6 = 48$*

b) $12 + (6 \cdot 3 - 12 : 2)$ *$= 12 + 12 = 24$*

c) $(12 + 6 \cdot 3 - 12) : 2$ *$= 18 : 2 = 9$*

AUFGABE 4

Schreibe mit mathematischen Zeichen und berechne!

a) Addiere zum Produkt von 12 und 8 die Zahl 17.

$12 \cdot 8 + 17 = 96 + 17 = 113$

b) Dividiere die Differenz von 47 und 23 durch 2.

$(47 - 23) : 2 = 24 : 2 = 12$

AUFGABE 5

Setze geeignete Rechenzeichen (+, –, •, :) so zwischen die Zahlen, dass die Ergebnisse richtig sind.

a) 16 ☐ 2 ☐ 3 = 10 *$16 - 2 \cdot 3 = 10$*

b) 16 ☐ 2 ☐ 3 = 29 *$16 \cdot 2 - 3 = 29$*

c) 16 ☐ 2 ☐ 3 = 35 *$16 \cdot 2 + 3 = 35$*

Übungsaufgaben I

AUFGABE 1

Berechne!

a) $(25 + 8) : 3 + 17$

b) $(38 + 17) : (17 - 6)$

c) $6 \cdot 9 - 126 : 18$

d) $(17 \cdot 5 + 11 \cdot 7) : 9$

AUFGABE 2

Berechne und vergleiche!

a) $(11 + 7) \cdot 4 - 18 : 3$

b) $11 + (7 \cdot 4 - 18 : 3)$

c) $(11 + 7 \cdot 4 - 18) : 3$

d) $(11 + 7 \cdot 4) - 18 : 3$

AUFGABE 3

Schreibe mit mathematischen Zeichen und berechne!

a) Multipliziere die Summe von 14 und 7 mit 9!

b) Multipliziere die Differenz von 28 und 17 mit der Summe von 11 und 19!

c) Subtrahiere die Summe von 18 und 35 vom Produkt der Zahlen 9 und 25!

AUFGABE 4

Setze Klammern so, dass die angegebenen Ergebnisse richtig sind!

a) $4 + 8 \cdot 7 = 84$

b) $3 + 5 \cdot 11 - 6 = 28$

c) $36 \cdot 3 + 14 - 5 = 432$

AUFGABE 5

$(60 - 3 \cdot 16) \cdot (4 + 3 \cdot 7 + 72 : 6) - 169 : 13$

Übungsaufgaben II

AUFGABE 6

Wenn du wissen willst, welcher Spruch von Eugen Roth sich hinter den 20 Silben verbirgt, dann löse die Aufgaben! Die Ergebnisse liefern dir die Silben, die du für den Spruch aneinanderketten musst.

Nr.	Aufgabe			Ergebnis	Silbe
1.	$5 \cdot 8 + 3 \cdot 7$			58	SA
2.	$9 \cdot (17 - 5) + 6 : 2$			2	FA
3.	$60 : (7 + 8) + 3 \cdot 7$			26	FT
4.	$(6 + 4 \cdot 9) : 21$			16	BÄ
5.	$48 : 4 + 5 \cdot 8$			38	AR
6.	$10 \cdot 6 + 23 - 81 : 3$			61	DER
7.	$(476 + 174) : 50$			55	EI
8.	$93 - 5 \cdot (26 - 19)$			80	HA
9.	$76 + (12 \cdot 6 + 15) \cdot 3$			107	REN
10.	$(99 - 7 \cdot 13) \cdot 4 + 4 \cdot 12$			54	NR
11.	$35 : 7 + 63 : 7 + 84 : 7$			52	ST
12.	$(128 : 4 - 19) \cdot 5$			132	AFT
13.	$143 - 5 \cdot 21$			65	IM
14.	$30 : (6 - 1 \cdot 3 + 2)$			111	BÄR
15.	$(3 + 8) \cdot (17 - 12)$			337	GEN
16.	$30 : (6 - 1) + 12 \cdot 4$			56	SCH
17.	$(30 \cdot 6 - 30) : 75 + 14$			12	KR
18.	$5 \cdot 4 \cdot 7 - 11 \cdot 3$			6	ME
19.	$(45 \cdot 3 - 25 \cdot 3) : 5$			13	ON
20.	$12 : 3 + 16 \cdot (25 - 17)$			25	HAT

Lösungen Übungsaufgaben I

AUFGABE 1

Runde auf Zehner!

a) 598 ≈ *600* e) 1531 ≈ *1 530*
b) 873 ≈ *870* f) 1396 ≈ *1 400*
c) 17 ≈ *20* g) 9 999 ≈ *10 000*
d) 745 ≈ *750* h) 7 244 ≈ *7 240*

AUFGABE 2

Runde auf Hunderter!

a) 347 ≈ *300* e) 11 643 ≈ *11 600*
b) 879 ≈ *900* f) 877 407 ≈ *877 400*
c) 5 893 ≈ *5 900* g) 9 957 ≈ *10 000*
d) 11 923 ≈ *11 900* h) 45 551 ≈ *45 600*

AUFGABE 3

Runde auf Tausender!

a) 16 498 ≈ *16 000* d) 32 909 ≈ *33 000*
b) 877 500 ≈ *878 000* e) 139 499 ≈ *139 000*
c) 199 624 ≈ *200 000* f) 1 501 ≈ *2 000*

AUFGABE 4

Welche Zahlen darf man nicht runden?

a) Telefonnummer 384567 *nicht runden*
b) Kraftfahrzeugbestand Deutschland 39 515 800
c) Sparbuchnummer 1672376 *nicht runden*
d) Sparbuchguthaben 1 236,45 €

AUFGABE 5

Wie heißt die größte Zahl, die beim Runden auf Tausender die Zahl 43 000 ergibt? *43 499*

AUFGABE 6

Gib vier Zahlen an, die beim Runden auf Hunderter die Zahl 2 300 ergeben!

z. B. 2 341, 2 296, 2 251, 2 312

Lösungen Übungsaufgaben II

AUFGABE 7

Ordne die folgenden Städte ihrer Größe nach! Runde die Einwohnerzahlen auf volle Tausender und trage die gerundeten Einwohnerzahlen in die Tabelle ein!

Stuttgart 565 740, Berlin 3 376 850, München 1 218 330, Düsseldorf 570 250, Köln 940 290, Essen 620 920, Leipzig 538 990, Hamburg 1 606 610, Dortmund 589 290, Frankfurt a. M. 628 880.

Rang	Stadt	Einwohnerzahl
1	*Berlin*	*3 377 000*
2	*Hamburg*	*1 607 000*
3	*München*	*1 218 000*
4	*Köln*	*940 000*
5	*Frankfurt a. M.*	*629 000*
6	*Essen*	*621 000*
7	*Dortmund*	*589 000*
8	*Düsseldorf*	*570 000*
9	*Stuttgart*	*566 000*
10	*Leipzig*	*539 000*

AUFGABE 8

Bei dem Konzert, das Daniela Dübelschreck in der Arena in Oberhausen gab, waren 5 700 Zuschauer erschienen. Diese Zahl wurde jedenfalls in der Zeitung genannt und sie war auf Hunderter gerundet. Wie viele Konzertbesucher waren höchstens, wie viele mindestens erschienen?

Es waren mindestens 5 650, höchstens 5 749 Besucher.

Dino T. Saurus´ Mathe-Flyer

zum Üben und Wiederholen in der Grundschule

53

Runden von Zahlen

Vielfach ist es vorteilhaft, Zahlen zu runden. Was nützt es dir, wenn du weißt, dass Dirk Nowitzki im Jahre 1999 die exakte Summe von 22 077 904 $ verdient hat. Wesentlich sinnvoller ist die Angabe von 22 000 000 $. Die Zahl wurde auf die Millionenstelle gerundet.

Regeln für das Runden

Du wählst die gewünschte Rundungsstelle, also Z, H, T, ZT, HT, M und unterstreichst sie.

Ist die Ziffer rechts davon **0**, **1**, **2**, **3**, **4**, so wird **abgerundet**, d. h. die Rundungsstelle bleibt unverändert und die nachfolgenden Ziffern werden durch Nullen ersetzt.

Beispiel

≈ (sprich gerundet)

167 457 ≈ 167 000 auf die Tausenderstelle gerundet
137 413 ≈ 137 400 auf die Hunderterstelle gerundet

Ist die Ziffer rechts davon **5**, **6**, **7**, **8**, **9**, so wird **aufgerundet**, d. h. die Rundungsstelle wird um 1 erhöht und die nachfolgenden Ziffern durch Nullen ersetzt.

Beispiel

167 857 ≈ 168 000 auf die Tausenderstelle gerundet
167 857 ≈ 167 860 auf die Zehnerstelle gerundet

Bei Angaben mit einer Maßeinheit wie kg oder € bedeutet das Zeichen ≈ ungefähr, also 7,68 € ≈ 8,00 € (7,68 € sind ungefähr 8 €).

Musteraufgaben

AUFGABE 1

Runde auf Zehntausender!

a) 165 498 ≈ *170 000*
b) 873 500 ≈ *870 000*
c) 699 624 ≈ *700 000*

AUFGABE 2

Runde auf Millionen!

a) 12 689 345 ≈ *13 000 000*
b) 7 498 671 ≈ *7 000 000*
c) 80 900 392 ≈ *81 000 000*

AUFGABE 4

Ordne die Berge ihrer Höhe nach! Rund auf volle Zehner und trage die gerundeten Höhen in die Tabelle ein!

Brocken 1 142 m, Mont Blanc 4 810 m, Zugspitze 2 983 m, Kilimandscharo 5 955 m, Watzmann 2 713 m, Mount Everest 8 872 m.

Rang	Berg	Höhe
1	*Mount Everest*	*8 870 m*
2	*Kilimandscharo*	*5 960 m*
3	*Mont Blanc*	*4 810 m*
4	*Zugspitze*	*2 980 m*
5	*Watzmann*	*2 710 m*
6	*Brocken*	*1 140 m*

AUFGABE 5

Runde die Zahlen auf die vorderste (1.) Stelle!

a) 78 456 ≈ *80 000*
b) 3 987 ≈ *4 000*
c) 54 198 ≈ *50 000*
d) 3 489 467 ≈ *3 000 000*

Übungsaufgaben I

AUFGABE 1

Runde auf Zehner!

a) 598 ≈ e) 1531 ≈
b) 873 ≈ f) 1396 ≈
c) 17 ≈ g) 9 999 ≈
d) 745 ≈ h) 7 244 ≈

AUFGABE 2

Runde auf Hunderter!

a) 347 ≈ e) 11 643 ≈
b) 879 ≈ f) 877 407 ≈
c) 5 893 ≈ g) 9 957 ≈
d) 11 923 ≈ h) 45 551 ≈

AUFGABE 3

Runde auf Tausender!

a) 16 498 ≈ d) 32 909 ≈
b) 877 500 ≈ e) 139 499 ≈
c) 199 624 ≈ f) 1 501 ≈

AUFGABE 4

Welche Zahlen darf man nicht runden?

a) Telefonnummer 384567
b) Kraftfahrzeugbestand Deutschland 39 515 800
c) Sparbuchnummer 1672376
d) Sparbuchguthaben 1 236,45 €

AUFGABE 5

Wie heißt die größte Zahl, die beim Runden auf Tausender die Zahl 43 000 ergibt?

AUFGABE 6

Gib vier Zahlen an, die beim Runden auf Hunderter die Zahl 2 300 ergeben!

Übungsaufgaben II

AUFGABE 7

Ordne die folgenden Städte ihrer Größe nach! Runde die Einwohnerzahlen auf volle Tausender und trage die gerundeten Einwohnerzahlen in die Tabelle ein!

Stuttgart 565 740, Berlin 3 376 850, München 1 218 330, Düsseldorf 570 250, Köln 940 290, Essen 620 920, Leipzig 538 990, Hamburg 1 606 610, Dortmund 589 290, Frankfurt a. M. 628 880.

Rang	Stadt	Einwohnerzahl
1		
2		
3		
4		
5		
6		
7		
8		
9		
10		

AUFGABE 8

Bei dem Konzert, das Daniela Dübelschreck in der Arena in Oberhausen gab, waren 5 700 Zuschauer erschienen. Diese Zahl wurde jedenfalls in der Zeitung genannt und sie war auf Hunderter gerundet. Wie viele Konzertbesucher waren höchstens, wie viele mindestens erschienen?

Lösungen Übungsaufgaben I

AUFGABE 1

Runde jede Zahl auf die Tausenderstelle und addiere alle Zahlen dann!

a) 18 526 + 4 749 + 3 461 ≈ *27 000*
19 000 + *5 000* + *3 000*

b) 23 106 – 8 639 – 4 273 ≈ *10 000*
23 000 – *9 000* – *4 000*

c) 32 712 + 9 431 + 2 783 ≈ *45 000*
33 000 + *9 000* + *3 000*

d) 18 588 – 4 705 – 7 879 ≈ *6 000*
19 000 – *5 000* – *8 000*

e) 11 453 + 8 749 + 6 967 ≈ *27 000*
11 000 + *9 000* + *7 000*

AUFGABE 2

Kreuze die richtige Näherungslösung an!

Aufgabe				
a) 213 • 39	☐	800	☐	7 000
	x	8 000	☐	700
b) 58 421 : 705	☐	820	☐	450
	☐	1 200	*x*	82
c) 21 • 48 • 1 234	☐	12 500 000	☐	125 000
	☐	12 500	*x*	1 250 000
d) 987 • 97 • 11	☐	100 000	☐	500 000
	x	1 000 000	☐	10 000 000
e) 163 296 : 6804	*x*	24	☐	3
	☐	2 400	☐	240
f) 363 561 : 31	☐	120 000	*x*	12 000
	☐	1 200 000	☐	80 000

Lösungen Übungsaufgaben II

AUFGABE 3

Gib nur das ungefähre Ergebnis an!

a) Bei dem Fußballspiel Wacker Würghausen gegen 1. FC Schlacke 07 waren 10 481 Fans gekommen. Jeder hatte 17,50 € für den Eintritt gezahlt. Über wie viel Geld kann sich der Kassierer Franzl Backenhauer freuen?
≈ 180 000 €

b) SuperPlus kostet pro Liter 1,63[9] €. Herr Meier hat 38,5 Liter getankt. Was muss er so ungefähr bezahlen?
≈ 64 €

c) 21 456 € werden gleichmäßig an 30 Leute verteilt. Wie viel Geld bekommt jeder?
≈ 7 000 €

d) Welche Strecke legt ein Auto zurück, wenn es 4 Stunden 30 Minuten mit einer durchschnittlichen Geschwindigkeit von 55 Kilometer pro Stunde fährt?
≈ 250 km

e) In einer Packung Pitty Pat sind immer vier Riegel. Eine Packung kostet 2,70 €. Deine 28 Mitschüler sollen jeder einen Riegel bekommen. Was musst du ungefähr bezahlen?
≈ 21 €

AUFGABE 4

Runde jede Zahl auf die 1. Stelle und schätze das Ergebnis grob ab.

a) 78 • 42 *≈ 80 • 40 = 3 200*
b) 9 207 + 5 845 *≈ 9 000 + 6 000 = 15 000*
c) 105 • 47 *≈ 100 • 50 = 5 000*
d) 113 987 – 82 976 *≈ 100 000 – 80 000 = 20 000*
e) 37 • 61 • 514 *≈ 40 • 60 • 500 = 1 200 000*
f) 486 • 216 *≈ 500 • 200 = 100 000*

Dino T. Saurus´ Mathe-Flyer

zum Üben und Wiederholen in der Grundschule

55

Rechnen mit Überschlag

Beim Rechnen mit großen Zahlen kann es leicht zu fehlerhaften Ergebnissen kommen. Daher ist es wichtig, eine Kontrolle zu haben. Das geschieht am besten mit einer Überschlagsrechnung. Du veränderst die Zahlen so, dass du das Ergebnis schnell im Kopf berechnen kannst.

Beispiele für die Addition und Subtraktion

Bei der Addition und Subtraktion werden die Zahlen gerundet.

523 ≈ 500
978 ≈ 1 000
712 ≈ 700
Summe 2 200

523 + 978 + 712 = ▢

Das »richtige« Ergebnis lautet 2213.

23 789 ≈ 24 000
18 356 ≈ 18 000
Differenz 6 000

23 789 – 18 156 = ▢

Das »richtige« Ergebnis lautet 5 633.

Beispiele für die Multiplikation und Division

587 • 9 = ▢

587 ≈ 600
600 • 9 = 5 400

oder du setzt die eine Zahl runter und die andere Zahl rauf:
500 • 10 = 5 000

Das »richtige« Ergebnis lautet 5283, also zwischen 5 400 und 5 000.

138 684 : 7 = ▢

138 684 ≈ 140 000
140 000 : 7 = 20 000

Das »richtige« Ergebnis lautet 19 812.

Musteraufgaben

AUFGABE 1

Runde jede Zahl auf die Tausenderstelle und addiere alle Zahlen dann!

a) 9 729 + 3 209 + 5 993 ≈ *19 000*

10 000 + *3 000* + *6 000*

b) 17 567 – 8 239 – 4 712 ≈ *5 000*

18 000 – *8 000* – *5 000*

AUFGABE 2

Kreuze die richtige Näherungslösung an!

a) 78 • 415	☐	3 200	☐	2 800
	☐	28 000	*x*	32 000
b) 67 429 : 315	☐	500	☐	2 100
	x	210	☐	21

AUFGABE 3

Runde jede Zahl auf die 1. Stelle und schätze das Ergebnis grob ab.

a) 59 • 73 ≈ *60 • 70 = 4 200*

b) 13 913 + 7 261 ≈ *14 000 + 7 000 = 21 000*

c) 913 • 67 ≈ *900 • 70 = 63 000*

d) 83 987 – 36 976 ≈ *84 000 – 37 000 = 47 000*

AUFGABE 4

Gib nur das ungefähre Ergebnis an!

a) Bei der letzten Familienfeier haben dir die Verwandten 13,25 €, 24,12 €, 8,75 € und 5,89 € zugesteckt. Wie viel Geld hast du ungefähr bekommen? *46 €*

b) Bauer MacFruit verkaufte auf dem Markt 13 Körbe Boskop und 18 Körbe Cox Orange. Pro Korb nahm er 15,85 € ein. Wie viel Geld hat er eingenommen? *480 €*

Übungsaufgaben I

AUFGABE 1

Runde jede Zahl auf die Tausenderstelle und addiere alle Zahlen dann!

a) 18 526 + 4 749 + 3 461 ≈ ______

______ + ______ + ______

b) 23 106 – 8 639 – 4 273 ≈ ______

______ – ______ – ______

c) 32 712 + 9 431 + 2 783 ≈ ______

______ + ______ + ______

d) 18 588 – 4 705 – 7 879 ≈ ______

______ – ______ – ______

e) 11 453 + 8 749 + 6 967 ≈ ______

______ + ______ + ______

AUFGABE 2

Kreuze die richtige Näherungslösung an!

a) 213 • 39	☐	800	☐	7 000
	☐	8 000	☐	700
b) 58 421 : 705	☐	820	☐	450
	☐	1 200	☐	82
c) 21 • 48 • 1 234	☐	12 500 000	☐	125 000
	☐	12 500	☐	1 250 000
d) 987 • 97 • 11	☐	100 000	☐	500 000
	☐	1 000 000	☐	10 000 000
e) 163 296 : 6804	☐	24	☐	3
	☐	2 400	☐	240
f) 363 561 : 31	☐	120 000	☐	12 000
	☐	1 200 000	☐	80 000

Übungsaufgaben II

AUFGABE 3

Gib nur das ungefähre Ergebnis an!

a) Bei dem Fußballspiel Wacker Würghausen gegen 1. FC Schlacke 07 waren 10 481 Fans gekommen. Jeder hatte 17,50 € für den Eintritt gezahlt. Über wie viel Geld kann sich der Kassierer Franzl Backenhauer freuen?

b) SuperPlus kostet pro Liter 1,63^9 €. Herr Meier hat 38,5 Liter getankt. Was muss er so ungefähr bezahlen?

c) 21 456 € werden gleichmäßig an 30 Leute verteilt. Wie viel Geld bekommt jeder?

d) Welche Strecke legt ein Auto zurück, wenn es 4 Stunden 30 Minuten mit einer durchschnittlichen Geschwindigkeit von 55 Kilometer pro Stunde fährt?

e) In einer Packung Pitty Pat sind immer vier Riegel. Eine Packung kostet 2,70 €. Deine 28 Mitschüler sollen jeder einen Riegel bekommen. Was musst du ungefähr bezahlen?

AUFGABE 4

Runde jede Zahl auf die 1. Stelle und schätze das Ergebnis grob ab.

a) 78 • 42 ≈

b) 9 207 + 5 845 ≈

c) 105 • 47 ≈

d) 113 987 – 82 976 ≈

e) 37 • 61 • 514 ≈

f) 486 • 216 ≈

Lösungen Übungsaufgaben I

AUFGABE 1

Frau Shopping-Bag hat eingekauft.
Was muss sie bezahlen?

Sch.Gulasch	1,15 €
Prem. Joghurt	0,29 €
Camembert	1,89 €
Feldsalat	0,89 €
Paprika rot	0,99 €

1	1	5		ct
	2	9		ct
1	8	9		ct
	8	9		ct
	9	9		ct
5	2	1		ct

Ergebnis *5,21 €.*

AUFGABE 2

Berechne!

24,35 kg • 14

Ergebnis
340,9 kg

2	4	3	5	0		g	•	1	4
2	4	3	5	0					
	9	7	4	0	0				
3	4	0	9	0	0		g		

AUFGABE 3

Schreibe stellengerecht untereinander und addiere bzw. subtrahiere!

1,55 l + 0,325 l + 3,011 l

		1	5	5	0		ml
	+		3	2	5		ml
	+	3	0	1	1		ml
		4	8	8	6		ml

Ergebnis *4,886 l*

7,5 km – 0,7 km – 5 km

		7	5	0	0		m
	–		7	0	0		m
	–	5	0	0	0		m
		1	8	0	0		m

Ergebnis *1,8 km*

2,36 l – 0,715 l – 1,2 l

		2	3	6	0		ml
	–		7	1	5		ml
	–	1	2	0	0		ml
			4	4	4		ml

Ergebnis *0,445 l*

1,3 km + 0,5 km + 3 km

		1	3	0	0		m
	+		5	0	0		m
	+	3	0	0	0		m
		4	8	0	0		m

Ergebnis *4,8 km*

Lösungen Übungsaufgaben II

AUFGABE 4

Rechne in kg um und multipliziere!

a) 0,28 t • 9

2	8	0	kg	•	9	
		2	5	2	0	kg
		2,	5	2		t

b) 5,047 t • 6

5	0	4	7	kg	•	6	
		3	0	2	8	2	kg
		3	0,	2	8	2	t

AUFGABE 5

Rechne um in Cent und multipliziere!

a) 8,75 € • 4

8	7	5	ct	•	4	
		3	5	0	0	ct
		3	5,	0	0	€

b) 32,87 € • 7

3	2	8	7	ct	•	7	
		2	3	0	0	9	ct
		2	3	0,	0	9	€

AUFGABE 6

Rechne um in ml und dividiere!

17,55 l : 9

1	7	5	5	0		ml	:	9	=	1	9	5	0		ml
	9														
	8	5													
	8	1													
		4	5												
		4	5												
			0	0											

Ergebnis 1,95 *l*

AUFGABE 7

Ein 2,70 m langer Stab wird in neun gleiche Teile zersägt. Wie lang ist jedes Teilstück? Gib in m an!

270 cm : 9 = 30 cm

Ergebnis *0,3 m*

AUFGABE 8

Der Schall hat eine Geschwindigkeit von 340 m in einer Sekunde. Nach welcher Zeit hört man den Donner, wenn das Gewitter 5,1 km entfernt ist?

5100 : 340 = 15 Ergebnis *15 Sekunden*

Dino T. Saurus´ Mathe-Flyer

zum Üben und Wiederholen in der Grundschule

57

Rechnen mit Kommazahlen

Geldbeträge, Längenangaben, Gewichtsangaben und Hohlmaße in Kommaschreibweise können addiert, subtrahiert, multipliziert bzw. dividiert werden, indem man die Kommazahlen in eine Zahl ohne Komma umwandelt, d. h. in die nächstkleinere Einheit umwandelt.

Beispiele

4,75 l + 3,325 l

Ergebnis:
8,075 l

		4	7	5	0		ml
	+	3	3	2	5		ml
		8	0	7	5		ml

36,28 € • 6

Ergebnis:
217,68 €

	3	6	2	8		ct	•	6
2	1	7	6	8		ct		

12,37 km – 8,6 km

Ergebnis:
3,77 km

	1	2	3	7	0		m
–		8	6	0	0		m
		3	7	7	0		m

82,2 kg : 6

8	2	2	0	0		g	:	6	=	1	3	7	0	0	g
6															
2	2														
1	8														
	4	2													
	4	2													
		0	0	0											

Ergebnis:
13,7 kg

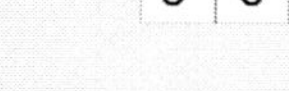

Musteraufgaben

AUFGABE 1

Frau Müller hat eingekauft.
Was muss sie bezahlen?

Chablis Dev.	6,99 €
Leberkäse	1,69 €
Camembert	0,49 €
Zitronen	0,99 €
Nektarinen	1,21 €

	6	9	9		ct
	1	6	9		ct
		4	9		ct
		9	9		ct
	1	2	1		ct
1	1	3	7		ct

Ergebnis *11,37 €*.

AUFGABE 2

Ein Lottogewinn von 1 254,69 € wird zu gleichen Teilen an die 3 Gewinner aufgeteilt. Wie viel Geld erhält jeder?

Ergebnis *125469 ct : 3 = 41823 ct* *418,23 €*

AUFGABE 3

Rechne um in m und dividiere!
31,941 km : 7

31941 m : 7 = 4563 m

3	1	9	4	1		m	:	7	=	4	5	6	3	m
2	8													
	3	9												
	3	5												
		4	4											
		4	2											
			2	1										
			2	1										
					0									

Ergebnis *4,653 km*

AUFGABE 4

Rechne um in Cent und multipliziere!

a) 2,37 € • 6

2	3	7	ct	•	6	
		1	4	2	2	ct
		1	4,	2	2	€

b) 81,25 € • 4

8	1	2	5	ct	•	4	
		3	2	5	0	0	ct
		3	2	5,	0	0	€

Übungsaufgaben I

AUFGABE 1

Frau Shopping-Bag hat eingekauft.
Was muss sie bezahlen?

Sch.Gulasch	1,15 €
Prem. Joghurt	0,29 €
Camembert	1,89 €
Feldsalat	0,89 €
Paprika rot	0,99 €

Ergebnis

AUFGABE 2

Berechne!
24,35 kg • 14
Ergebnis

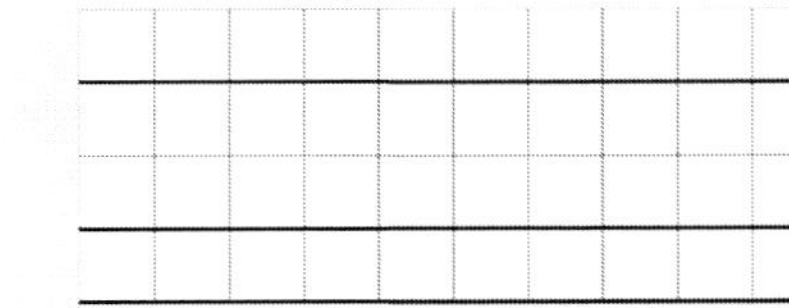

AUFGABE 3

Schreibe stellengerecht untereinander und addiere bzw. subtrahiere!

1,55 l + 0,325 l + 3,011 l

Ergebnis

7,5 km – 0,7 km – 5 km

Ergebnis

2,36 l – 0,715 l – 1,2 l

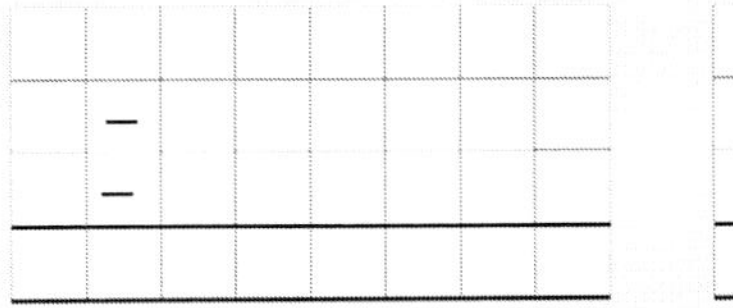

Ergebnis *0,445 l*

1,3 km + 0,5 km + 3 km

Ergebnis *4,8 km*

Übungsaufgaben II

AUFGABE 4

Rechne in kg um und multipliziere!

a) 0,28 t • 9 b) 5,047 t • 6

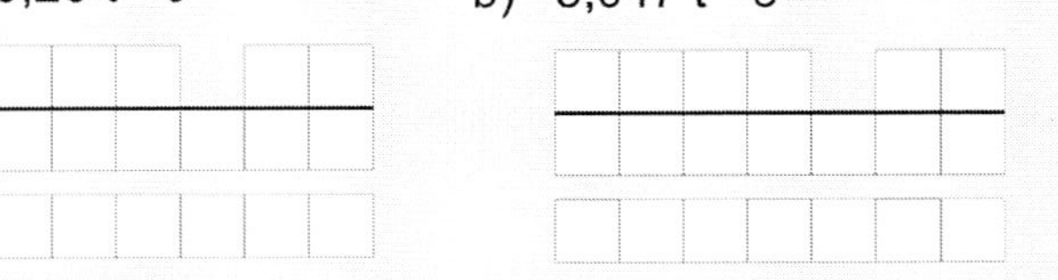

AUFGABE 5

Rechne um in Cent und multipliziere!

a) 8,75 € • 4 b) 32,87 € • 7

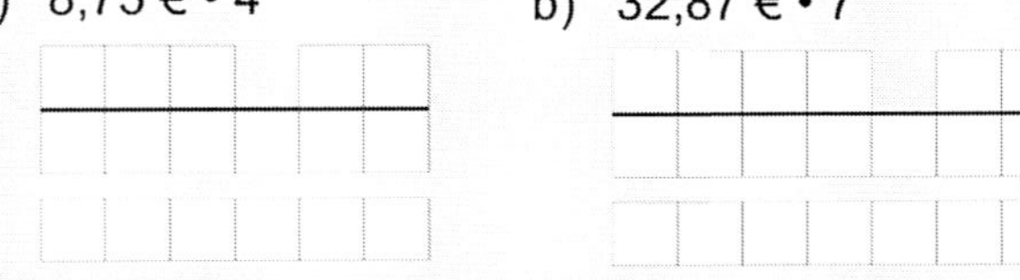

AUFGABE 6

Rechne um in ml und dividiere!

17,55 l : 9

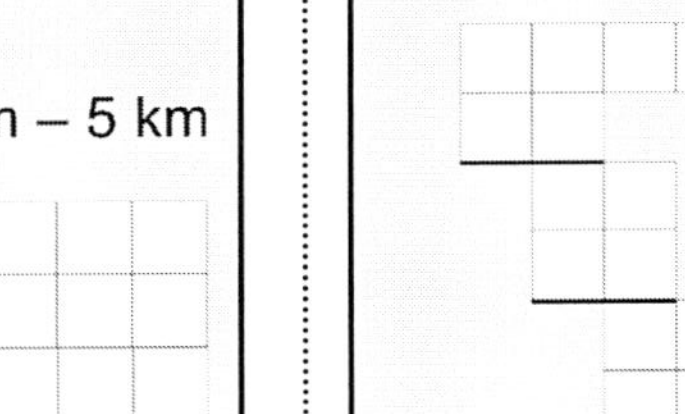

Ergebnis 1,95 *l*

AUFGABE 7

Ein 2,70 m langer Stab wird in neun gleiche Teile zersägt. Wie lang ist jedes Teilstück? Gib in m an!

Ergebnis

AUFGABE 8

Der Schall hat eine Geschwindigkeit von 340 m in einer Sekunde. Nach welcher Zeit hört man den Donner, wenn das Gewitter 5,1 km entfernt ist?

Ergebnis

Lösungen Übungsaufgaben I

AUFGABE 1

In einer Stadtbücherei wurden nach den beliebtesten Büchern von Jugendlichen gefragt. Jeder durfte nur eine Angabe machen. Wie viele Jugendliche wurden befragt?

Bücher	Anzahl	Häufigkeit
Comics	𝍸 𝍸 𝍸 𝍸	*20*
Harry Potter	𝍸 𝍸 𝍸 I	*16*
Sachbücher	𝍸 𝍸 III	*13*
Fantasy	𝍸 𝍸 𝍸 III	*18*
Sonstige	𝍸 𝍸 IIII	*14*

81 Jugendliche

AUFGABE 2

Eine Stunde lang wurden Fahrzeuge an einer belebten Straße gezählt. Jedes Symbol steht für 20 gezählte Fahrzeuge. Wie viele Fahrzeuge wurden jeweils gezählt?

190 Autos

30 Busse

40 Fahrräder

80 Motorräder

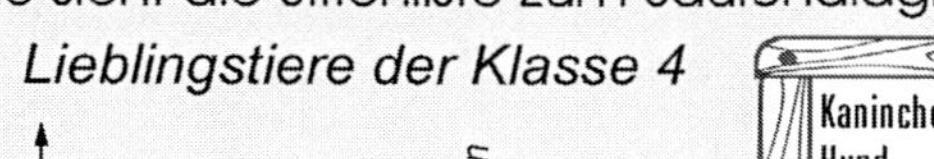

60 Lastkraftwagen

AUFGABE 3

Wie sieht die Strichliste zum Säulendiagramm aus?

Lieblingstiere der Klasse 4

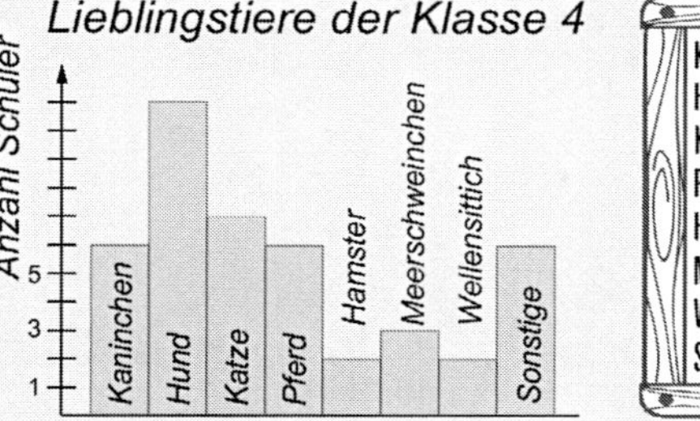

Kaninchen	𝍸 I
Hund	𝍸 𝍸 I
Katze	𝍸 II
Pferd	𝍸 I
Hamster	II
Meerschweinchen	III
Wellensittich	II
Sonstige	𝍸 I

Lösungen Übungsaufgaben II

AUFGABE 4

Die Umfrage nach Urlaubszielen in den Klassen 4 ergab folgende Strichliste:

Urlaubsziele	Strichliste
Deutschland	𝍸 𝍸 𝍸 III
Holland	𝍸 𝍸 𝍸 𝍸
Türkei	𝍸 𝍸 𝍸 I
Italien	𝍸 𝍸 𝍸
Spanien	𝍸 𝍸 III

Zeichne ein Balkendiagramm!

Urlaubsziele

Deutschland
Holland
Türkei
Italien
Spanien

1 3 5 *Anzahl Kinder*

AUFGABE 5

Die Tabelle zeigt die Einwohnerzahlen einiger Städte. Zeichne dazu ein Piktogramm. 🯅 entspricht 100 000 Einwohnern. Runde die Angaben jeweils auf Hunderttausender!

Stadt	Einwohner
Duisburg	535 447
Düsseldorf	575 794
Frankfurt	644 865
Hamburg	1 652 363
München	1 229 026
Oberhausen	217 108

Piktogramm der Einwohnerzahlen deutscher Städte

Duisburg
Düsseldorf
Frankfurt
Hamburg
München
Oberhausen

Dino T. Saurus´ Mathe-Flyer

zum Üben und Wiederholen in der Grundschule

59

Strichlisten, Tabellen und Piktogramme

Daten lassen sich unterschiedlich darstellen.
In einer Strichliste oder einem Piktogramm lässt sich festhalten, wie oft ein bestimmtes Ereignis oder Merkmal vorkommt.

Beispiel Die Strichliste zeigt die Schulwegzeiten der Kinder der Klasse 4b.

Zeit (in min)	Strichliste
0 bis unter 5	𝍸
5 bis unter 10	𝍸 IIII
10 bis unter 15	𝍸 I
15 bis unter 20	I
20 bis unter 25	IIII

Piktogramm *(Figurendiagramm)*

Schulwegzeiten in Minuten Klasse 4b

0 bis unter 5
5 bis unter 10
10 bis unter 15
15 bis unter 20
20 bis unter 25

Diese Daten können in einem Diagramm dargestellt werden (s. Flyer 61)

Balkendiagramm

Schulwegzeiten in Minuten Klasse 4b

20 bis unter 25
15 bis unter 20
10 bis unter 15
5 bis unter 10
0 bis unter 5

1 2 4 *Anzahl Schüler*

Beispiel

Eine weitere Möglichkeit der Darstellung von Daten bieten Tabellen.

Note	Häufigkeit
sehr gut	2
gut	7
befriedigend	9
ausreichend	8
mangelhaft	3
ungenügend	0

Musteraufgaben

AUFGABE 1

Eintausend Erwachsene wurden befragt, wie lange sie täglich fernsehen. Zeichne ein Piktogramm! Runde auf Zehner!

Stunden	Anzahl
0 - 1 Stunden	82
1 - 2 Stunden	156
2 - 3 Stunden	286
3 - 4 Stunden	269
4 - 5 Stunden	153
5 - 6 Stunden	54

Täglicher Fernsehkonsum Erwachsener

0 - 1 Stunden ☺☺☺☺☺☺☺☺

1 - 2 Stunden ☺☺☺☺☺☺☺☺☺☺☺☺☺☺☺☺

2 - 3 Stunden ☺☺☺☺☺☺☺☺☺☺☺☺☺☺☺☺☺☺☺☺☺☺☺☺☺☺☺☺☺

3 - 4 Stunden ☺☺☺☺☺☺☺☺☺☺☺☺☺☺☺☺☺☺☺☺☺☺☺☺☺☺☺

4 - 5 Stunden ☺☺☺☺☺☺☺☺☺☺☺☺☺☺☺

5 - 6 Stunden ☺☺☺☺☺

AUFGABE 2

185 Kinder wurden gefragt, was sie am liebsten essen. Das Ergebnis wurde in einer Strichliste festgehalten. Ergänze die Tabelle und zeichne ein Säulendiagramm!

Lieblingsgericht	Strichliste	Häufigkeit
Pizza	卌 卌 卌 卌 卌 卌 ||||	*34*
Pommes Frites	卌 卌 卌 卌 卌 |||	*28*
Spaghetti	卌 卌 卌 卌 卌 卌 ||	*32*
Hähnchen	卌 卌 卌 卌 卌 |	*26*
Fischstäbchen	卌 卌 卌 卌 ||	*22*
Rouladen	卌 卌 ||	*12*
Currywurst	卌 卌 卌 卌 卌 卌 |	*31*

Anzahl Kinder

2, 6, 10

Pizza, *Pommes Frites*, *Spaghetti*, *Hähnchen*, *Fischstäbchen*, *Rouladen*, *Currywurst*

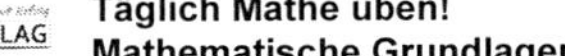

Übungsaufgaben I

AUFGABE 1

In einer Stadtbücherei wurden nach den beliebtesten Büchern von Jugendlichen gefragt. Jeder durfte nur eine Angabe machen. Wie viele Jugendliche wurden befragt?

Bücher	Anzahl	Häufigkeit
Comics	卌 卌 卌 卌	
Harry Potter	卌 卌 卌 |	
Sachbücher	卌 卌 |||	
Fantasy	卌 卌 卌 |||	
Sonstige	卌 卌 ||||	

AUFGABE 2

Eine Stunde lang wurden Fahrzeuge an einer belebten Straße gezählt. Jedes Symbol steht für 20 gezählte Fahrzeuge. Wie viele Fahrzeuge wurden jeweils gezählt?

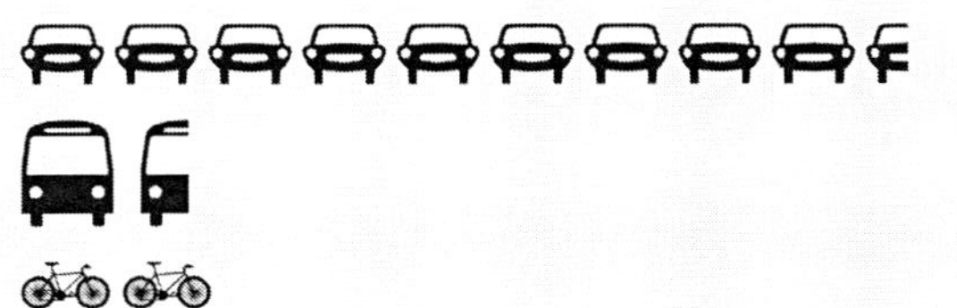

AUFGABE 3

Wie sieht die Strichliste zum Säulendiagramm aus?

Lieblingstiere der Klasse 4

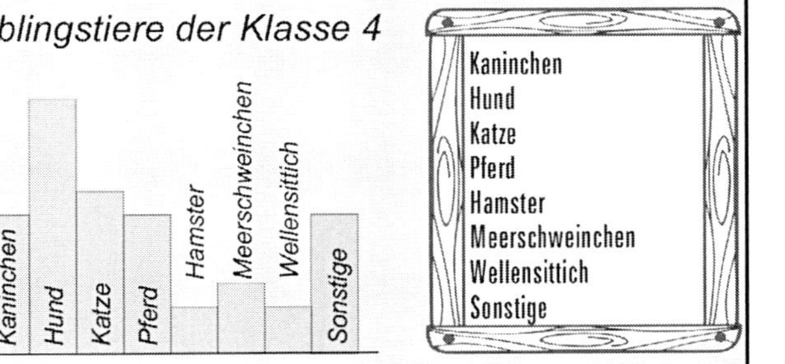

Kaninchen
Hund
Katze
Pferd
Hamster
Meerschweinchen
Wellensittich
Sonstige

Übungsaufgaben II

AUFGABE 4

Die Umfrage nach Urlaubszielen in den Klassen 4 ergab folgende Strichliste:

Urlaubsziele	Strichliste
Deutschland	卌 卌 卌 |||
Holland	卌 卌 卌 卌
Türkei	卌 卌 卌 |
Italien	卌 卌 卌
Spanien	卌 卌 |||

Zeichne ein Balkendiagramm!

Urlaubsziele

Deutschland
Holland
Türkei
Italien
Spanien

1 3 5 *Anzahl Kinder*

AUFGABE 5

Die Tabelle zeigt die Einwohnerzahlen einiger Städte. Zeichne dazu ein Piktogramm. ☆ entspricht 100 000 Einwohnern. Runde die Angaben jeweils auf Hunderttausender!

Stadt	Einwohner
Duisburg	535 447
Düsseldorf	575 794
Frankfurt	644 865
Hamburg	1 652 363
München	1 229 026
Oberhausen	217 108

Piktogramm der Einwohnerzahlen deutscher Städte

Duisburg
Düsseldorf
Frankfurt
Hamburg
München
Oberhausen

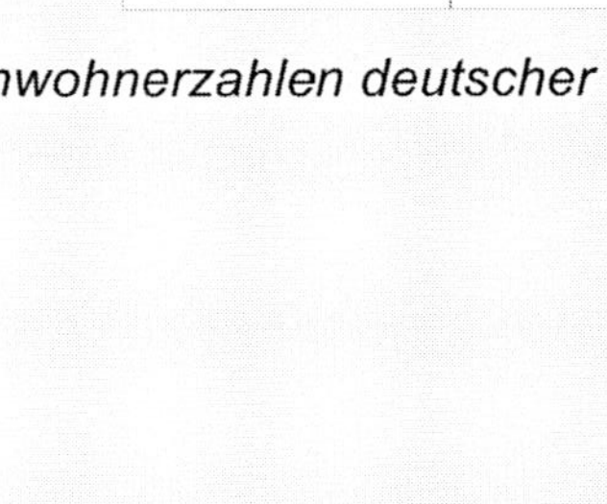

Lösungen Übungsaufgaben I

AUFGABE 1

Richtig oder falsch?
Wien hat mehr Einwohner als Rom.

falsch

AUFGABE 2

Wie teuer ist ein Mittelklassewagen?

24 000 €

AUFGABE 3

Richtig oder falsch?
Am Donnerstag war Benzin am teuersten.

richtig

AUFGABE 4

Trage die Körpergrößen in das Balkendiagramm ein!

Maike	1,41 m
Ute	1,52 m
Inge	1,38 m
Bernd	1,52 m
Lars	1,63 m

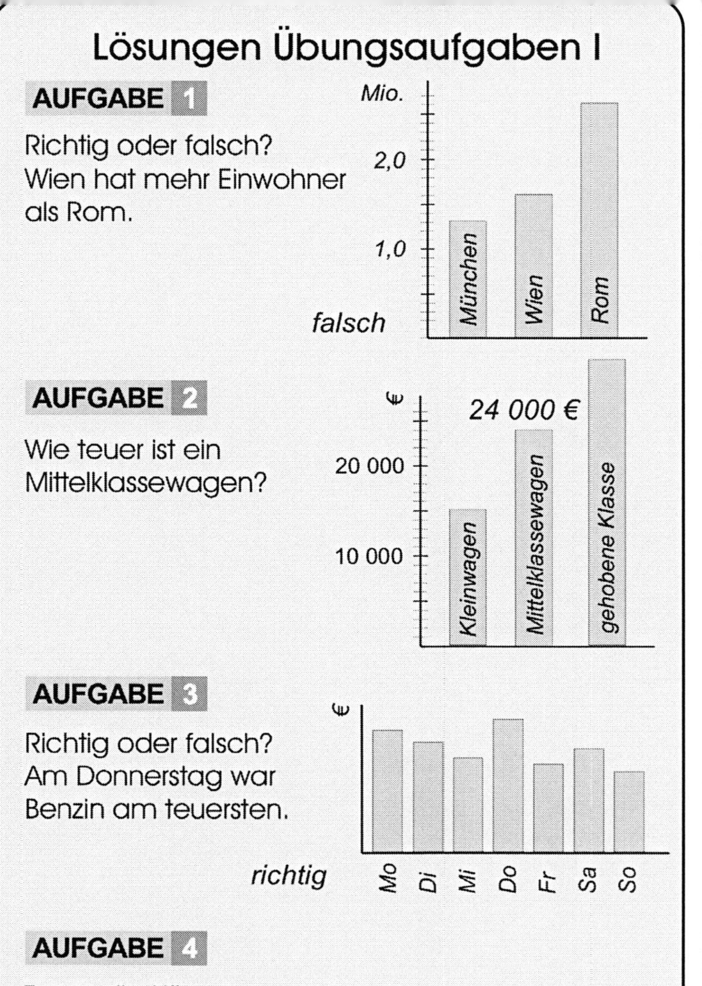

Lösungen Übungsaufgaben II

AUFGABE 5

Gib an, wie lange die Tiere durchschnittlich leben!

Jahre: 6, 2 — Hund *10 Jahre*, Katze *12 Jahre*, Hamster *5 Jahre*, Ratte *2 Jahre*

AUFGABE 6

Trage die Temperaturen in das Säulendiagramm ein!

Montag	16 °C
Dienstag	19 °C
Mittwoch	21 °C
Donnerstag	17 °C
Freitag	13 °C

Temperatur in °C: 16, 14, 12 — Mo, Di, Mi, Do, Fr

AUFGABE 7

Wie viele Kinder der Klasse 4a kommen mit dem Bus, zu Fuß oder mit dem Fahrrad zur Schule?

AUFGABE 8

Wie viele Kilometer legen die fünf Kinder jeden Morgen zurück, um zur Schule zu gelangen?

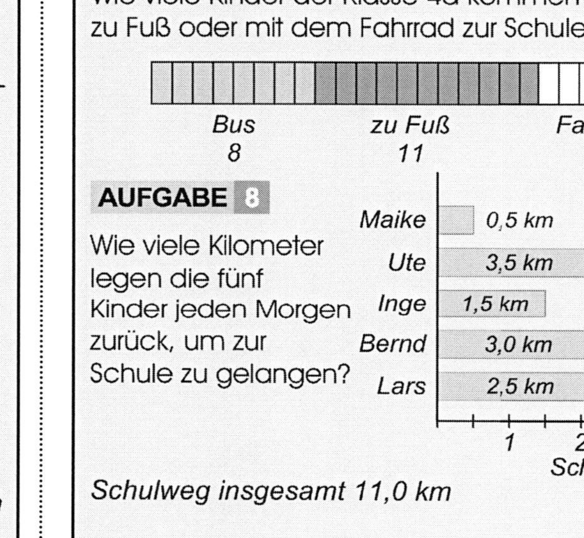

Schulweg insgesamt 11,0 km

KOHL VERLAG Täglich Mathe üben! Mathematische Grundlagen – Bestell-Nr. 12 553

Dino T. Saurus´ Mathe-Flyer

zum Üben und Wiederholen in der Grundschule

61

Diagramme

Daten können in Diagrammen dargestellt werden, aber man kann auch Daten aus Diagrammen entnehmen. Es gibt Kreisdiagramme, Balken-, Säulen- und Streifendiagramme.

Beispiel

In der Klasse 4a sind 21 Kinder, in der 4b 18 Kinder und in der Klasse 4c 25 Kinder.

Säulendiagramm **Balkendiagramm**

Streifendiagramm

Kreisdiagramm

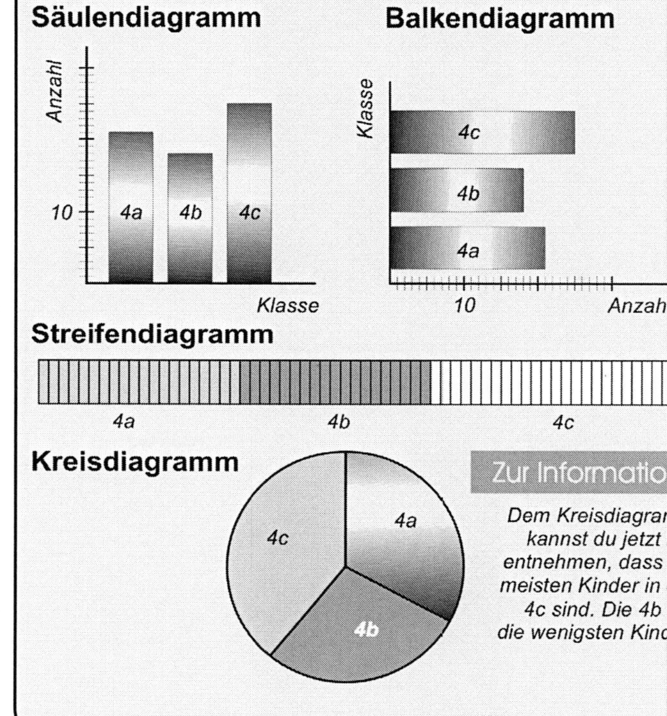

Zur Information

Dem Kreisdiagramm kannst du jetzt nur entnehmen, dass die meisten Kinder in der 4c sind. Die 4b hat die wenigsten Kinder.

KOHL VERLAG Täglich Mathe üben! Mathematische Grundlagen – Bestell-Nr. 12 553

Musteraufgaben

AUFGABE 1

Wie viele Einwohner hat Wien?

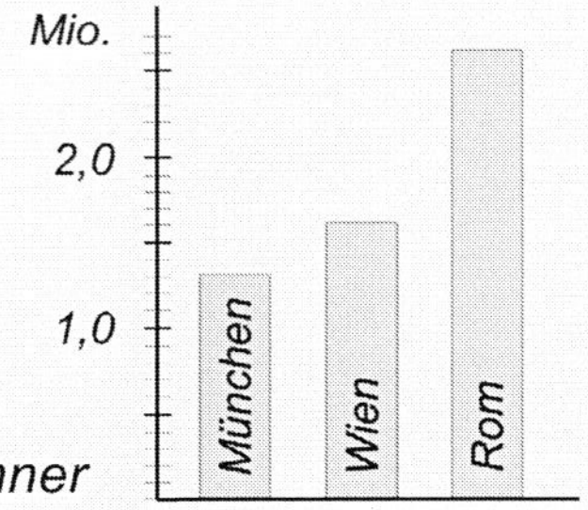

Mio.
2,0
1,0
München
Wien
Rom

1 600 000 Einwohner

AUFGABE 2

Färbe das Streifendiagramm in unterschiedlichen Farben ein!

Lieblingssportart: Fußball 11, Schwimmen 5, Reiten 7, Handball 2

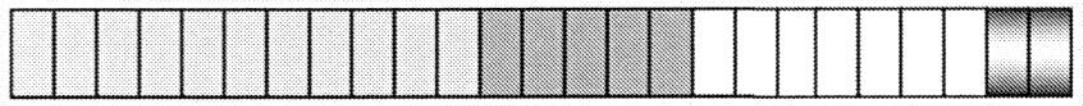

Fußball *Schwimmen* *Reiten* *Handball*

AUFGABE 3

100 Kinder wurden nach ihrem Lieblingsgetränk befragt. 15 gaben Milch an, 24 Kakao, 32 Orangensaft und 29 Apfelsaft.

a) Welches Kreisdiagramm kann nur richtig sein?

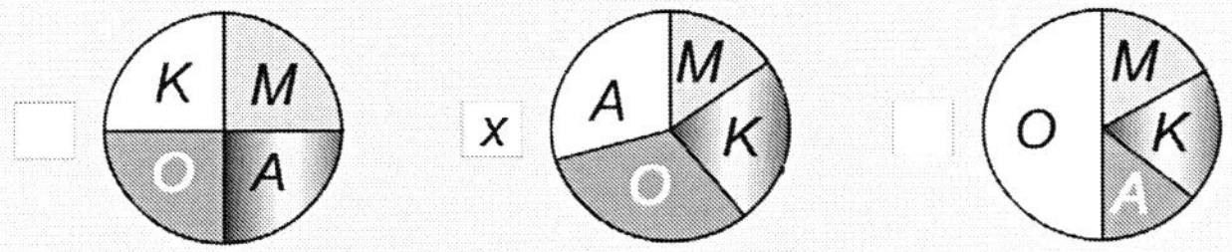

☐ K M O A   x A M K O   ☐ O M K A

b) Zeichne das passende Balkendiagramm!

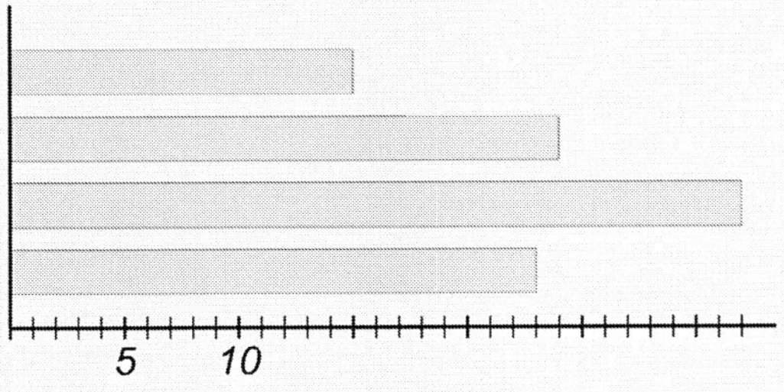

Milch
Kakao
Orangensaft
Apfelsaft
5 10

Übungsaufgaben I

AUFGABE 1

Richtig oder falsch?
Wien hat mehr Einwohner als Rom.

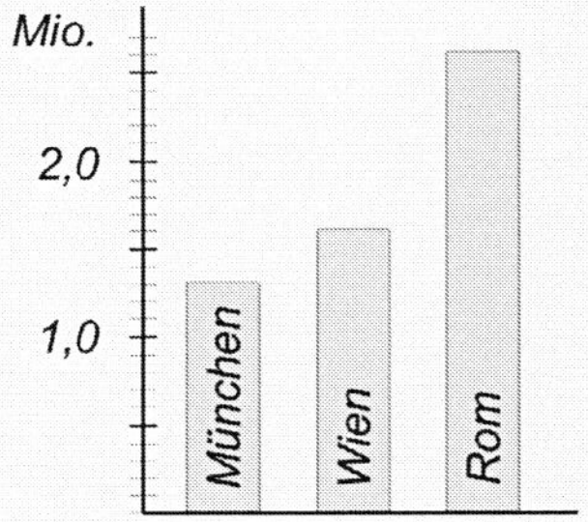

Mio.
2,0
1,0
München
Wien
Rom

AUFGABE 2

Wie teuer ist ein Mittelklassewagen?

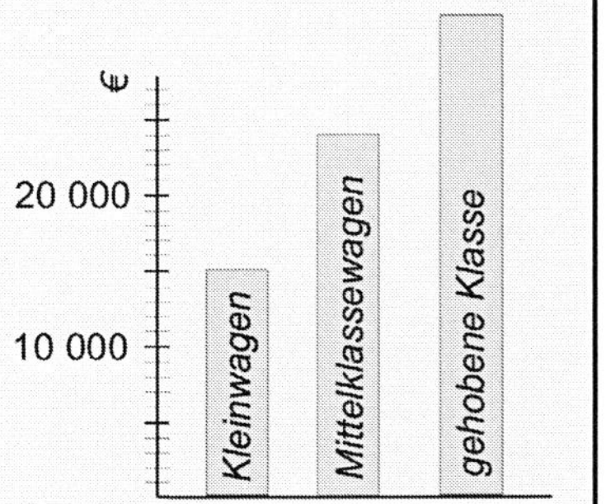

€
20 000
10 000
Kleinwagen
Mittelklassewagen
gehobene Klasse

AUFGABE 3

Richtig oder falsch?
Am Donnerstag war Benzin am teuersten.

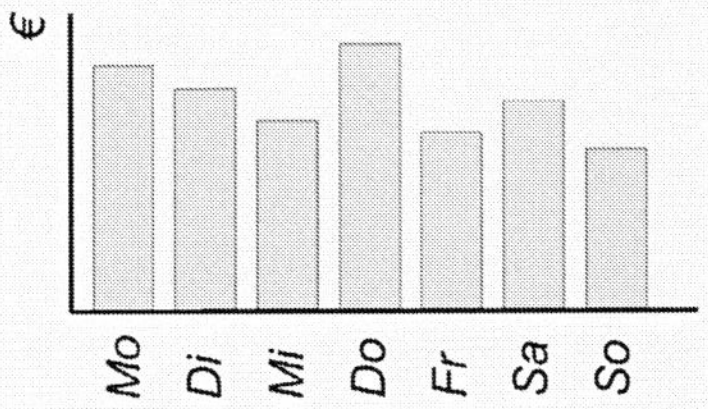

€
Mo Di Mi Do Fr Sa So

AUFGABE 4

Trage die Körpergrößen in das Balkendiagramm ein!

Maike	1,41 m
Ute	1,52 m
Inge	1,38 m
Bernd	1,52 m
Lars	1,63 m

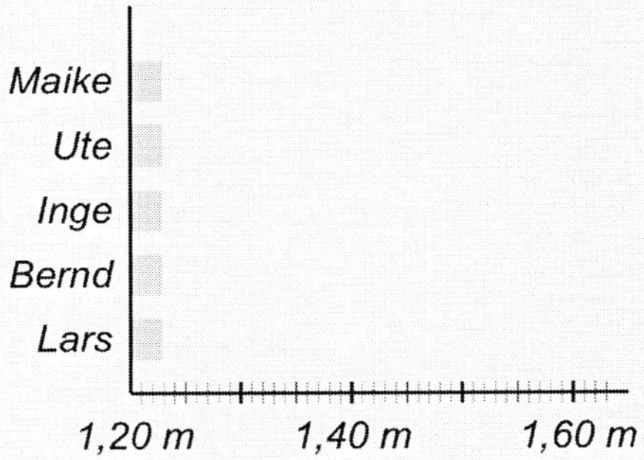

Maike
Ute
Inge
Bernd
Lars
1,20 m *1,40 m* *1,60 m*

Übungsaufgaben II

AUFGABE 5

Gib an, wie lange die Tiere durchschnittlich leben!

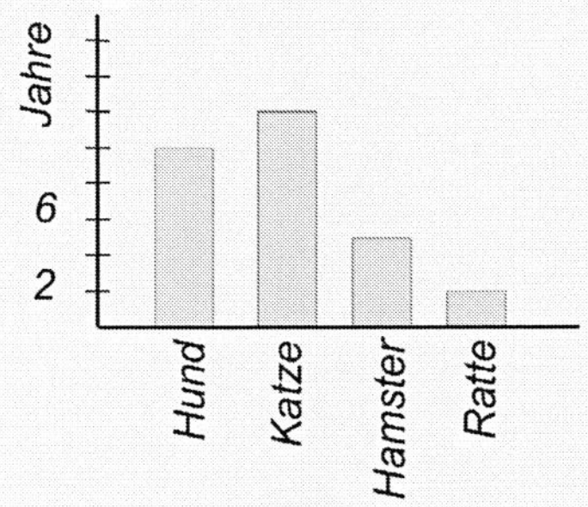

Jahre
6
2
Hund *Katze* *Hamster* *Ratte*

AUFGABE 6

Trage die Temperaturen in das Säulendiagramm ein!

Montag	16 °C
Dienstag	19 °C
Mittwoch	21 °C
Donnerstag	17 °C
Freitag	13 °C

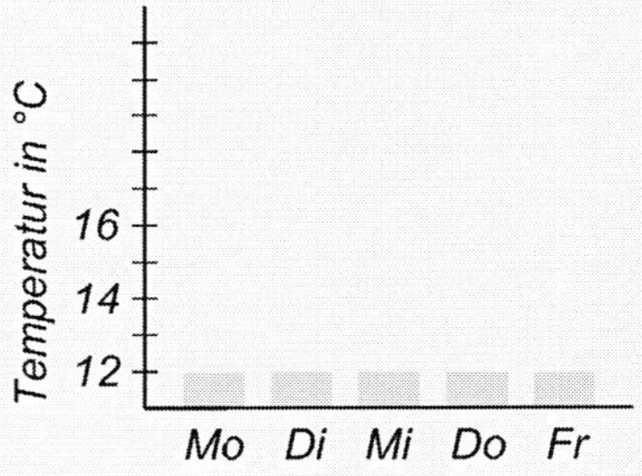

Temperatur in °C
16
14
12
Mo Di Mi Do Fr

AUFGABE 7

Wie viele Kinder der Klasse 4a kommen mit dem Bus, zu Fuß oder mit dem Fahrrad zur Schule?

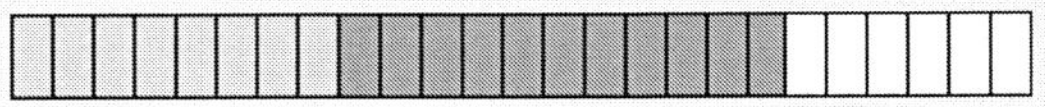

Bus *zu Fuß* *Fahrrad*

AUFGABE 8

Wie viele Kilometer legen die fünf Kinder jeden Morgen zurück, um zur Schule zu gelangen?

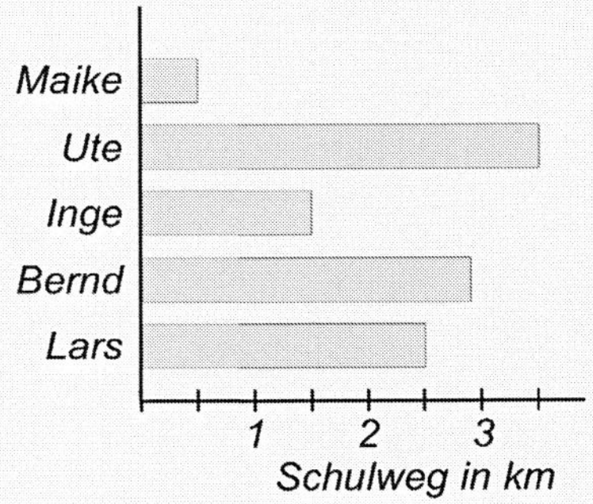

Maike
Ute
Inge
Bernd
Lars
1 2 3
Schulweg in km

Lösungen Übungsaufgaben I

AUFGABE 1

Setze das Muster fort und male farbig aus!

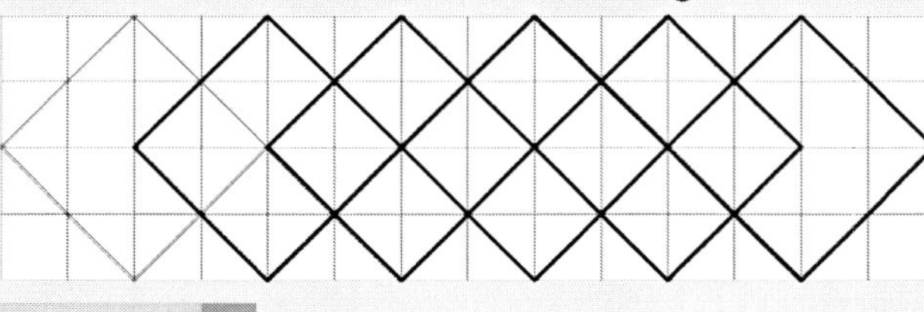

AUFGABE 2

Setze das Muster fort und male farbig aus!

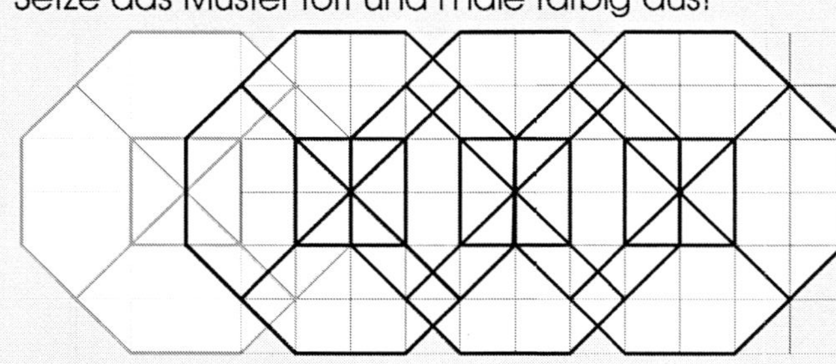

AUFGABE 3

Setze das Muster fort und male farbig aus!

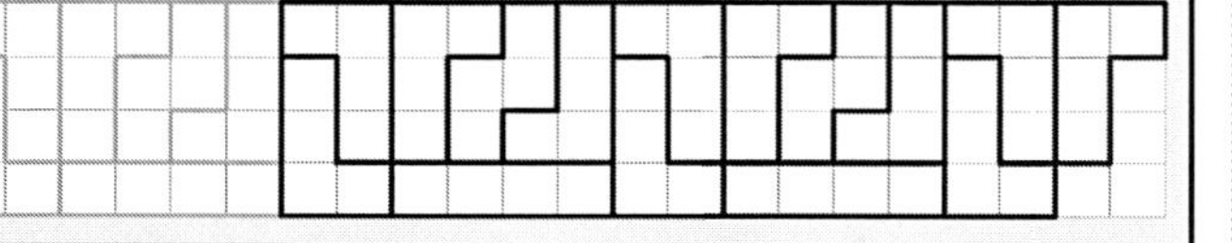

AUFGABE 4

Verschiebe mehrfach in Pfeilrichtung!

Lösungen Übungsaufgaben II

AUFGABE 5

Verschiebe das vorgegebene Muster jeweils um zwei Kästchen nach rechts. Male dein Bild in unterschiedlichen Farben aus.

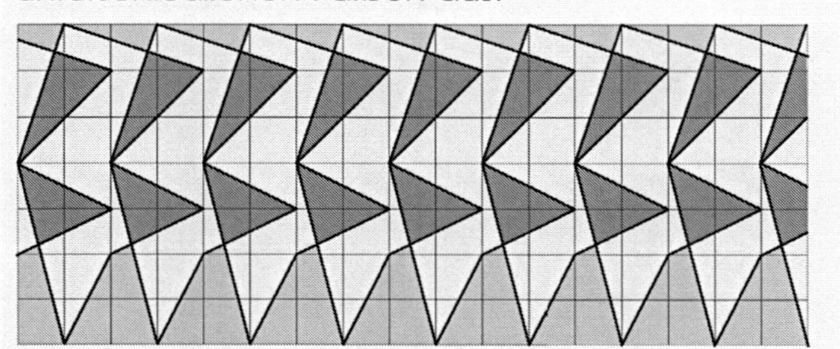

AUFGABE 6

Um größere Muster zu bilden, fasst man einzelne Verschiebungsmuster zu Blöcken zusammen und verschiebt dann den gesamten Block. Verschiebe das Muster in die drei freien Felder und male dein Bild aus.

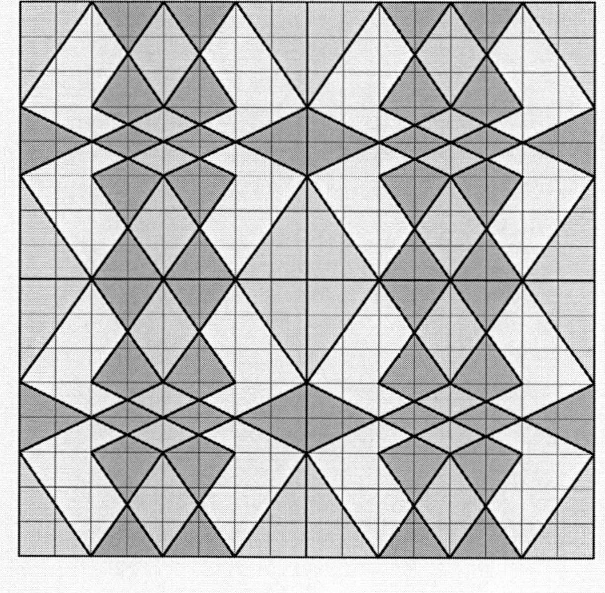

Dino T. Saurus´ Mathe-Flyer

zum Üben und Wiederholen in der Grundschule

63

Muster und Bandornamente

Bei Mustern werden vorgegebene Formen und Farben wiederholt. Streifen, die ein regelmäßiges Muster haben, nennt man auch Bandornamente.

Beispiele

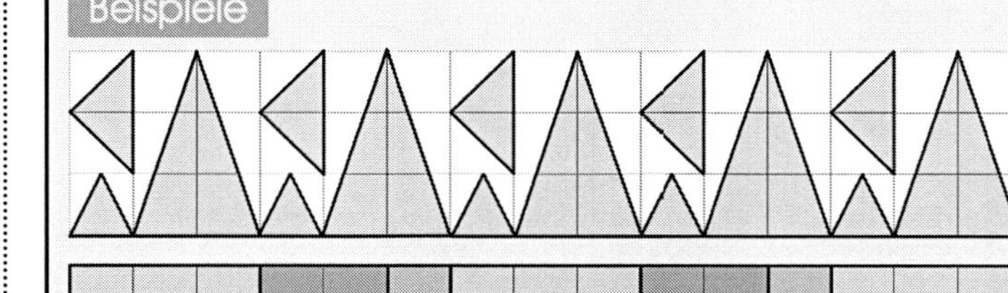

Muster entstehen auch, wenn man Figuren im Gitternetz nach einer Vorschrift verschiebt. Verschiebe die Figuren jeweils in Richtung des Verschiebungspfeils, also 1 Kästchen nach rechts, 2 Kästchen nach oben.

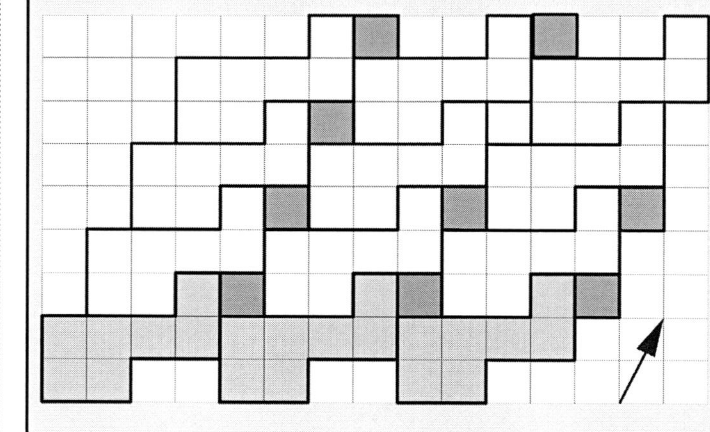

Musteraufgaben

AUFGABE 1

Verschiebe die Figuren achtmal, so wie der Verschiebungspfeil es angibt.

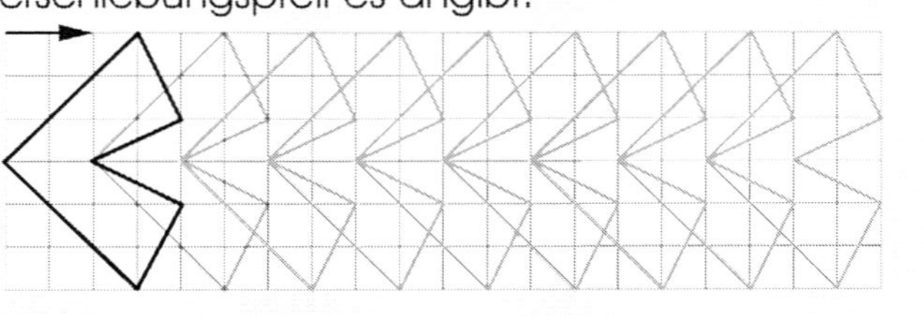

AUFGABE 2

Verschiebe die Figur fünfmal in Richtung des angegebenen Verschiebungspfeils.

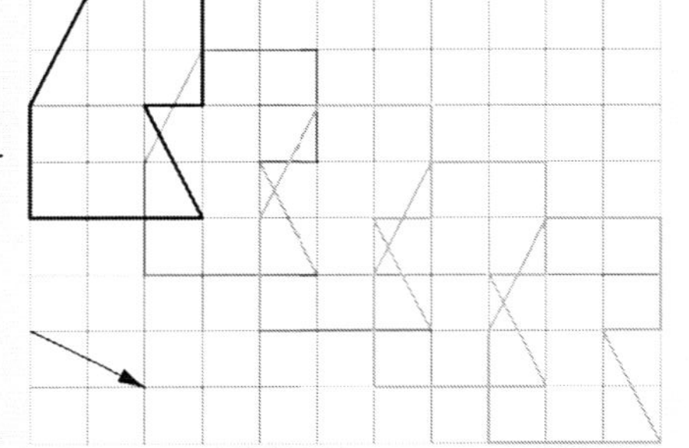

AUFGABE 3

Um größere Muster zu bilden, fasst man einzelne Verschiebungsmuster zu Blöcken zusammen und verschiebt dann den gesamten Block. Verschiebe das Muster in die freien Felder und male aus!

Übungsaufgaben I

AUFGABE 1

Setze das Muster fort und male farbig aus!

AUFGABE 2

Setze das Muster fort und male farbig aus!

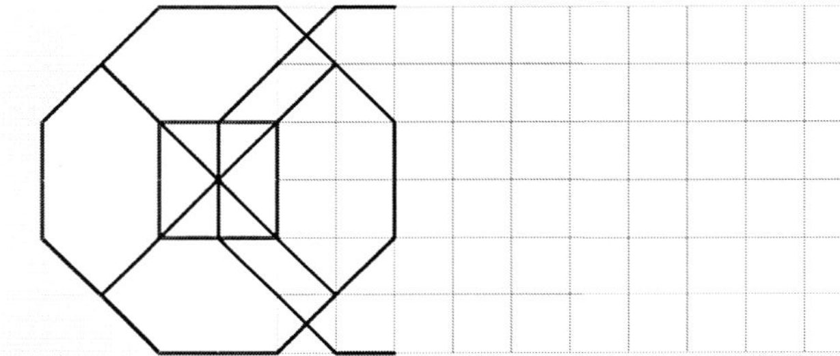

AUFGABE 3

Setze das Muster fort und male farbig aus!

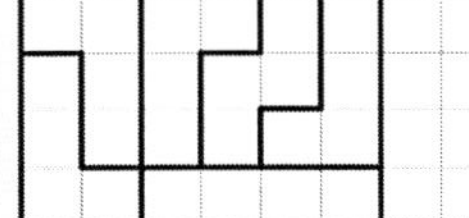

AUFGABE 4

Verschiebe mehrfach in Pfeilrichtung!

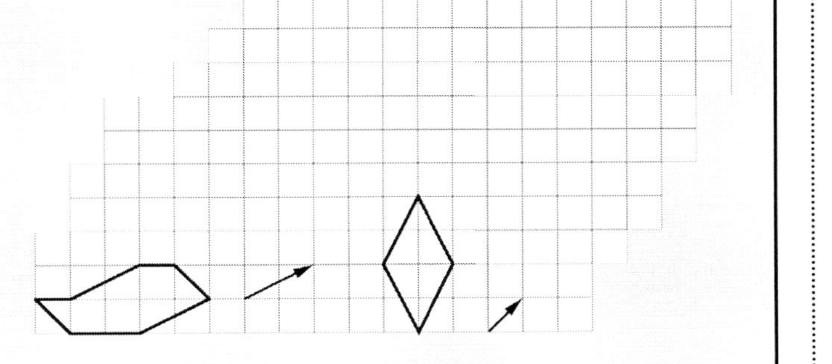

Übungsaufgaben II

AUFGABE 5

Verschiebe das vorgegebene Muster jeweils um zwei Kästchen nach rechts. Male dein Bild in unterschiedlichen Farben aus.

AUFGABE 6

Um größere Muster zu bilden, fasst man einzelne Verschiebungsmuster zu Blöcken zusammen und verschiebt dann den gesamten Block. Verschiebe das Muster in die drei freien Felder und male dein Bild aus.

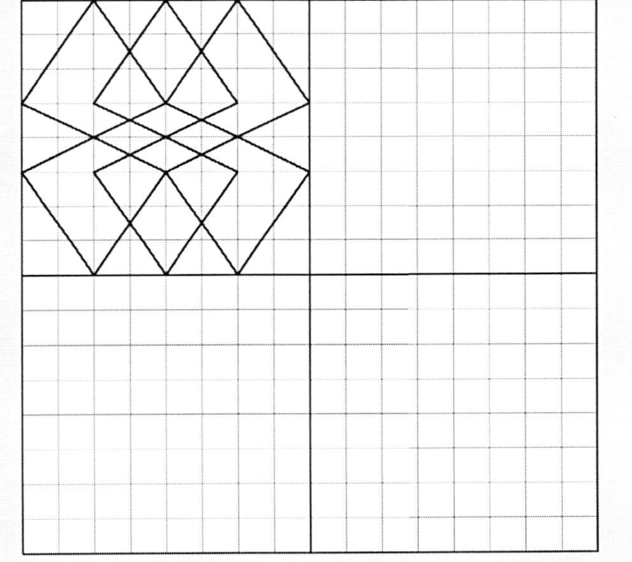

Lösungen Übungsaufgaben I

AUFGABE 1

Übertrage das Kreismuster in das freie Feld und male dein Bild farbig aus.

a)

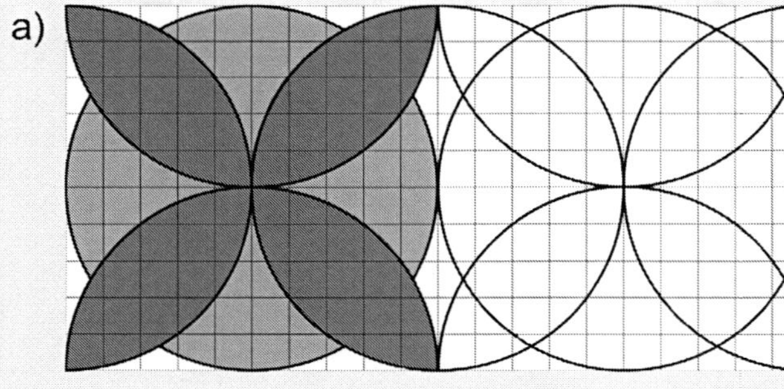

b)

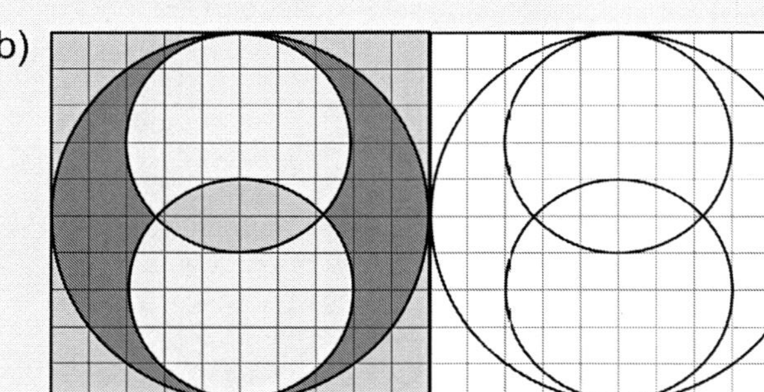

AUFGABE 2

Übertrage das Muster in die freien Felder und male dein Bild farbig aus.

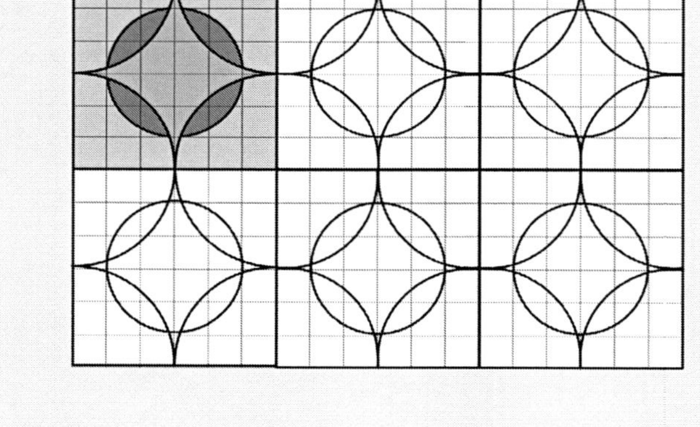

Lösungen Übungsaufgaben II

AUFGABE 3

Führe die folgenden Anweisungen in deinem Heft aus.

1) Lege einen Mittelpunkt fest. M ×
2) Zeichne einen Kreis mit einem Radius von 6 cm.
3) Teile den Durchmesser in zwölf gleiche Abschnitte ein (1 cm).
4) Zeichne um jeden der elf Punkte Kreise, deren Radien sich jeweils um 1 cm vergrößern.

Zeichnungen im Maßstab 1 : 2

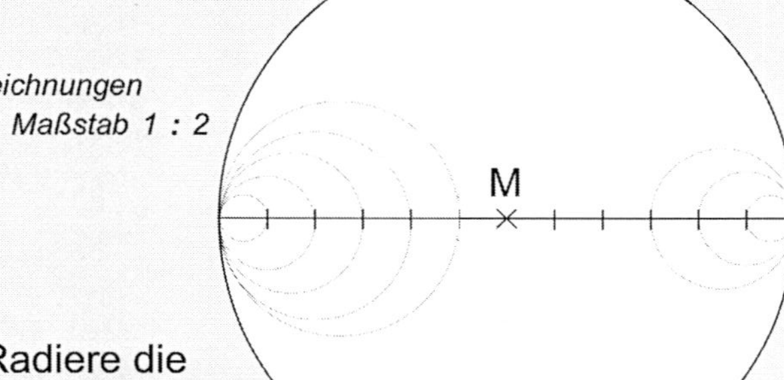

5) Radiere die Markierungen aus.

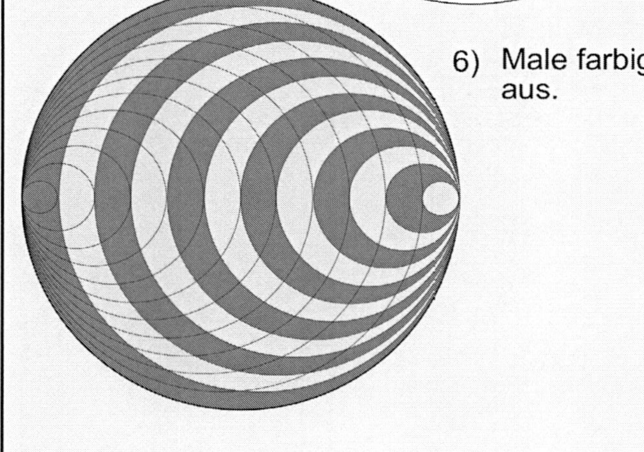

6) Male farbig aus.

Dino T. Saurus´ Mathe-Flyer

zum Üben und Wiederholen in der Grundschule

65

Kreis und Kreismuster

Der Kreis gehört zu den ebenen Figuren, auch wenn er keine sichtbaren Ecken hat.

Alle Punkte auf einem Kreis haben denselben Abstand r vom Mittelpunkt M des Kreises. Diesen Abstand r nennt man Radius. Verdoppelt man den Radius, so erhält man den Durchmesser d.

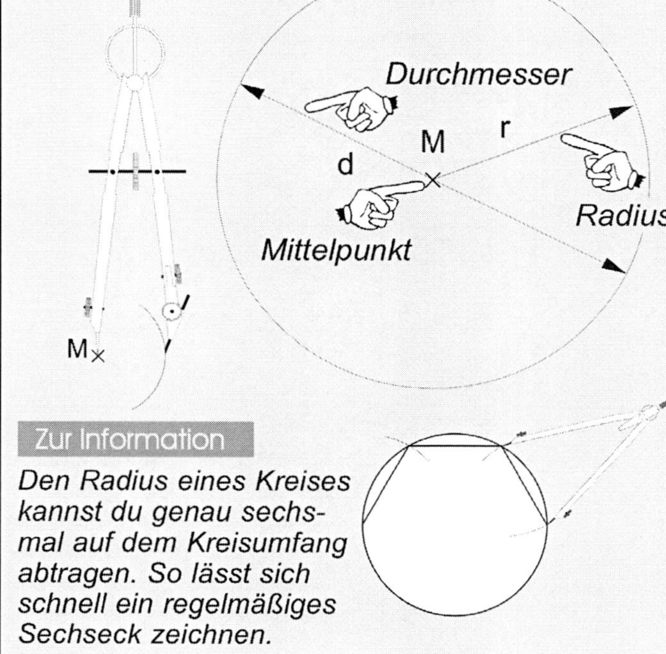

M×

Zur Information

Den Radius eines Kreises kannst du genau sechsmal auf dem Kreisumfang abtragen. So lässt sich schnell ein regelmäßiges Sechseck zeichnen.

KOHL VERLAG Täglich Mathe üben! Mathematische Grundlagen – Bestell-Nr. 12 553

Täglich Mathe üben! Mathematische Grundlagen – Bestell-Nr. 12 553

Musteraufgaben

AUFGABE 1

Übertrage das Muster in die freien Felder und male dein Bild farbig aus.

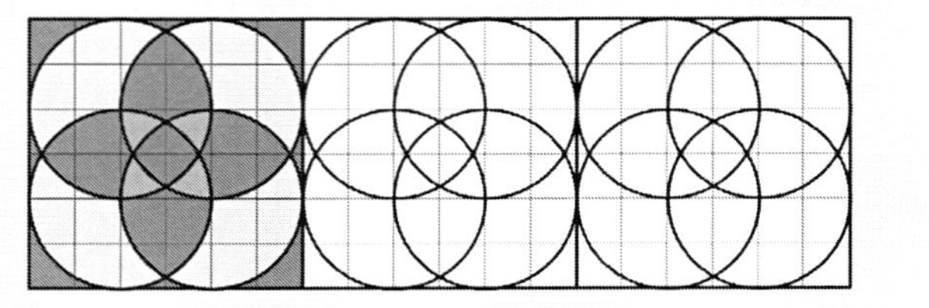

AUFGABE 2

Führe die folgenden Anweisungen in deinem Heft aus.

1) Lege einen Mittelpunkt fest. M ×
2) Zeichne um diesen Mittelpunkt Kreise mit beliebigem Radius.
3) Zeichne mindestens zehnmal den Durchmesser ein.
4) Male farbig aus.

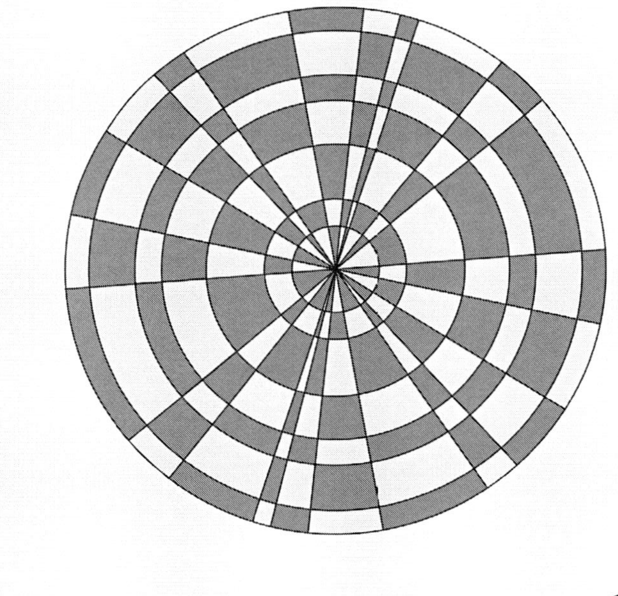

Übungsaufgaben I

AUFGABE 1

Übertrage das Kreismuster in das freie Feld und male dein Bild farbig aus.

a)

b)

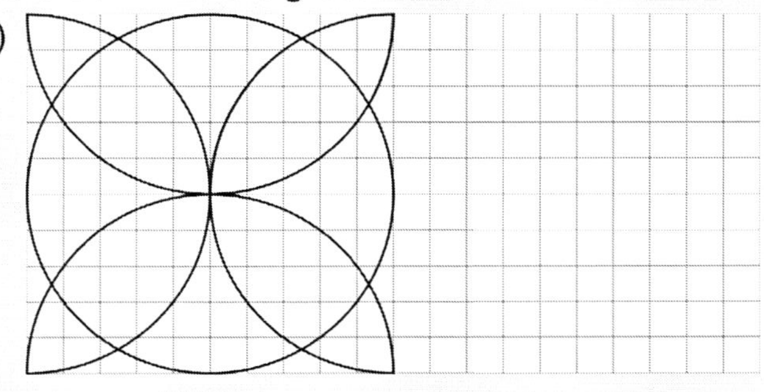

AUFGABE 2

Übertrage das Muster in die freien Felder und male dein Bild farbig aus.

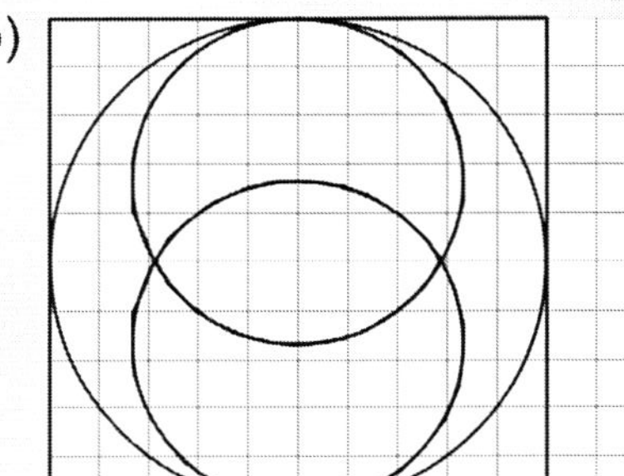

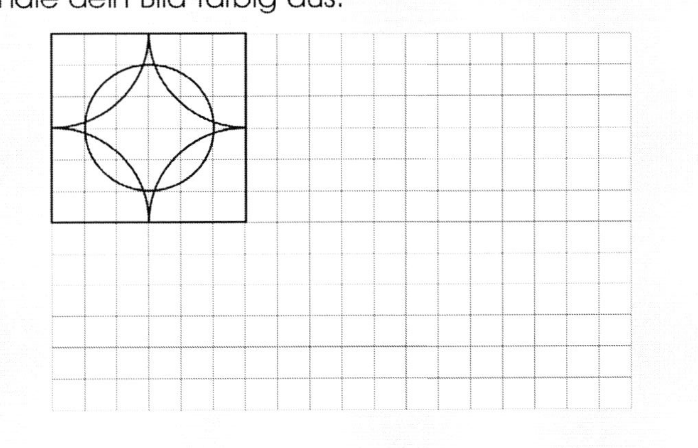

Übungsaufgaben II

AUFGABE 3

Führe die folgenden Anweisungen in deinem Heft aus.

1) Lege einen Mittelpunkt fest. M ×
2) Zeichne einen Kreis mit einem Radius von 6 cm.
3) Teile den Durchmesser in zwölf gleiche Abschnitte ein (1 cm).
4) Zeichne um jeden der elf Punkte Kreise, deren Radien sich jeweils um 1 cm vergrößern.

Zeichnungen im Maßstab 1 : 2

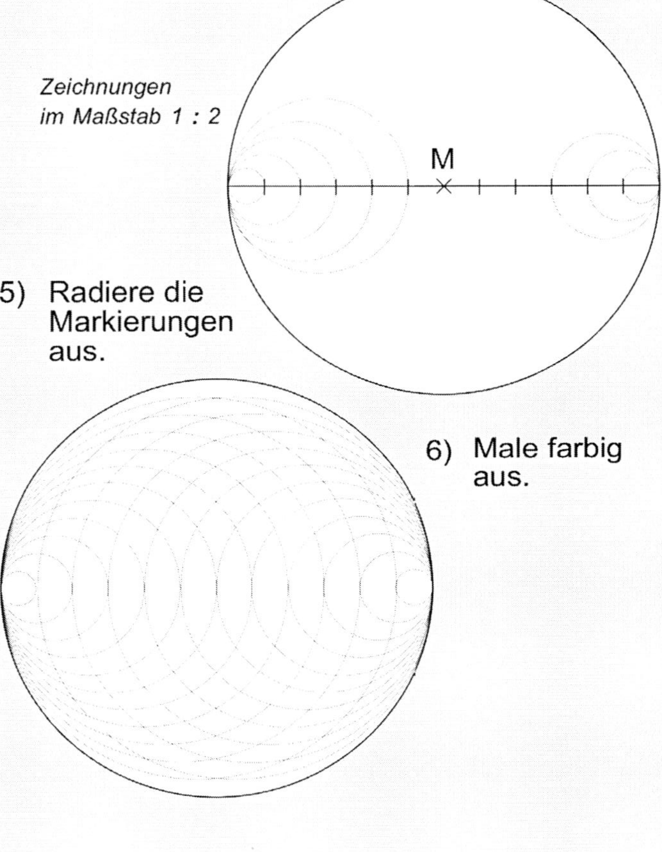

5) Radiere die Markierungen aus.
6) Male farbig aus.

Lösungen Übungsaufgaben I

AUFGABE 1

Wie viele Würfel brauchst du für diesen Körper?

26 Würfel

AUFGABE 2

Wie sieht der Bauplan dieses Würfelbaus aus?

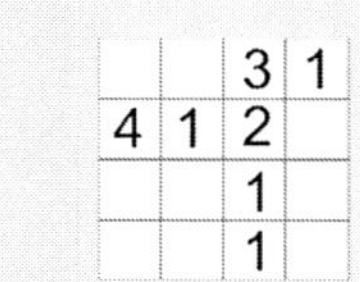

		3	1
4	1	2	
		1	
		1	

AUFGABE 3

Wie sieht der Bauplan aus?

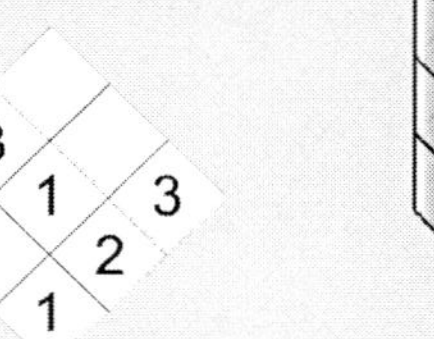

AUFGABE 4

Welcher Bauplan passt?

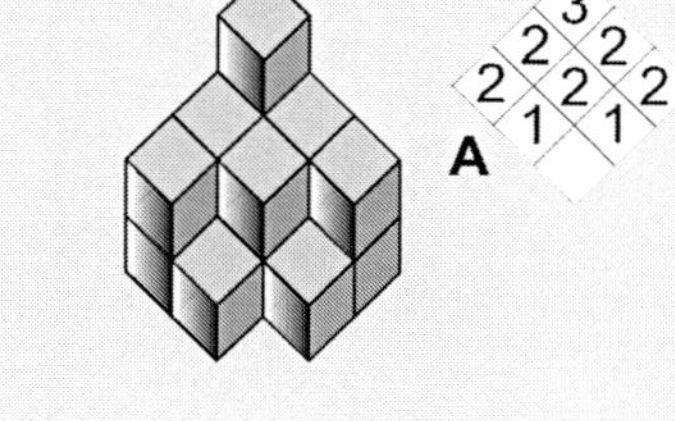

A
3
2 2
2 2 2
1 1

Lösungen Übungsaufgaben II

AUFGABE 5

Wie sieht das Würfelgebäude von rechts gesehen aus?

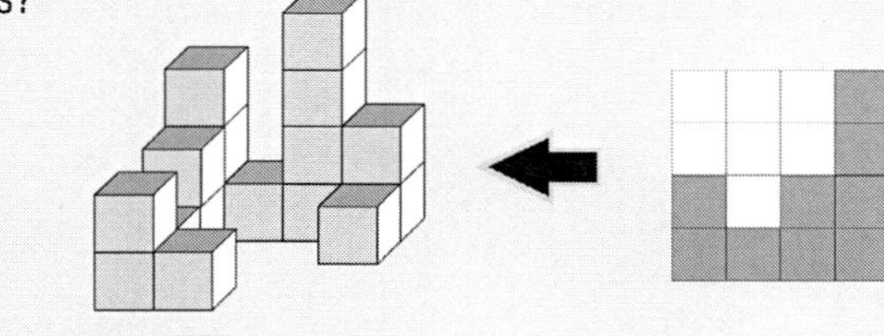

AUFGABE 6

Wie sieht das Würfelgebäude von oben gesehen aus?

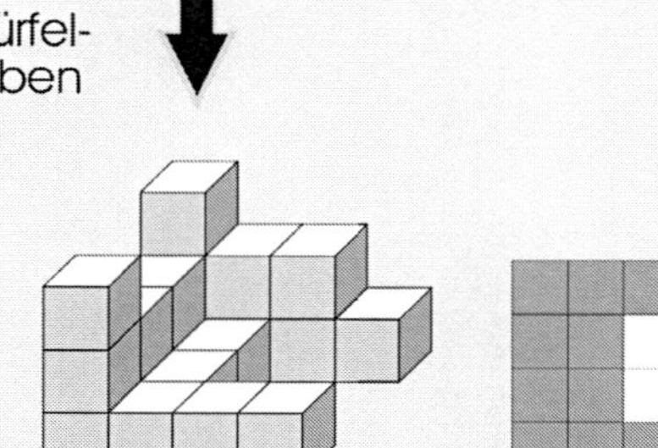

AUFGABE 7

Wie sieht das Würfelgebäude von links gesehen aus?

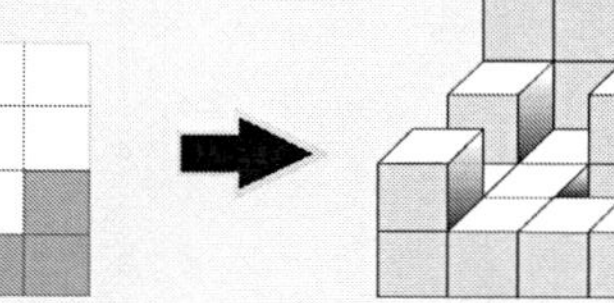

AUFGABE 8

Wie sieht das Würfelgebäude von unten gesehen aus?

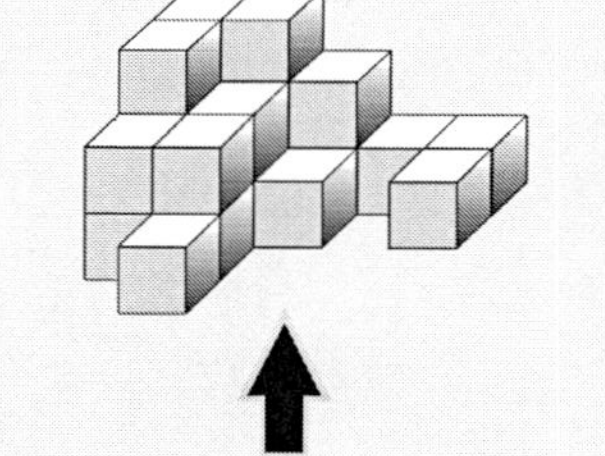

Dino T. Saurus´ Mathe-Flyer

zum Üben und Wiederholen in der Grundschule

67

Bauen mit Würfeln

Würfel mit einer Kantenlänge von 1 cm nennt man Einheitswürfel.

1 cm 1 cm 1 cm **Einheitswürfel**

Mit solchen Einheitswürfeln kannst du bauen, indem du sie zu sogenannten Würfelbauten zusammensetzt. Zu jedem Würfelbau kannst du einen Bauplan erstellen. Er sagt dir, wie viele Würfel an einer Stelle stehen.

Würfelbau

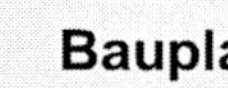

Bauplan

4	2	2	1	
2	1			
2	1			
2	1	1	1	1

Einen Würfelbau kannst du von oben oder von unten, von vorn, von der linken oder rechten Seite aus betrachten. Man sagt, man betrachtet den Würfelbau aus verschiedenen Perspektiven.

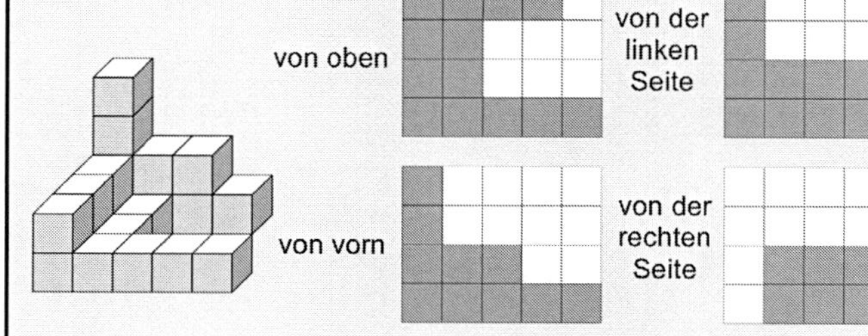

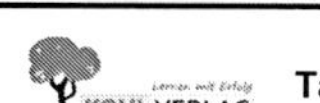

Musteraufgaben

AUFGABE 1

Wie sieht das Würfelgebäude von links gesehen aus?

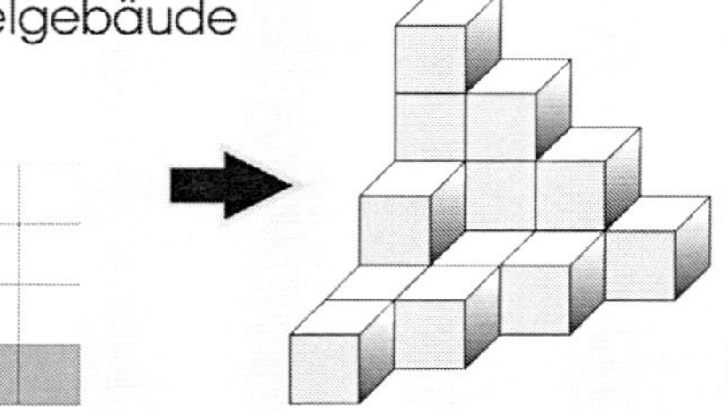

AUFGABE 2

Ergänze den Bauplan!

AUFGABE 3

Wie sieht das Würfelgebäude von oben gesehen aus?

AUFGABE 4

Wie viele Würfel sind es?

a)

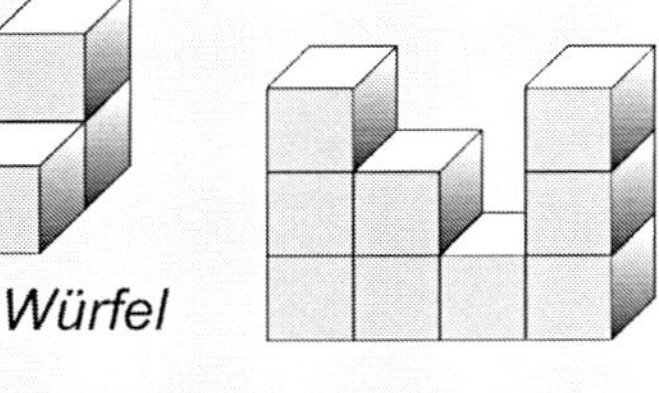

13 Würfel

b)

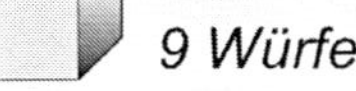

9 Würfel

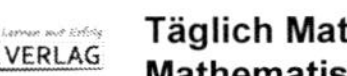

Übungsaufgaben I

AUFGABE 1

Wie viele Würfel brauchst du für diesen Körper?

AUFGABE 2

Wie sieht der Bauplan dieses Würfelbaus aus?

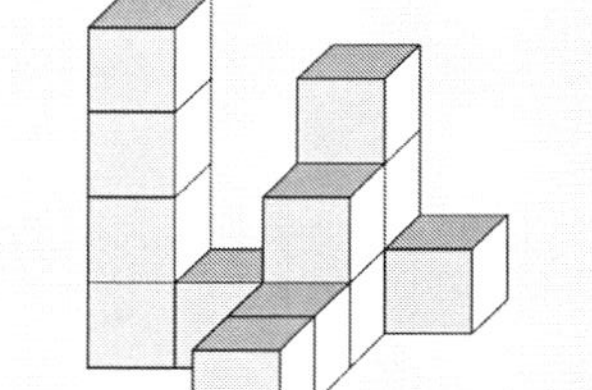

AUFGABE 3

Wie sieht der Bauplan aus?

AUFGABE 4

Welcher Bauplan passt?

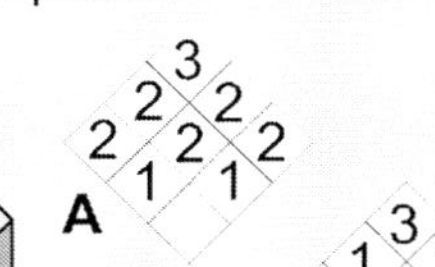

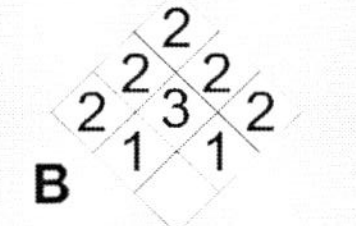

Übungsaufgaben II

AUFGABE 5

Wie sieht das Würfelgebäude von rechts gesehen aus?

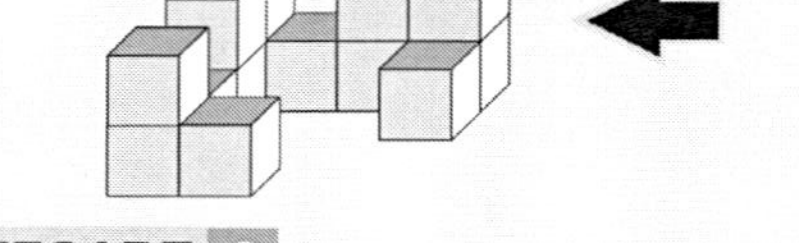

AUFGABE 6

Wie sieht das Würfelgebäude von oben gesehen aus?

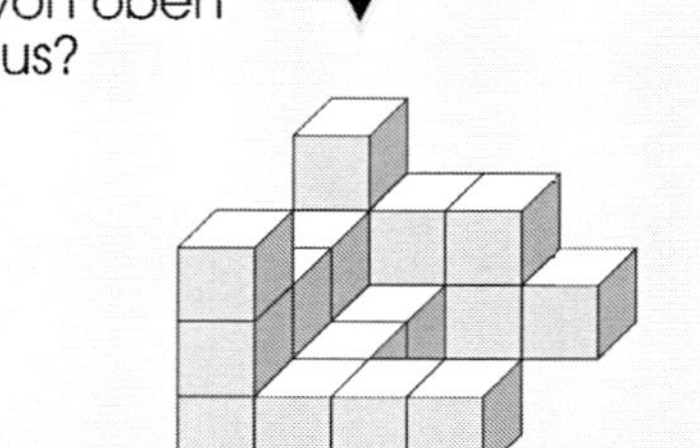

AUFGABE 7

Wie sieht das Würfelgebäude von links gesehen aus?

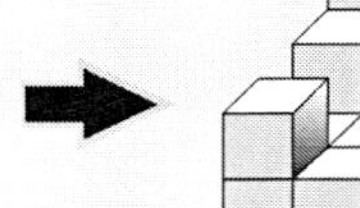

AUFGABE 8

Wie sieht das Würfelgebäude von unten gesehen aus?

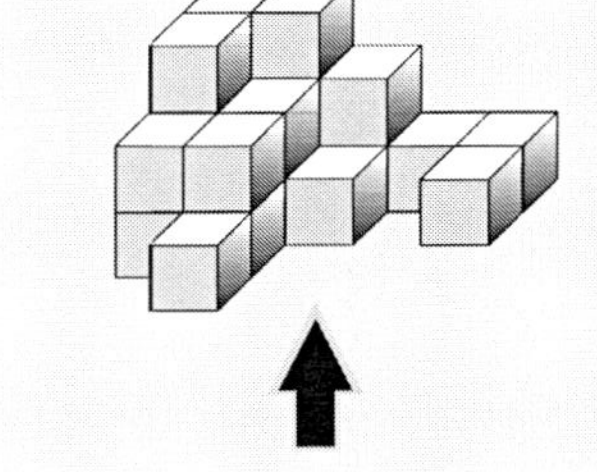

Lösungen Übungsaufgaben I

AUFGABE 1

Wie viele Dreiecke zählst du?

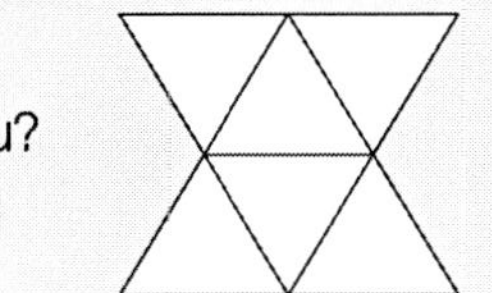

8

AUFGABE 2

Ergänze zu einem Rechteck!

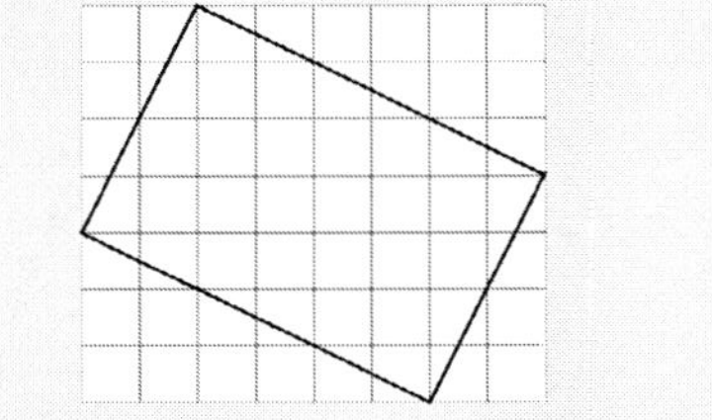

AUFGABE 3

Ergänze zu einem Quadrat!

AUFGABE 4

Die Seitenlänge eines Quadrates beträgt 6 cm. Berechne den Umfang!

Umfang 24 cm

AUFGABE 5

Ist der Umfang der Flächen gleich?

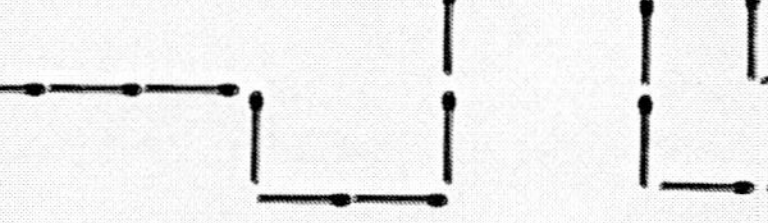

nein

AUFGABE 6

Ergänze zu einem gleichschenkligen Dreieck! Finde mehrere Möglichkeiten!

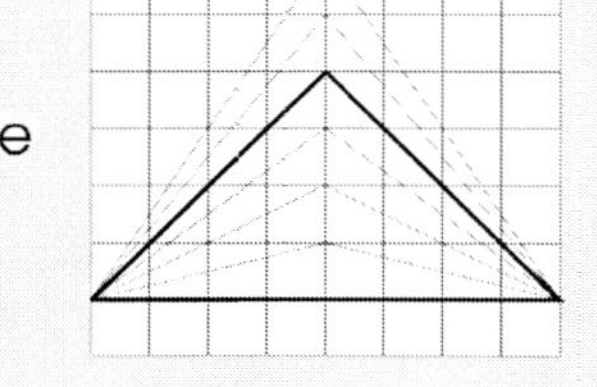

Lösungen Übungsaufgaben II

AUFGABE 7

Ergänze zum regelmäßigen Fünfeck!

AUFGABE 8

Welche ebenen Figuren kannst du entdecken?

Sechseck, Kreis, Rechteck, Dreiecke

AUFGABE 9

Gib den Umfang des regelmäßigen Sechsecks an!

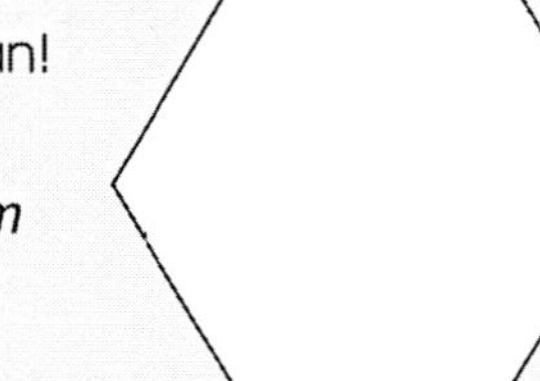

Umfang 18 cm

AUFGABE 10

Kannst du vier Streichhölzer so umlegen, dass zwei Quadrate entstehen?

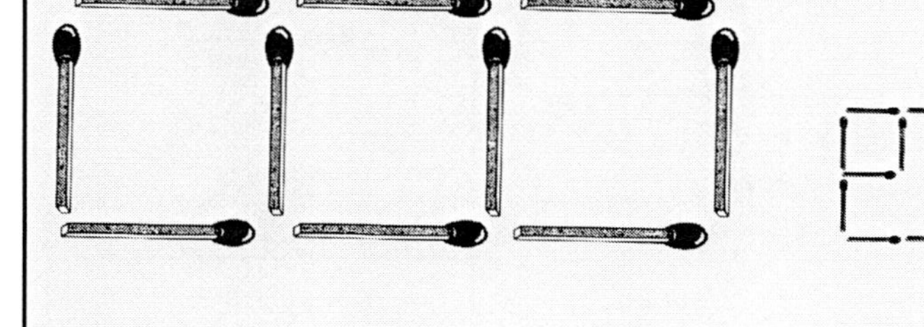

Dino T. Saurus´ Mathe-Flyer

zum Üben und Wiederholen in der Grundschule

69

Ebene Figuren

Ebene Figuren bestehen aus einer Fläche. Sie werden nach der Anzahl ihrer Ecken benannt.

Viereck Quadrat

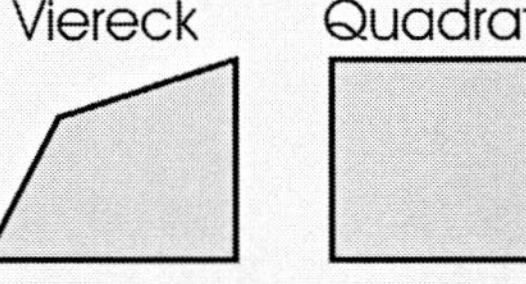

Rechteck

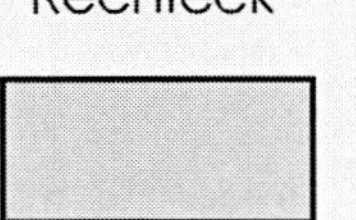

Dreieck

Zur Information

*Jedes Viereck hat vier Ecken und vier Seiten. Ein Viereck mit vier gleich langen Seiten nennt man **Quadrat**. Ein Viereck, bei dem gegenüberliegende Seiten gleich lang sind, nennt man **Rechteck**.*

Fünfeck Sechseck Achteck Kreis

(gehört zu den ebenen Figuren, auch wenn er keine sichtbaren Ecken hat)

Besondere Dreiecke

Gleichseitiges Dreieck

Gleichschenkliges Dreieck

Rechtwinkliges Dreieck

Zur Information

Bei ebenen Figuren (außer beim Kreis) kann man den Umfang berechnen. Dafür werden alle Seitenlängen der Figur addiert.

Musteraufgaben

AUFGABE 1

Wie viele Dreiecke kannst du zählen?

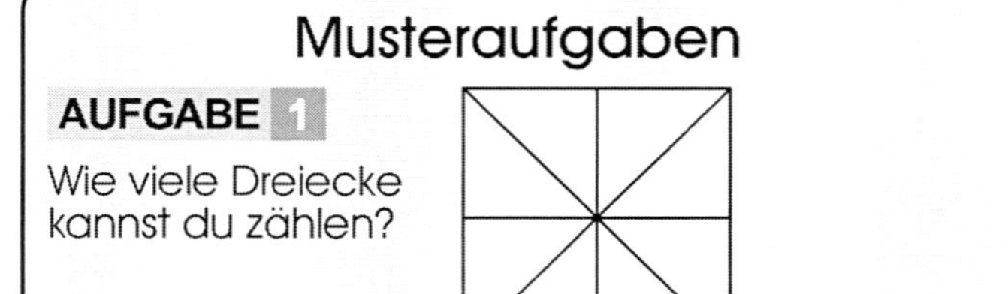

16 Dreiecke

AUFGABE 2

Welche ebenen Figuren kannst du erkennen?

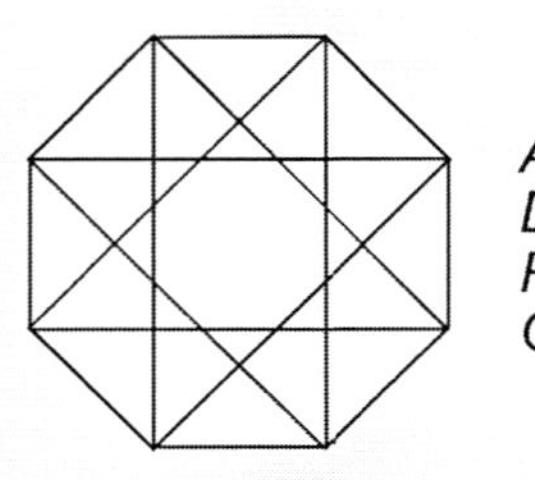

Achteck
Dreieck
Rechteck
Quadrat

AUFGABE 3

Haben alle Figuren den gleichen Umfang?

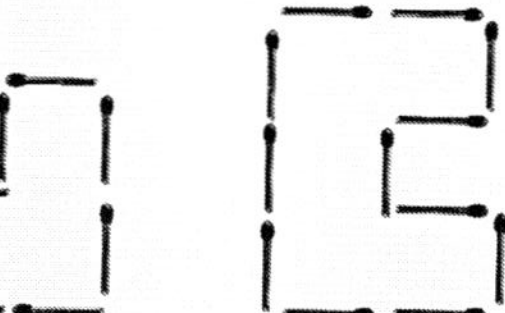

ja

AUFGABE 4

Zeichne ein regelmäßiges Sechseck!

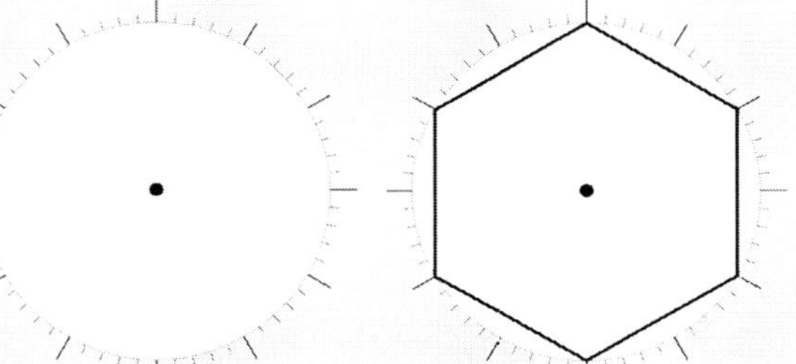

AUFGABE 5

Lege zwei Streichhölzer so um, dass 5 gleich große Quadrate entstehen!

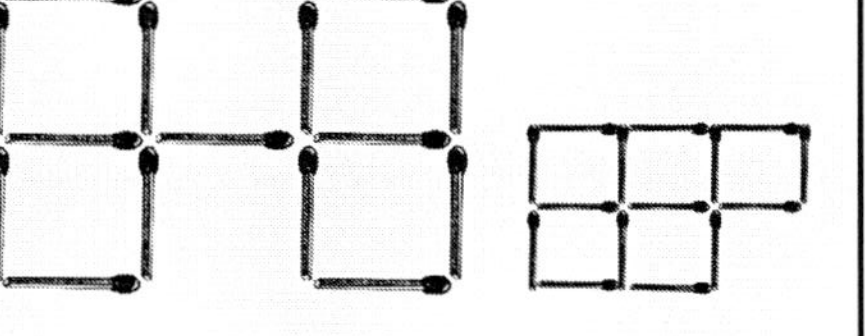

Übungsaufgaben I

AUFGABE 1

Wie viele Dreiecke zählst du?

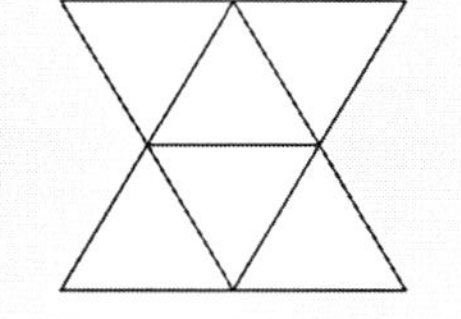

AUFGABE 2

Ergänze zu einem Rechteck!

AUFGABE 3

Ergänze zu einem Quadrat!

AUFGABE 4

Die Seitenlänge eines Quadrates beträgt 6 cm. Berechne den Umfang!

AUFGABE 5

Ist der Umfang der Flächen gleich?

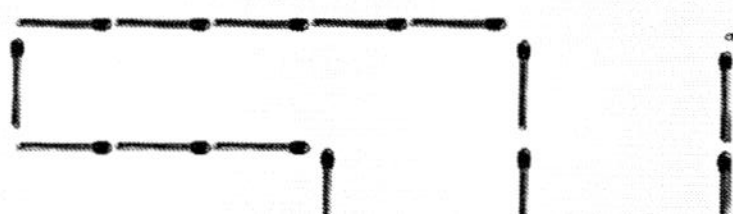

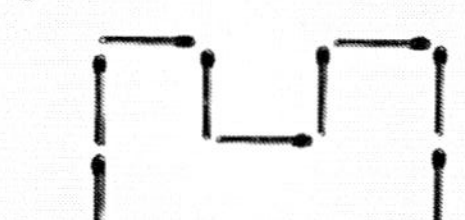

AUFGABE 6

Ergänze zu einem gleichschenkligen Dreieck! Finde mehrere Möglichkeiten!

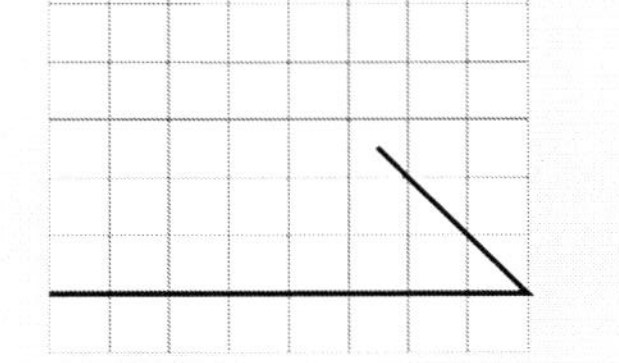

Übungsaufgaben II

AUFGABE 7

Ergänze zum regelmäßigen Fünfeck!

AUFGABE 8

Welche ebenen Figuren kannst du entdecken?

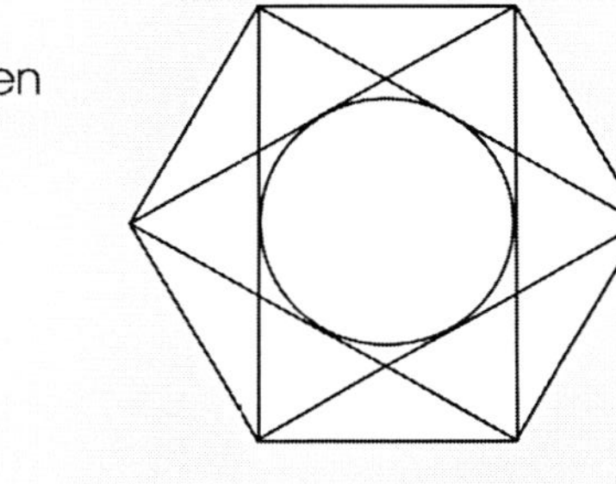

AUFGABE 9

Gib den Umfang des regelmäßigen Sechsecks an!

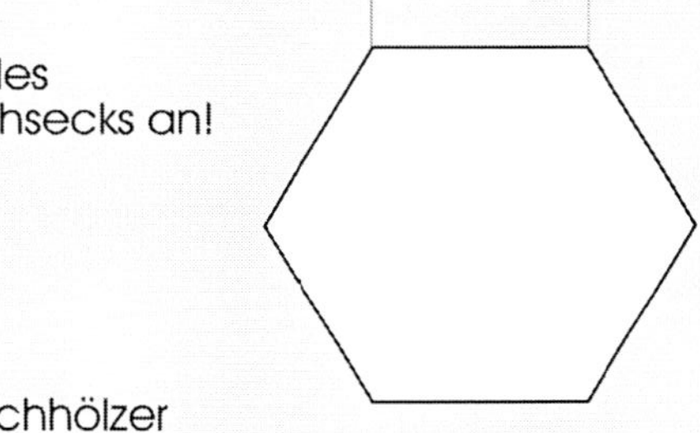

AUFGABE 10

Kannst du vier Streichhölzer so umlegen, dass zwei Quadrate entstehen?

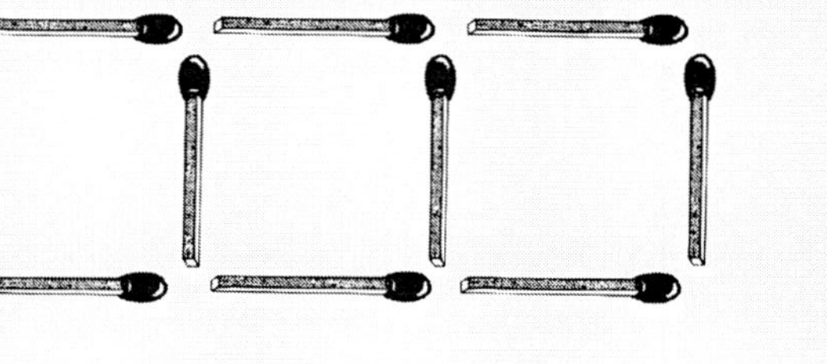

Lösungen Übungsaufgaben I

AUFGABE 1

Wie viele Kanten hat ein Zylinder?

2 Kanten

AUFGABE 2

Wie viele Kanten hat diese Pyramide?

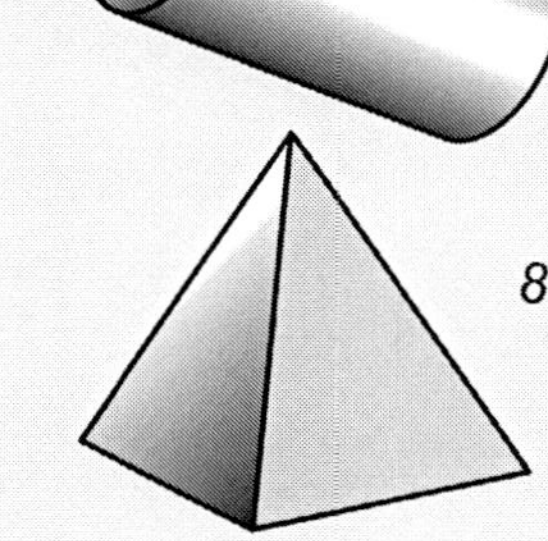

8 Kanten

AUFGABE 3

Ergänze!

Ein Quader besitzt
6 Flächen,
12 Kanten und
8 Ecken.

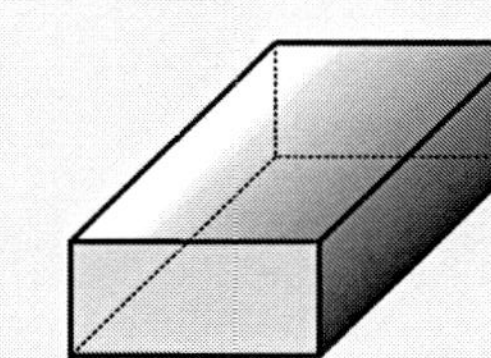

AUFGABE 4

Was siehst du, wenn du diesen Körper von unten betrachtest?

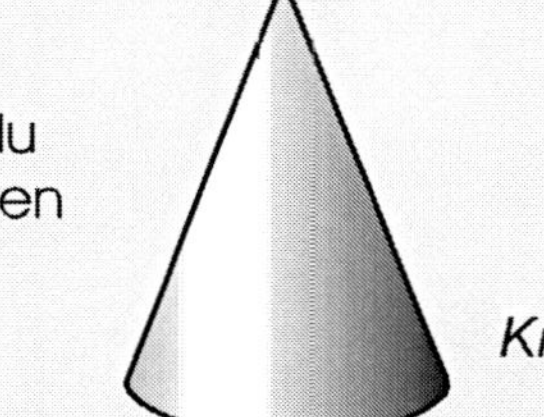

Kreis

AUFGABE 5

Welche Körper können von unten so aussehen?

Pyramide
Würfel
Quader

AUFGABE 6

Welcher Körper hat 2 Flächen, 1 Ecke und 1 Kante?

Kegel

AUFGABE 7

Um welchen Körper geht es? Alle Kanten sind gleich lang?

Würfel

Lösungen Übungsaufgaben II

AUFGABE 8

Wie viele Kanten hat der abgebildete Körper?

12 Kanten

AUFGABE 9

Wie viele cm Draht brauchst du für ein Kantenmodell dieser Pyramide?

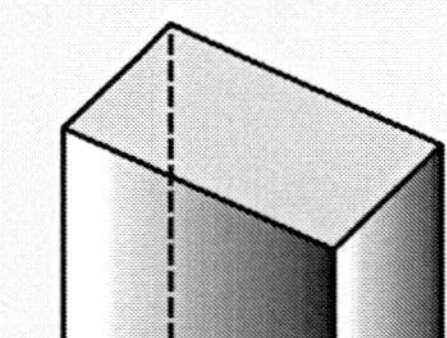

mindestens 60 cm

AUFGABE 10

Welche Körper sehen von der Seite gesehen so aus?

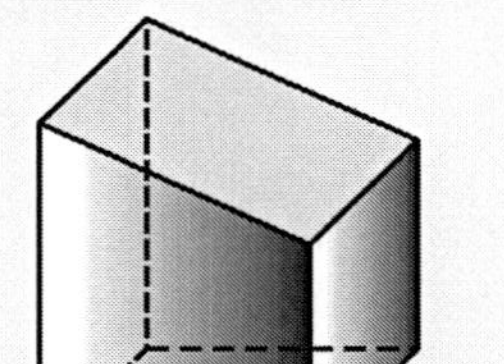

Zylinder, Quader

AUFGABE 11

Aus wie vielen Flächen besteht dieser Körper?

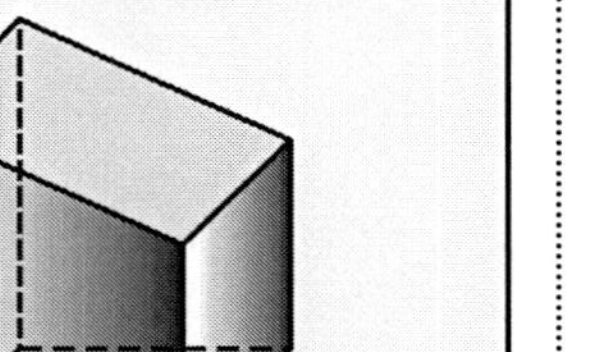

aus einer Fläche

AUFGABE 12

Wie viele Flächen hat dieser Körper?

5 Flächen

Dino T. Saurus´ Mathe-Flyer

zum Üben und Wiederholen in der Grundschule

71

Geometrische Körper

Geometrische Körper sind räumliche Gebilde, die aus mindestens einer Fläche bestehen. Wo zwei Flächen aneinanderstoßen, entsteht eine Kante. Drei aneinanderstoßende Kanten bilden eine Ecke.

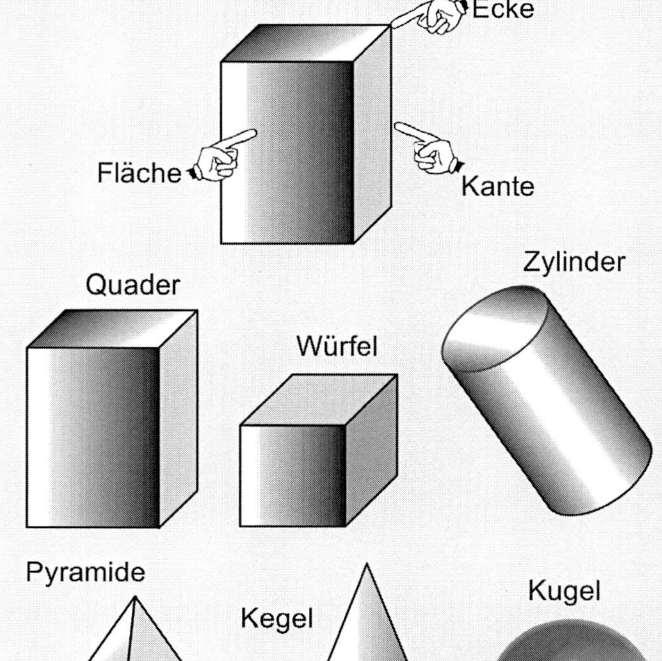

Musteraufgaben

AUFGABE 1

Welche Körper können von oben so aussehen?

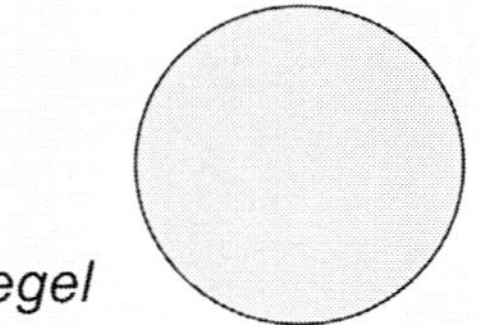

Zylinder, Kegel

AUFGABE 2

Welche Körper sehen von der Seite gesehen so aus?

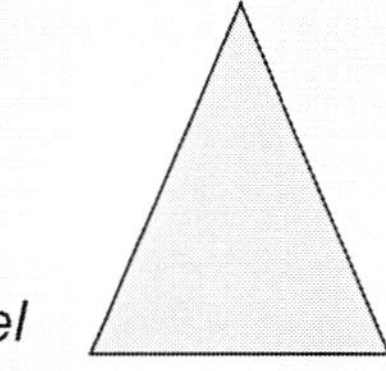

Pyramide, Kegel

AUFGABE 3

Würfel oder Quader?

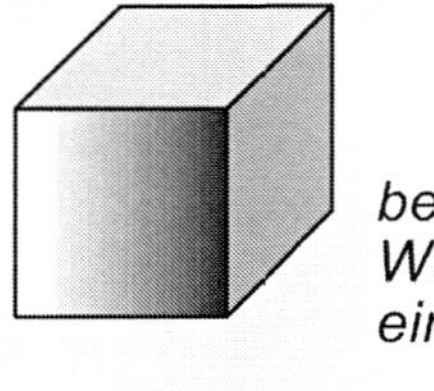

beides, jeder Würfel ist auch ein Quader

AUFGABE 4

Wie viele Ecken hat der abgebildete Körper?

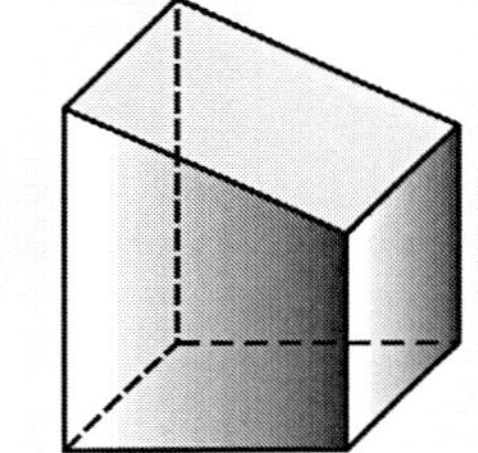

8 Ecken

AUFGABE 5

Richtig oder falsch? Würfel und Quader haben jeweils 12 Kanten.

richtig

AUFGABE 6

Richtig oder falsch? Bei einem Würfel stoßen an jeder Ecke 3 Kanten zusammen.

richtig

Übungsaufgaben I

AUFGABE 1

Wie viele Kanten hat ein Zylinder?

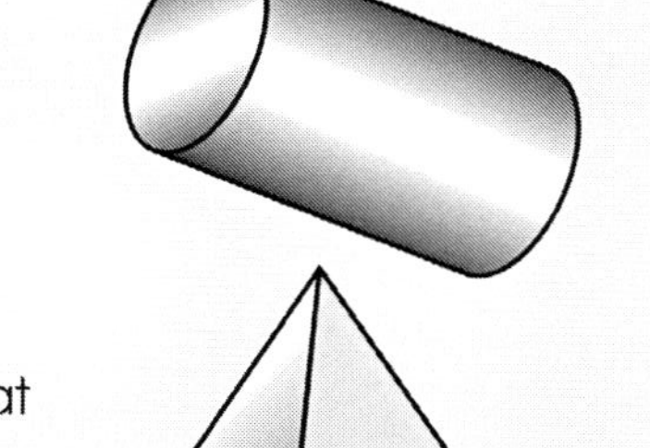

AUFGABE 2

Wie viele Kanten hat diese Pyramide?

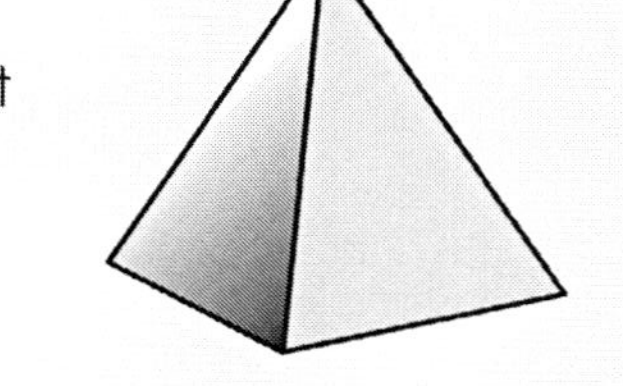

AUFGABE 3

Ergänze!

Ein Quader besitzt
____ Flächen,
____ Kanten und
____ Ecken.

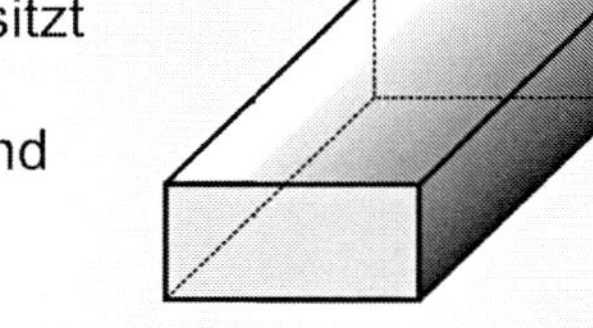

AUFGABE 4

Was siehst du, wenn du diesen Körper von unten betrachtest?

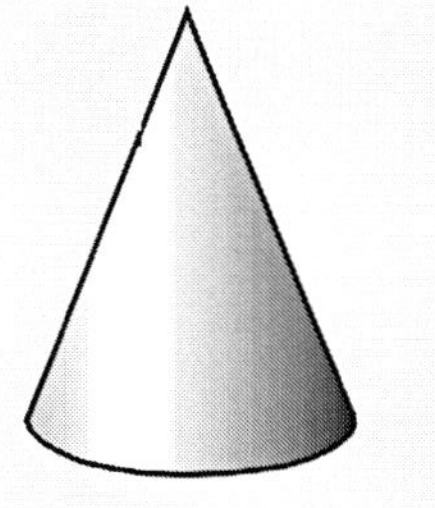

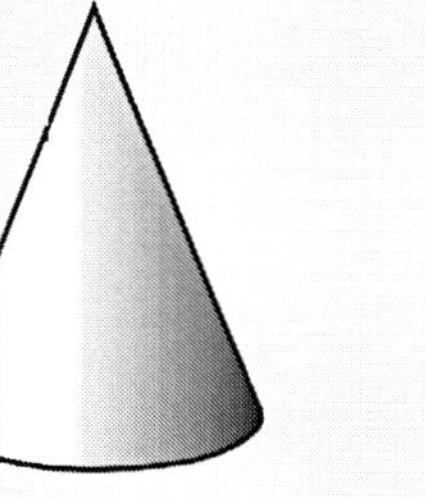

AUFGABE 5

Welche Körper können von unten so aussehen?

AUFGABE 6

Welcher Körper hat 2 Flächen, 1 Ecke und 1 Kante?

AUFGABE 7

Um welchen Körper geht es? Alle Kanten sind gleich lang?

Übungsaufgaben II

AUFGABE 8

Wie viele Kanten hat der abgebildete Körper?

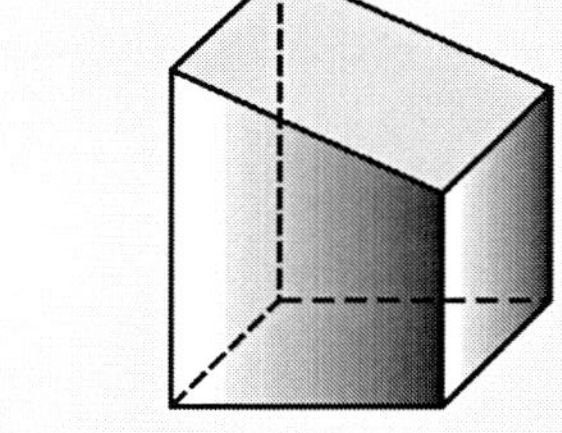

AUFGABE 9

Wie viele cm Draht brauchst du für ein Kantenmodell dieser Pyramide?

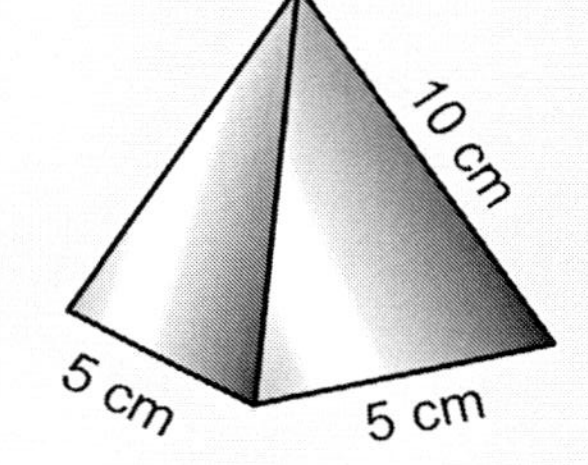

AUFGABE 10

Welche Körper sehen von der Seite gesehen so aus?

AUFGABE 11

Aus wie vielen Flächen besteht dieser Körper?

AUFGABE 12

Wie viele Flächen hat dieser Körper?

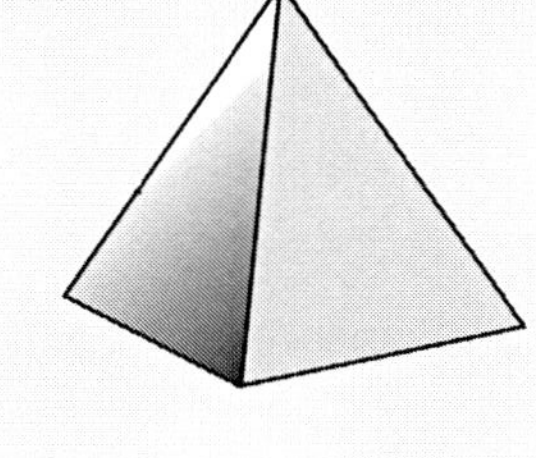

Lösungen Übungsaufgaben I

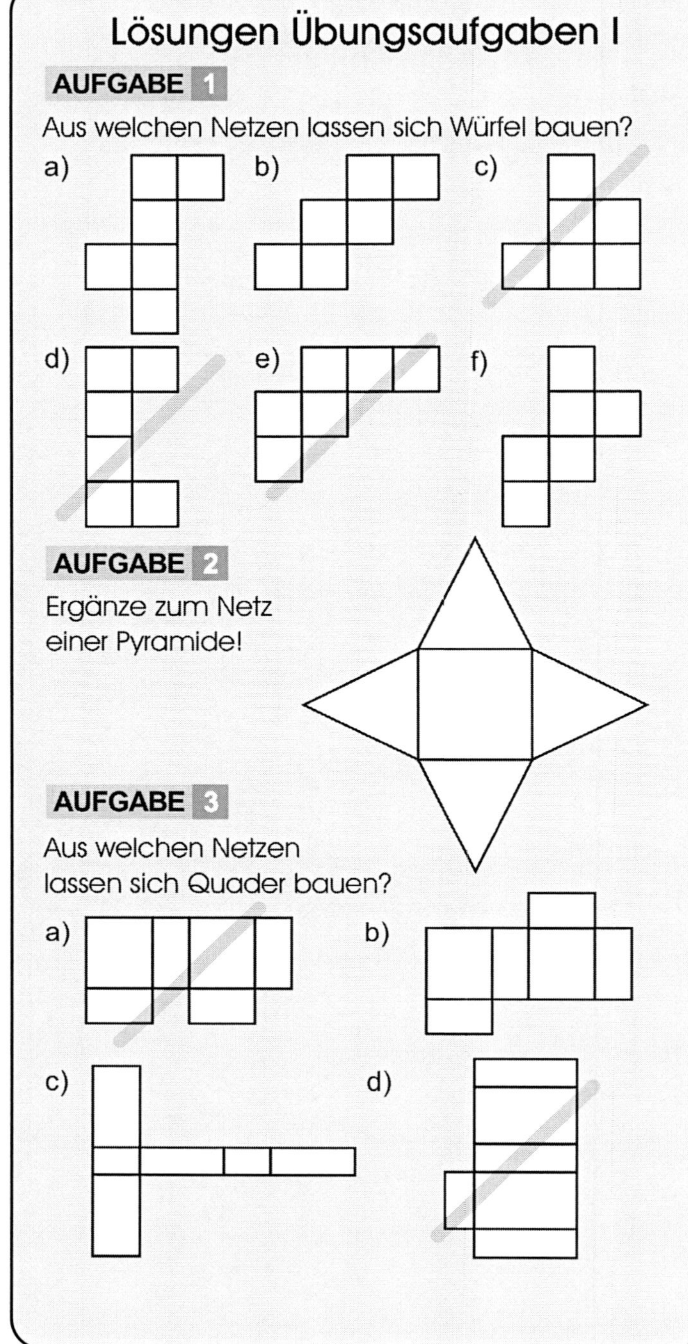

AUFGABE 1

Aus welchen Netzen lassen sich Würfel bauen?

a) b) c) d) e) f)

AUFGABE 2

Ergänze zum Netz einer Pyramide!

AUFGABE 3

Aus welchen Netzen lassen sich Quader bauen?

a) b) c) d)

Lösungen Übungsaufgaben II

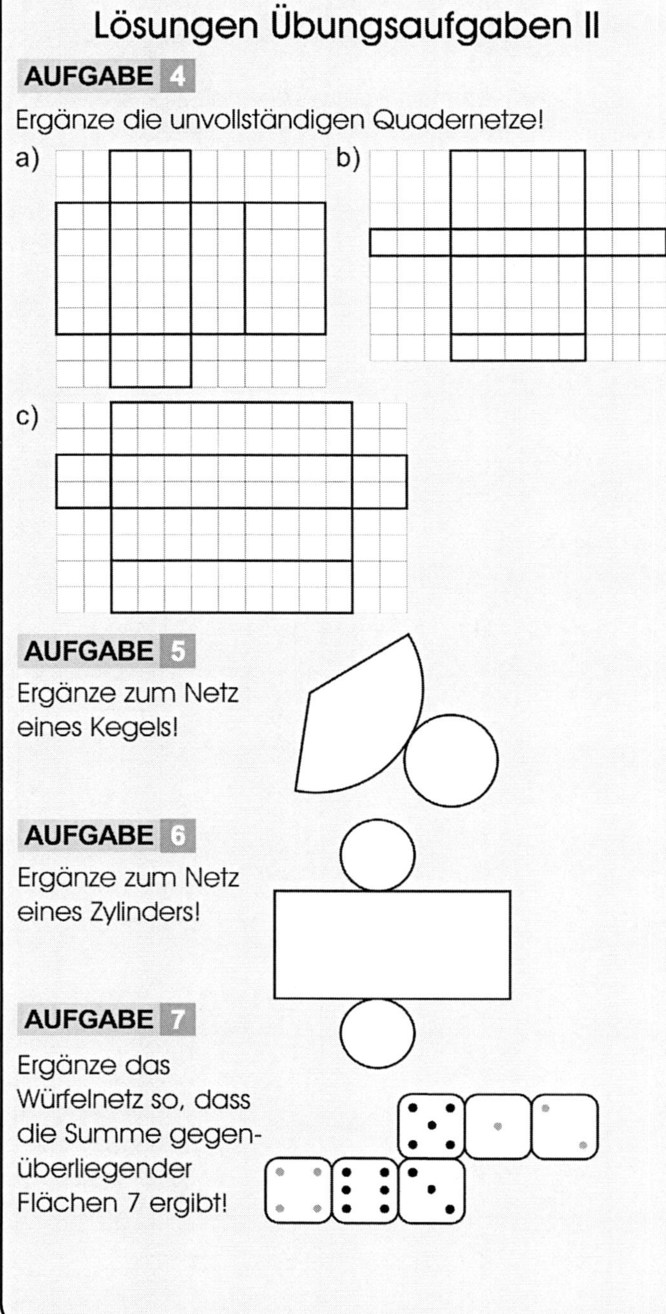

AUFGABE 4

Ergänze die unvollständigen Quadernetze!

a) b) c)

AUFGABE 5

Ergänze zum Netz eines Kegels!

AUFGABE 6

Ergänze zum Netz eines Zylinders!

AUFGABE 7

Ergänze das Würfelnetz so, dass die Summe gegenüberliegender Flächen 7 ergibt!

Dino T. Saurus´ Mathe-Flyer

zum Üben und Wiederholen in der Grundschule

73

Körpernetze

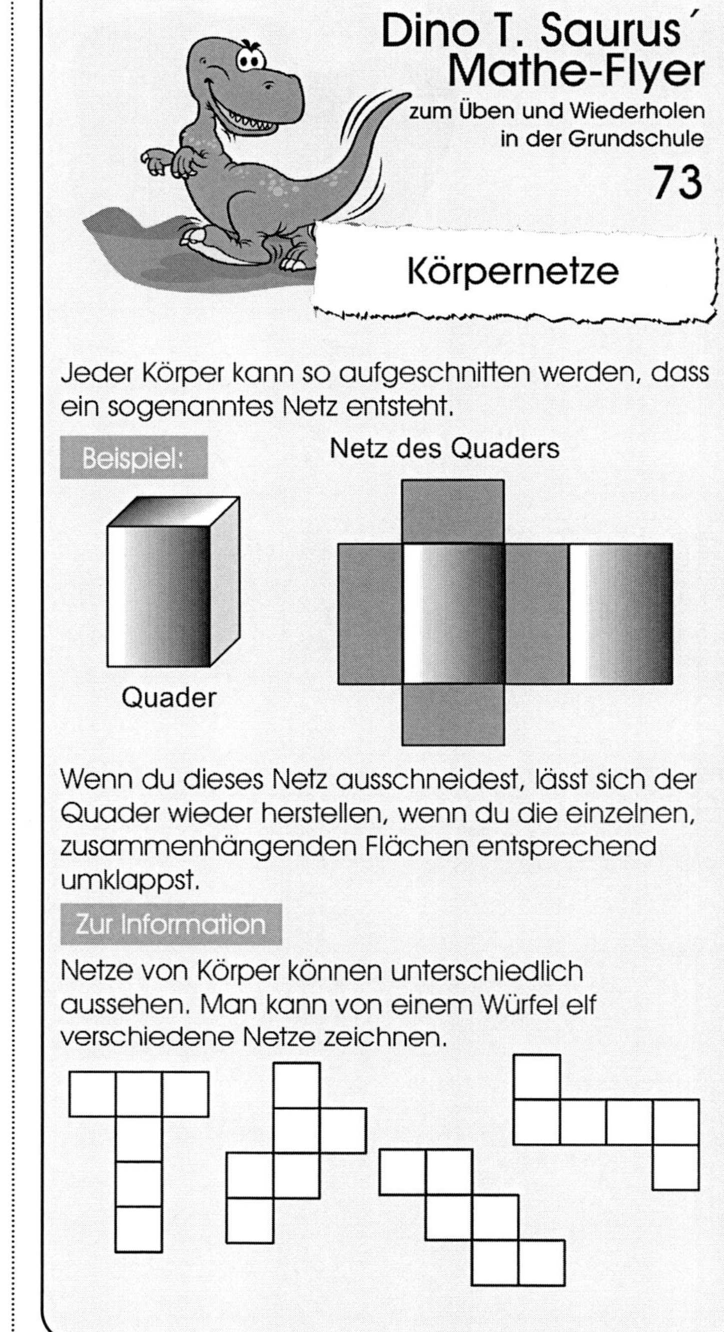

Jeder Körper kann so aufgeschnitten werden, dass ein sogenanntes Netz entsteht.

Beispiel:

Quader — Netz des Quaders

Wenn du dieses Netz ausschneidest, lässt sich der Quader wieder herstellen, wenn du die einzelnen, zusammenhängenden Flächen entsprechend umklappst.

Zur Information

Netze von Körper können unterschiedlich aussehen. Man kann von einem Würfel elf verschiedene Netze zeichnen.

Musteraufgaben

AUFGABE 1
Ergänze zum Netz eines Würfels!

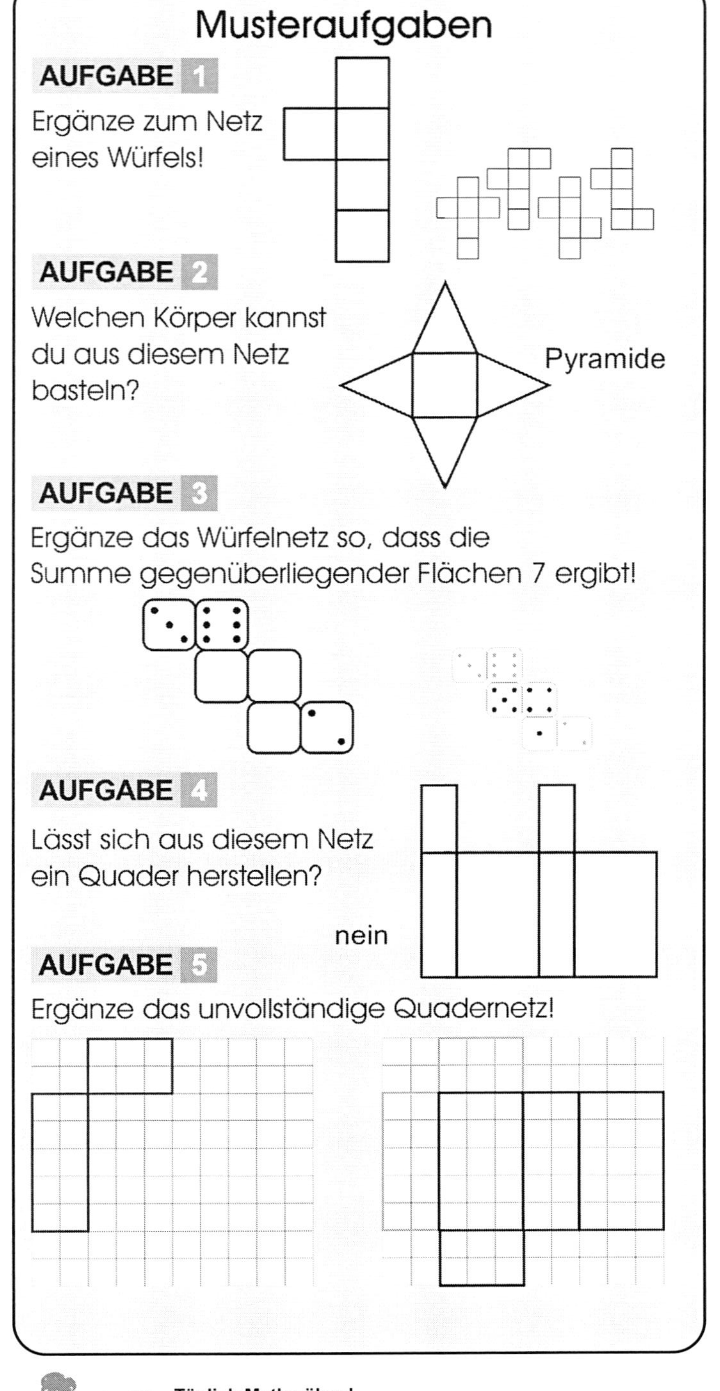

AUFGABE 2
Welchen Körper kannst du aus diesem Netz basteln?

Pyramide

AUFGABE 3
Ergänze das Würfelnetz so, dass die Summe gegenüberliegender Flächen 7 ergibt!

AUFGABE 4
Lässt sich aus diesem Netz ein Quader herstellen?

nein

AUFGABE 5
Ergänze das unvollständige Quadernetz!

Übungsaufgaben I

AUFGABE 1
Aus welchen Netzen lassen sich Würfel bauen?

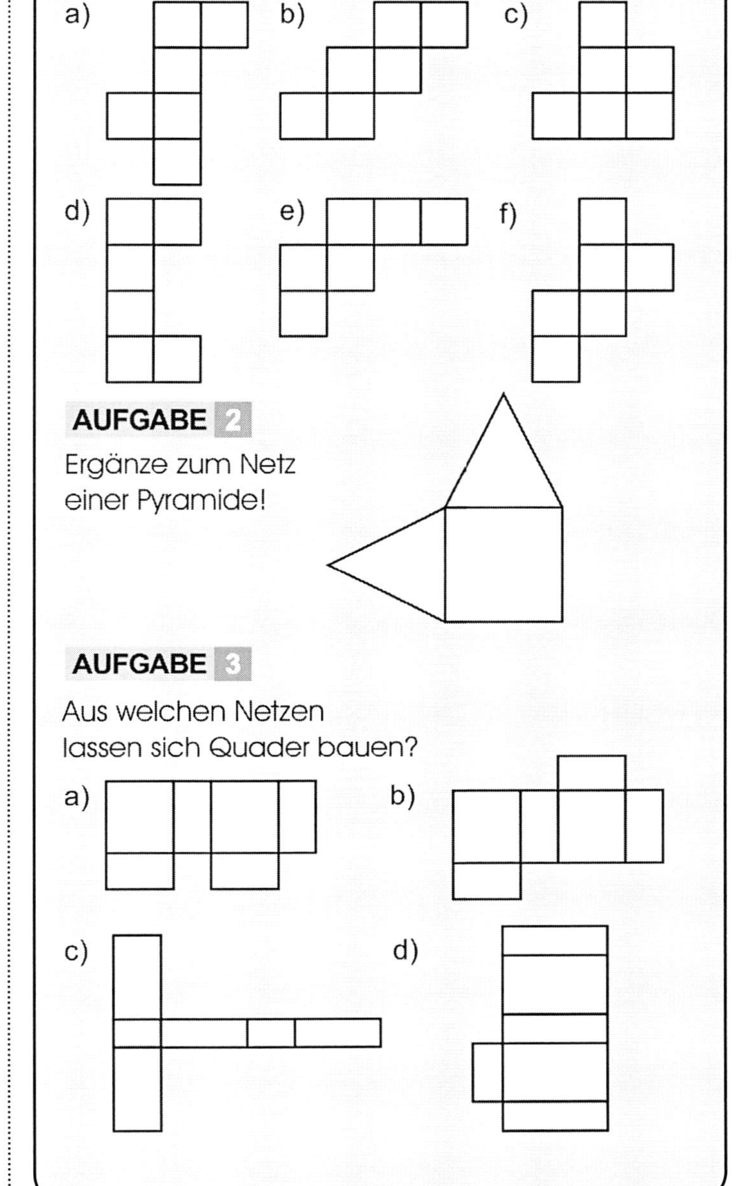

AUFGABE 2
Ergänze zum Netz einer Pyramide!

AUFGABE 3
Aus welchen Netzen lassen sich Quader bauen?

a) b) c) d)

Übungsaufgaben II

AUFGABE 4
Ergänze die unvollständigen Quadernetze!

a) b) c)

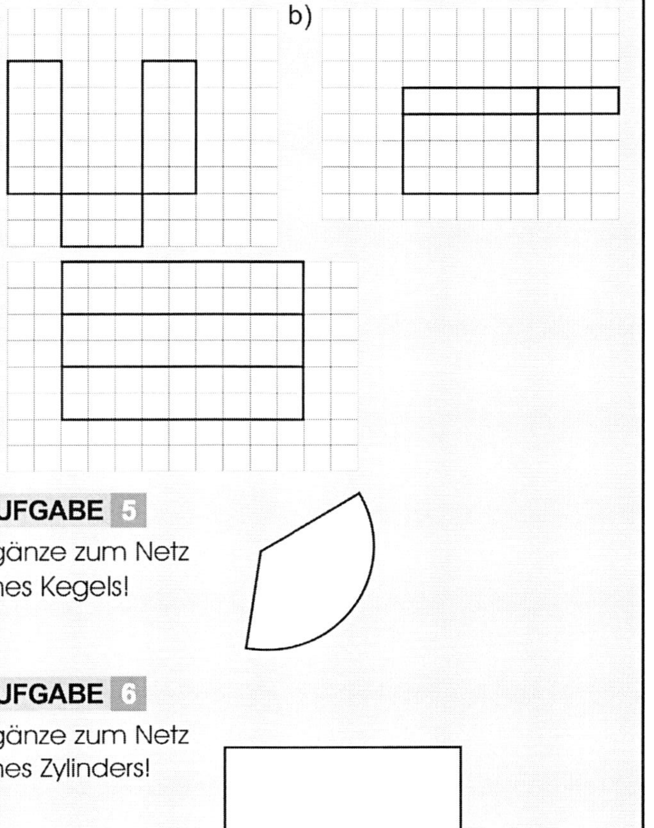

AUFGABE 5
Ergänze zum Netz eines Kegels!

AUFGABE 6
Ergänze zum Netz eines Zylinders!

AUFGABE 7
Ergänze das Würfelnetz so, dass die Summe gegenüberliegender Flächen 7 ergibt!

Lösungen Übungsaufgaben I

AUFGABE 1

Das Modell eines Autos wurde im Maßstab 1 : 50 erstellt und ist 7 cm lang. Wie lang ist das Auto in Wirklichkeit?

1 cm im Modell ≙ 50 cm in Wirklichkeit
7 cm im Modell ≙ 350 cm in Wirklichkeit
Das Auto ist 3,50 m lang.

AUFGABE 2

Ein Grundstück ist 10 m lang und 4 m breit. Zeichne es im Maßstab 1 : 200!

Maßstab 1 : 200

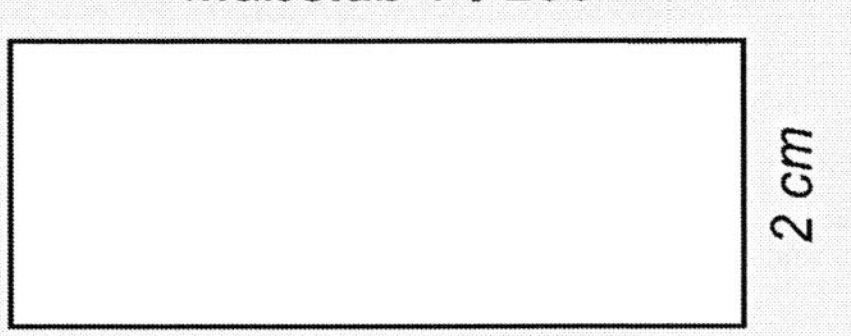

AUFGABE 3

Die Wandertruppe »Stramme Wade« hat auf einer Wanderkarte im Maßstab 1 : 50 000 festgestellt, dass es bis zur nächsten Bushaltestelle noch 8 cm sind.
Welchen Weg müssen sie noch zurücklegen?

8 cm Karte ≙ 400 000 cm in Wirklichkeit (4 km)

AUFGABE 4

Ein Schulhof im Maßstab 1 : 1000 ist 6 cm lang und 3 cm breit. Wie lang und wie breit ist der Schulhof in Wirklichkeit?

1 cm Karte ≙ 1 000 cm in Wirklichkeit (10 m)
Der Schulhof ist 60 m lang und 30 m breit.

Lösungen Übungsaufgaben II

AUFGABE 5

Hier siehst du den Grundriss einer Wohnung im Maßstab 1 : 200. Miss die Längen in der Zeichnung und stelle fest, wie lang und breit die einzelnen Zimmer sind!

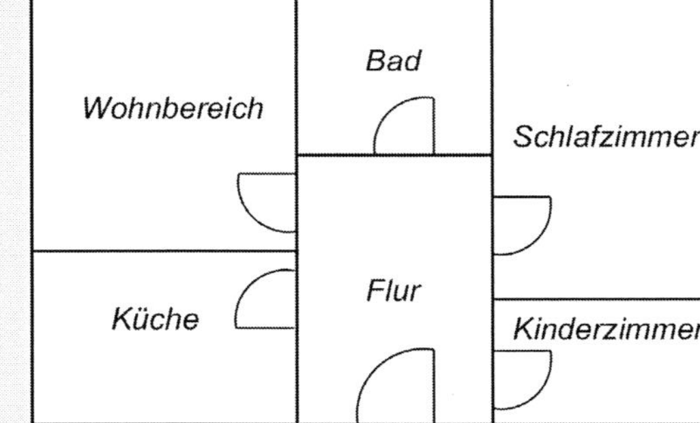

Wohnbereich: *5,40 m x 5,40 m*
Bad: *4,00 m x 3,40 m*
Schlafzimmer: *4,60 m x 6,40 m*
Küche: *5,40 m x 3,60 m*
Flur: *4,00 m x 5,60 m*
Kinderzimmer: *4,60 m x 2,60 m*

AUFGABE 6

Vergrößere die Figur A im Maßstab 2 : 1!

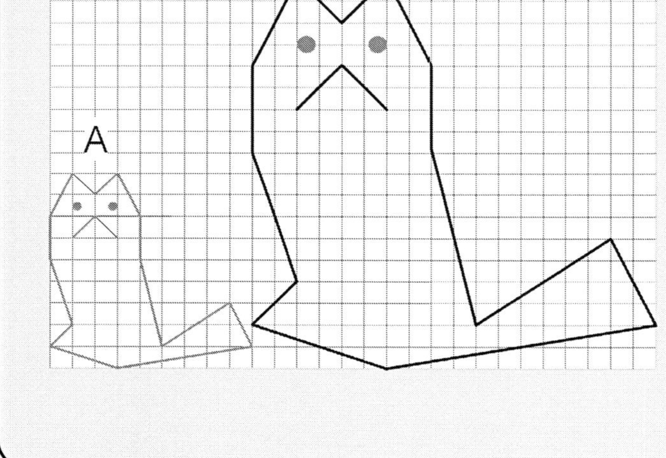

Dino T. Saurus´ Mathe-Flyer

zum Üben und Wiederholen in der Grundschule

75

Maßstab
Vergrößern und Verkleinern

Oftmals müssen Gegenstände verkleinert oder vergrößert dargestellt werden. Straßen- und Wanderkarten werden z. B. verkleinert dargestellt. Dinge, die klein sind, werden vergrößert.

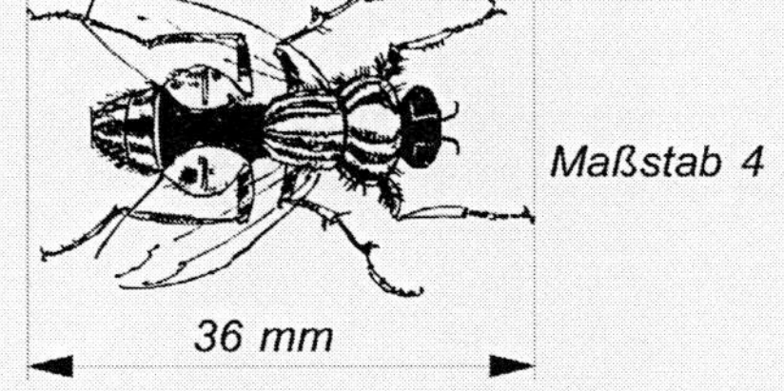

Damit man weiß, wie groß oder wie klein sie in Wirklichkeit sind, gibt man den Maßstab an.
Maßstab 4 : 1 bedeutet, dass die Fliege viermal so klein ist wie gezeichnet. Sie ist also nicht 36 mm lang, sondern nur 9 mm.
Maßstab 4 : 1 bedeutet, dass eine Strecke von 4 cm auf dem Bild in Wirklichkeit nur 1 cm lang ist.

Maßstab 1 : 500 bedeutet, dass eine Strecke von 1 cm auf einer Zeichnung in Wirklichkeit 500 cm (5 m) lang ist. Der Blauwal ist also in Wirklichkeit 2500 cm oder 25 m lang.

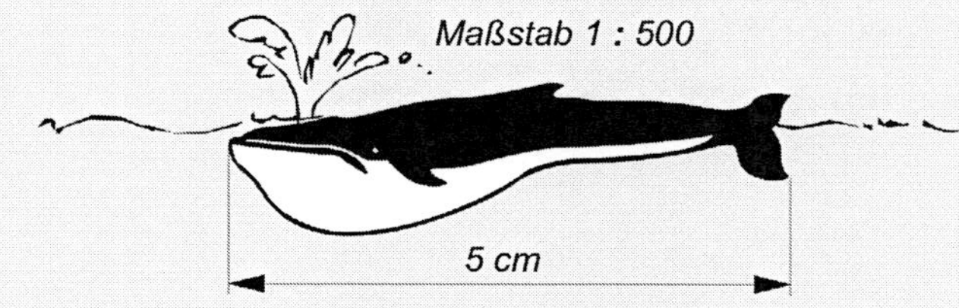

Musteraufgaben

AUFGABE 1

Wie lang sind die Strecken im angegebenen Maßstab in Wirklichkeit?

a) 8 cm (Maßstab 1 : 200) *1600 cm = 16 m*

b) 5 cm (Maßstab 1 : 10000) *50000 cm = 500 m*

c) 3 mm (Maßstab 1 : 25000) *75000 mm = 75 m*

AUFGABE 2

Verkleinere die Figur A im Maßstab 1 : 2!

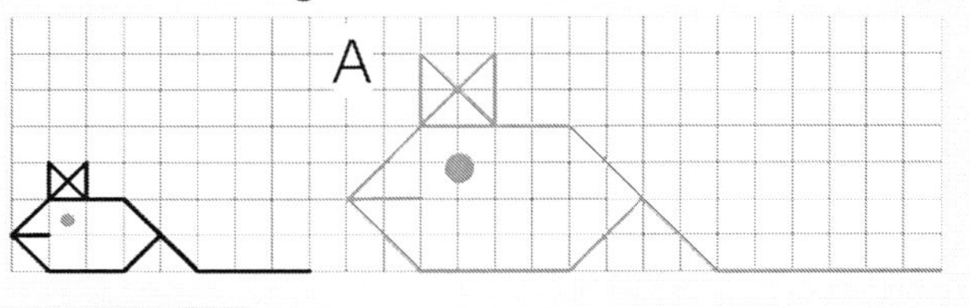

AUFGABE 3

Ein Quadrat hat die Seitenlänge a = 16 cm.
Zeichne das Quadrat im Maßstab 1 : 4!

Maßstab 1 : 4

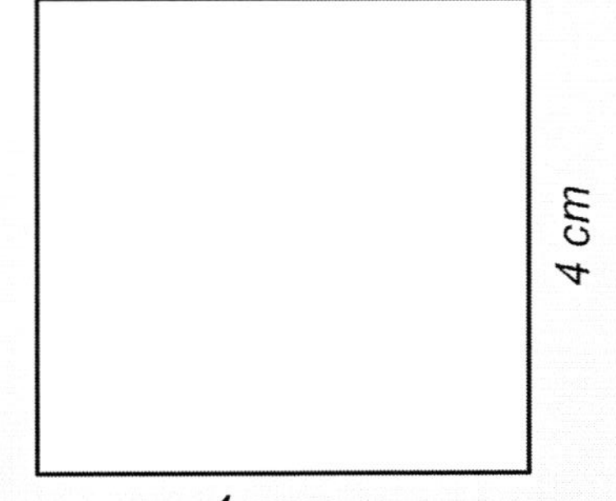

AUFGABE 4

Ermittle den zugehörigen Maßstab!

Zeichnung	Wirklichkeit	Maßstab
8 cm	32 cm	*1 : 4*
5 m	50 cm	*10 : 1*
23 mm	230 m	*1 : 10 000*

Übungsaufgaben I

AUFGABE 1

Das Modell eines Autos wurde im Maßstab 1 : 50 erstellt und ist 7 cm lang. Wie lang ist das Auto in Wirklichkeit?

AUFGABE 2

Ein Grundstück ist 10 m lang und 4 m breit.
Zeichne es im Maßstab 1 : 200!

AUFGABE 3

Die Wandertruppe »Stramme Wade« hat auf einer Wanderkarte im Maßstab 1 : 50 000 festgestellt, dass es bis zur nächsten Bushaltestelle noch 8 cm sind.
Welchen Weg müssen sie noch zurücklegen?

AUFGABE 4

Ein Schulhof im Maßstab 1 : 1000 ist 6 cm lang und 3 cm breit. Wie lang und wie breit ist der Schulhof in Wirklichkeit?

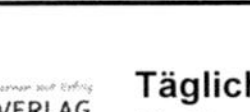

Übungsaufgaben II

AUFGABE 5

Hier siehst du den Grundriss einer Wohnung im Maßstab 1 : 200. Miss die Längen in der Zeichnung und stelle fest, wie lang und breit die einzelnen Zimmer sind!

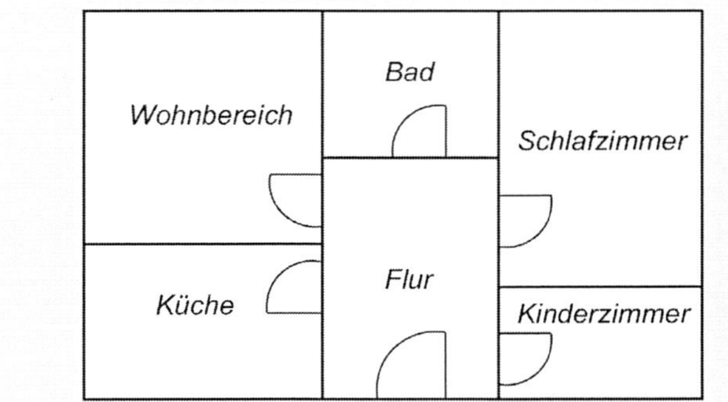

Wohnbereich:
Bad:
Schlafzimmer:
Küche:
Flur:
Kinderzimmer:

AUFGABE 6

Vergrößere die Figur A im Maßstab 2 : 1!

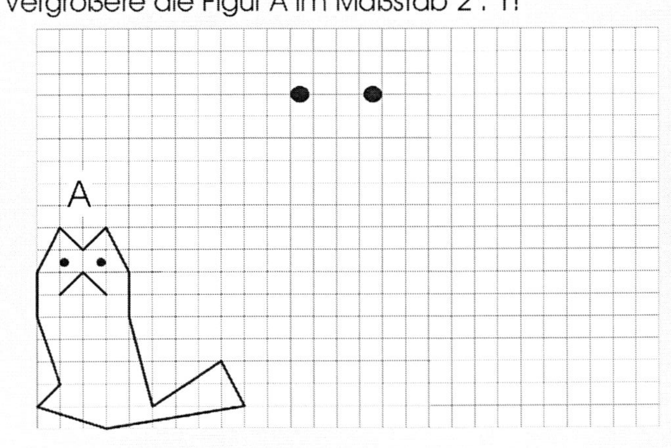

Lösungen Übungsaufgaben I

AUFGABE 1

Zeichne eine Gerade g, die

a) weder durch A noch durch B verläuft!
b) durch A, aber nicht durch B verläuft!
c) durch A und durch B verläuft!

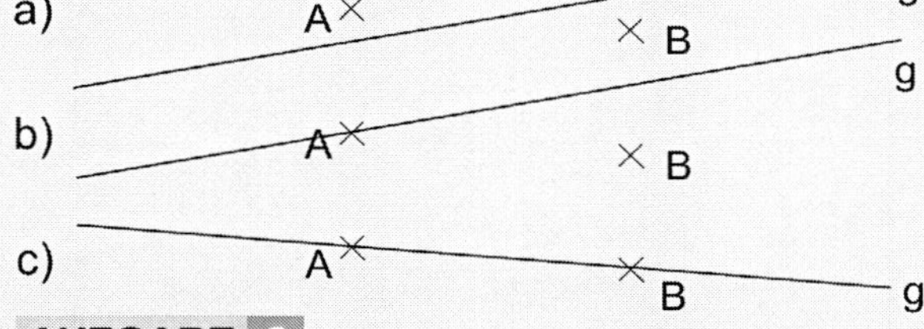

AUFGABE 2

Was sind in diesem Wort Strecken, was sind Geraden?

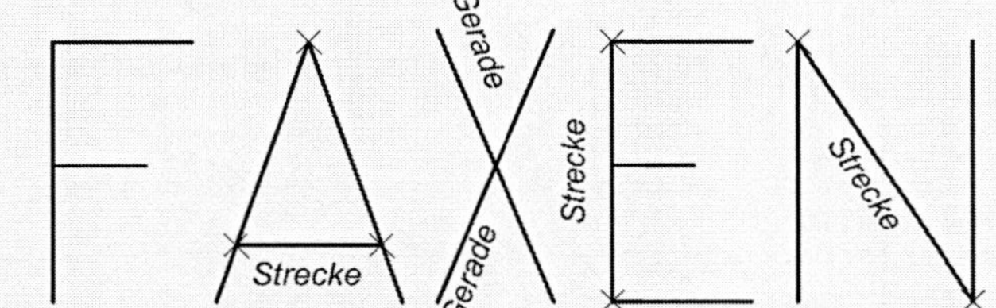

AUFGABE 3

Miss die Strecken mit dem Geodreieck und Schreibe ihre Längen in mm (gerundet) auf!

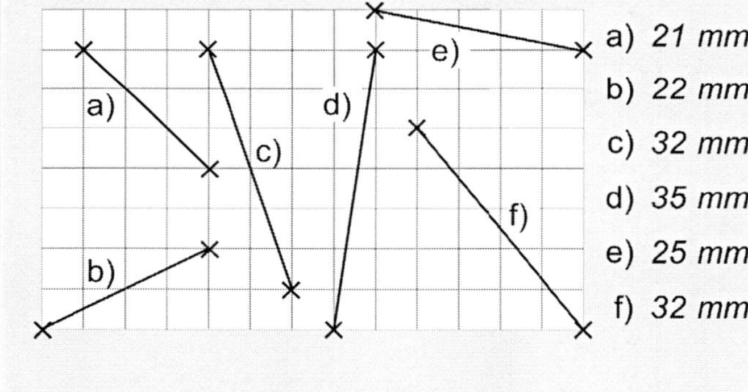

a) *21 mm*
b) *22 mm*
c) *32 mm*
d) *35 mm*
e) *25 mm*
f) *32 mm*

Lösungen Übungsaufgaben II

AUFGABE 4

Zeichne durch die Punkte A, B und C jeweils eine Senkrechte zur Geraden g!

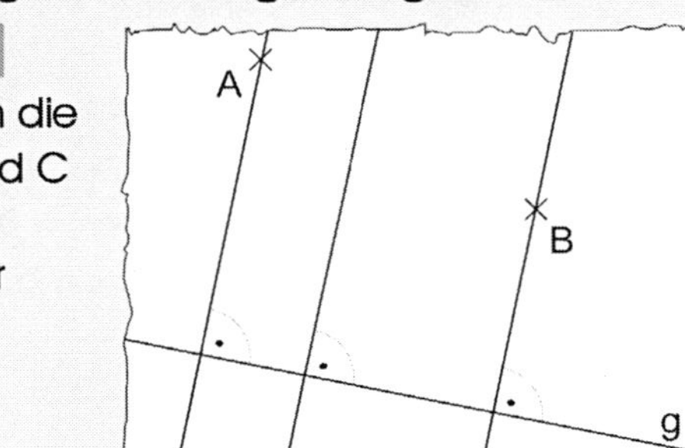
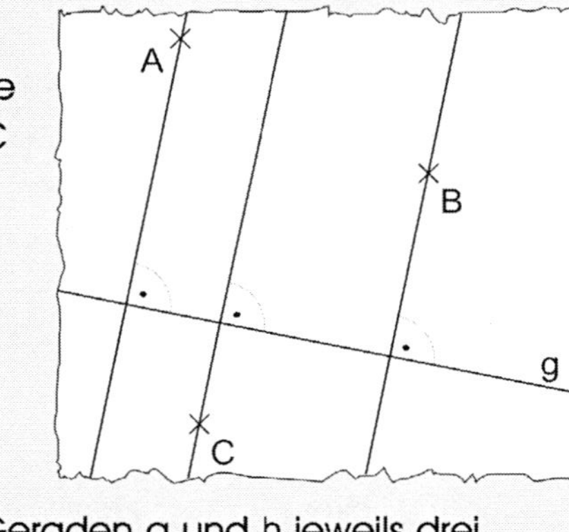

AUFGABE 5

Zeichne zu den Geraden g und h jeweils drei parallele Geraden!

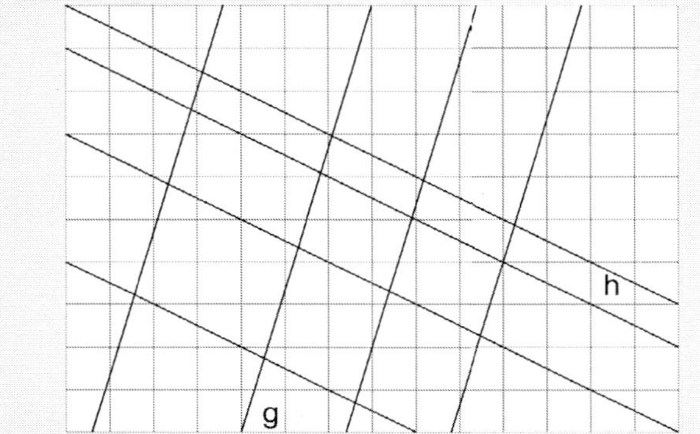

AUFGABE 6

Überprüfe mit dem Geodreieck, ob die Geraden g, h und k parallel zueinander sind!

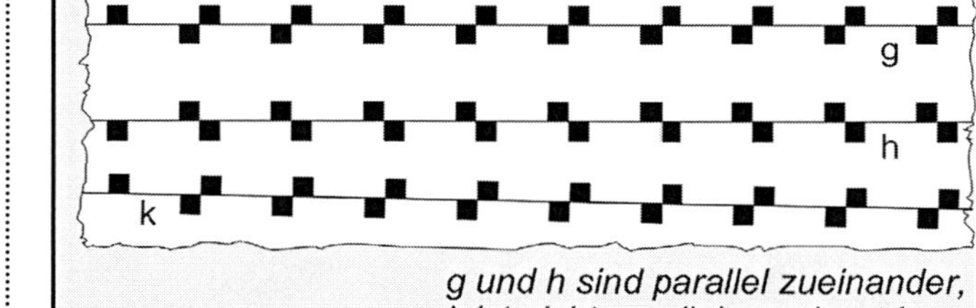

g und h sind parallel zueinander, k ist nicht parallel zu g bzw. h

Dino T. Saurus´ Mathe-Flyer

zum Üben und Wiederholen in der Grundschule

77

Geometrisches Zeichnen

Punkte werden durch kleine Kreuzchen markiert und mit Großbuchstaben wie A, B, C, ... bezeichnet.

A× B× ×D ×G

Die kürzeste Verbindung zwischen zwei Punkten nennt man Strecke.

Strecken kannst du mit dem Lineal oder dem Geodreieck zeichnen und messen.

Punkte kannst du auch mit einem kleinen Strich kennzeichnen

A B 0 cm 1 cm 2 cm 3 cm

Eine gerade Linie ohne Anfangs- und Endpunkt heißt Gerade.

Zur Information

Mit dem Geodreieck kannst du auch rechte Winkel und Parallelen zeichnen.

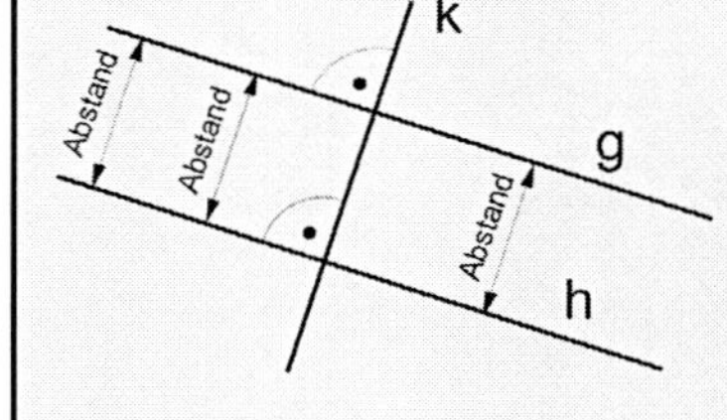
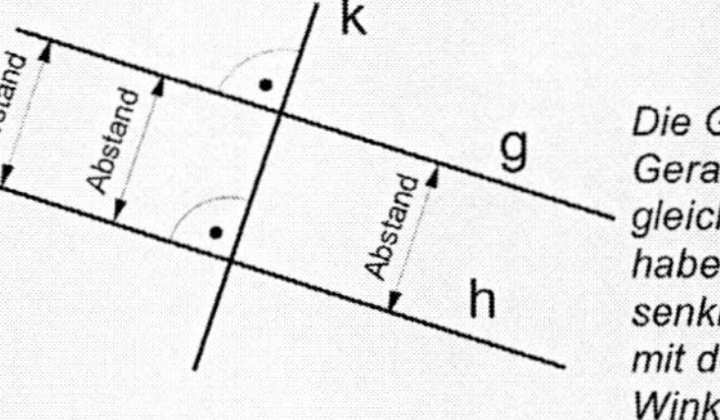

Die Gerade g ist parallel zu der Geraden h, weil sie überall den gleichen Abstand voneinander haben. Die Gerade k ist senkrecht zu h und g, weil sie mit den Geraden g und h rechte Winkel bildet.

Musteraufgaben

AUFGABE 1

Richtig oder falsch? Kreuze an!

a) Drei Geraden haben immer einen Schnittpunkt.
☐ richtig ☑ falsch

b) Ein Gerade ist unendlich lang.
☑ richtig ☐ falsch

c) Zwei senkrecht zueinander stehende Geraden bilden einen rechten Winkel.
☑ richtig ☐ falsch

d) Die Länge einer Strecke kann man nur raten.
☐ richtig ☑ falsch

AUFGABE 2

Was sind in diesem Wort Strecken, was sind Geraden? Wo sind rechte Winkel?

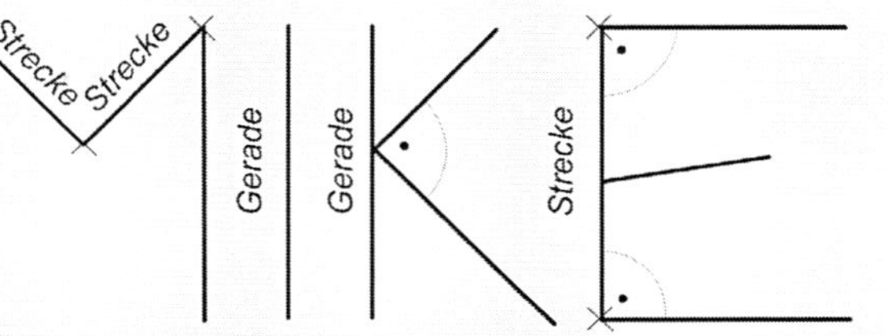

AUFGABE 3

Zeichne drei Geraden g, h und k mit
a) einem Schnittpunkt!
b) zwei Schnittpunkten! c) drei Schnittpunkten!

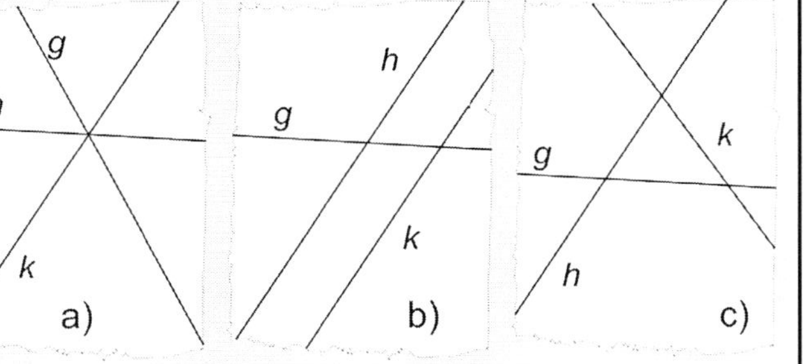

Übungsaufgaben I

AUFGABE 1

Zeichne eine Gerade g, die

a) weder durch A noch durch B verläuft!
b) durch A, aber nicht durch B verläuft!
c) durch A und durch B verläuft!

a)  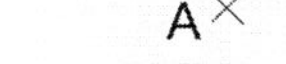 

b) 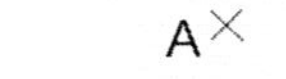 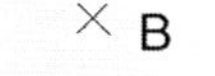

c)  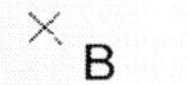

AUFGABE 2

Was sind in diesem Wort Strecken, was sind Geraden?

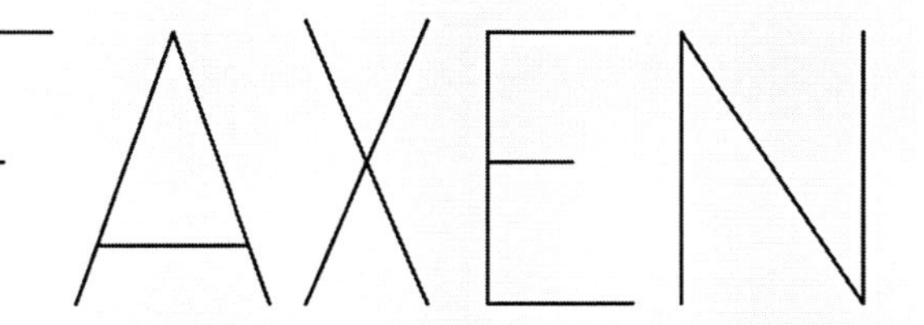

AUFGABE 3

Miss die Strecken mit dem Geodreieck und Schreibe ihre Längen in mm (gerundet) auf!

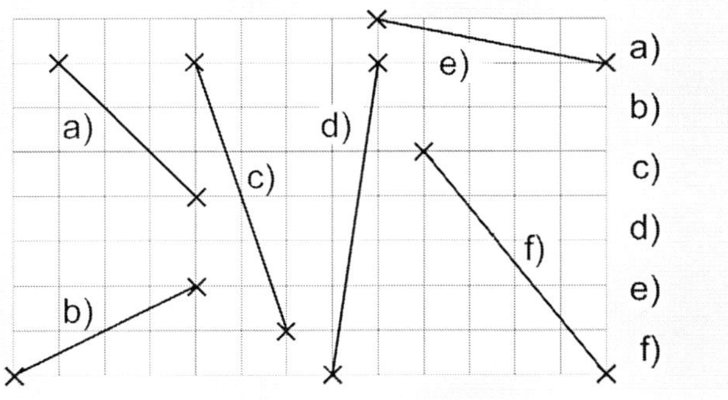

a)
b)
c)
d)
e)
f)

Übungsaufgaben II

AUFGABE 4

Zeichne durch die Punkte A, B und C jeweils eine Senkrechte zur Geraden g!

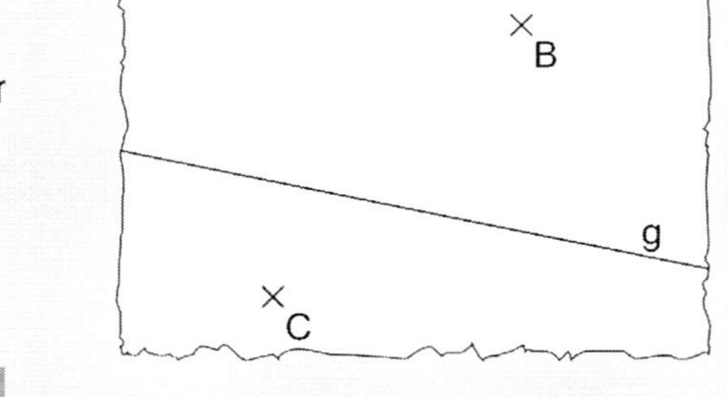

AUFGABE 5

Zeichne zu den Geraden g und h jeweils drei parallele Geraden!

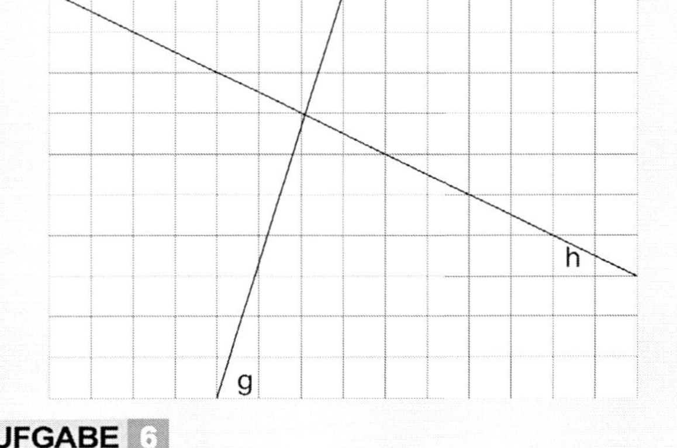

AUFGABE 6

Überprüfe mit dem Geodreieck, ob die Geraden g, h und k parallel zueinander sind!

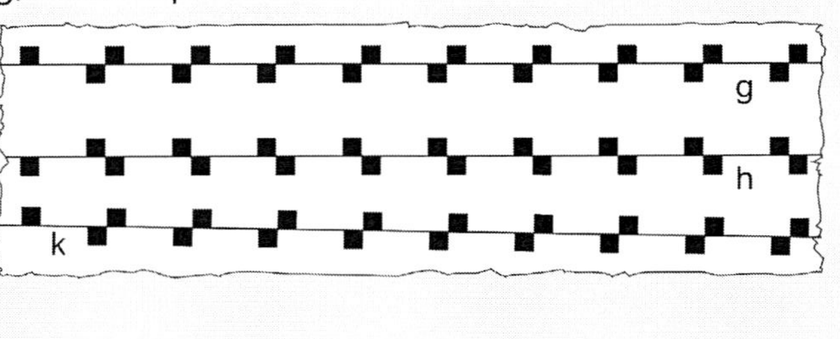

Lösungen Übungsaufgaben I

AUFGABE 1

Hier siehst du einige Buchstaben als Schrägbild dargestellt. Zeichne das Schrägbild der Wörter MATHE und THEMA!

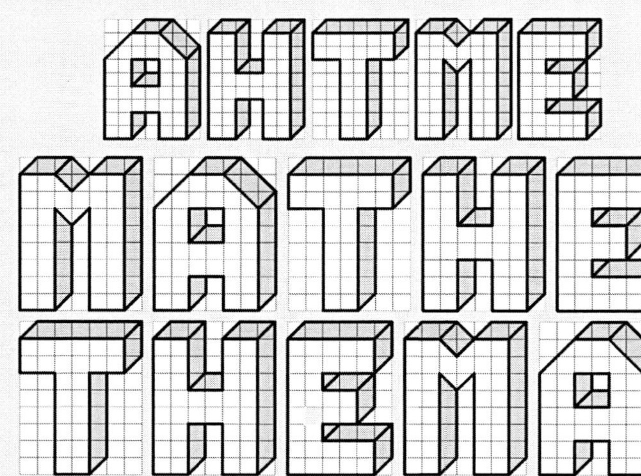

AUFGABE 2

Zeichne die linke Figur nach, ohne dass du ein Lineal benutzt! Beim 2. Versuch sollst du die Figur aus dem Gedächtnis zeichnen.

1. Versuch 2. Versuch

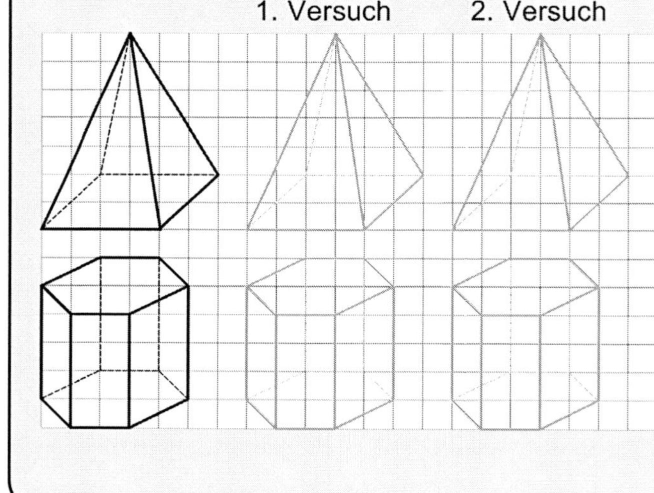

Lösungen Übungsaufgaben II

AUFGABE 3

Zeichne die Schrägbilder der Körper, von denen die Vorderfläche gegeben ist! Wie »tief« der Körper werden soll, ist vorgegeben.

a)

b)

c)

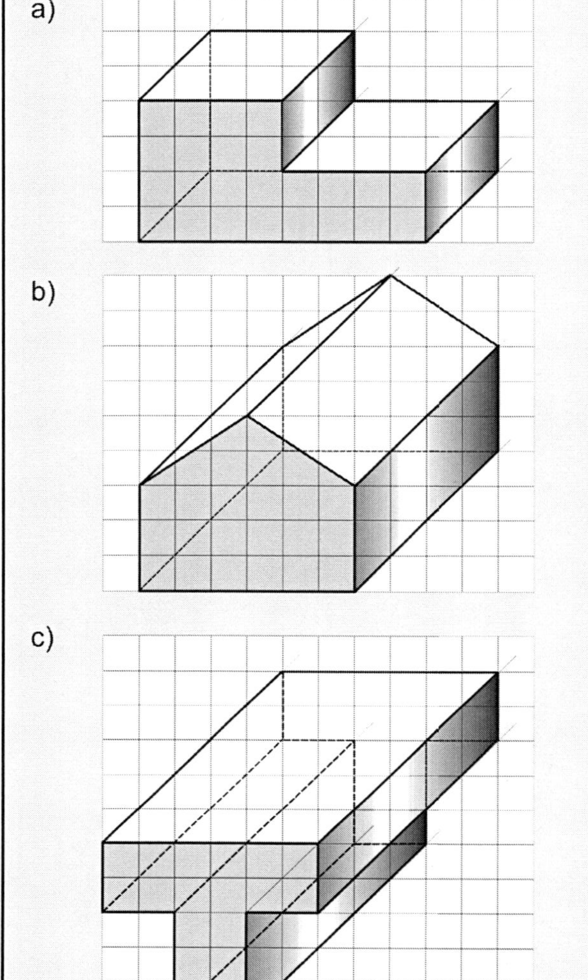

Dino T. Saurus´ Mathe-Flyer

zum Üben und Wiederholen in der Grundschule

79

Schrägbilder

Um einen Körper anschaulich darzustellen, zeichnet man ein Schrägbild. Strecken, die nach hinten verlaufen, werden schräg gezeichnet. Als schräge Richtung nimmt man die Diagonale der Rechenkästchen, d. h. schräge Linien verlaufen unter einem Winkel von 45°.

Beispiel Zeichne das Schrägbild eines Quaders!

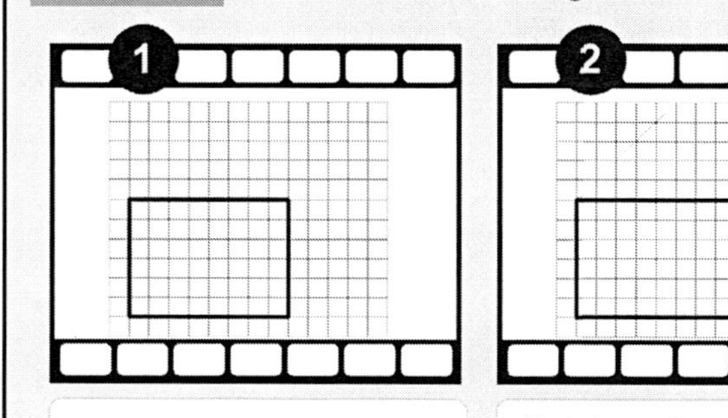

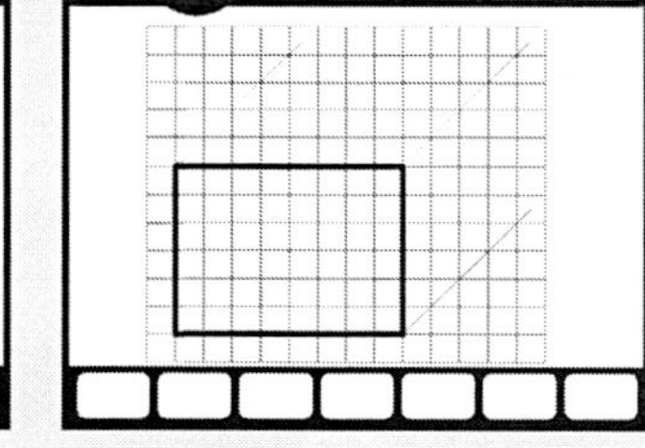

1 Zeichne die Vorderfläche!

2 Zeichne die nach hinten verlaufenden Kanten!

3 Zeichne die Rückfläche! Kanten, die verdeckt sind, können gestrichelt werden.

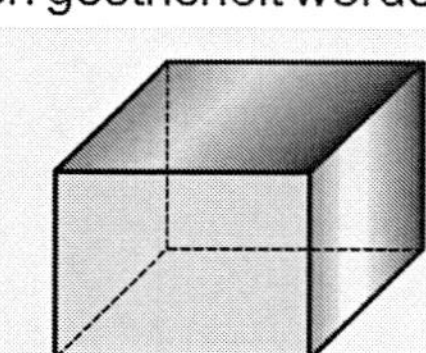

Musteraufgaben

AUFGABE 1

Zeichne das Schrägbild des Körpes, von dem die Vorderfläche gegeben ist! Wie »tief« der Körper werden soll, ist vorgegeben.

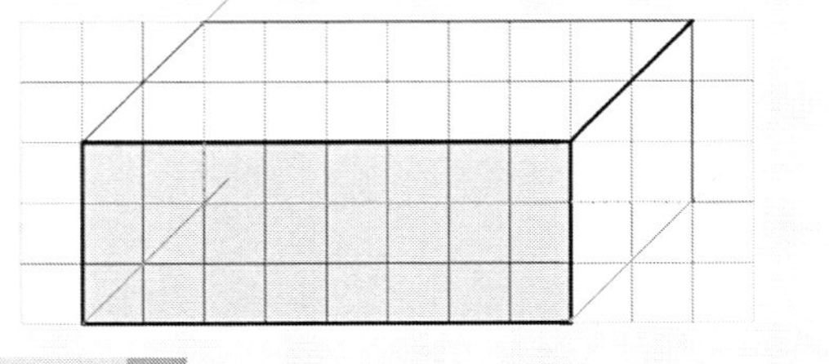

AUFGABE 2

Hier siehst du einige Buchstaben als Schrägbild dargestellt. Zeichne das Schrägbild des Wortes ALTER!

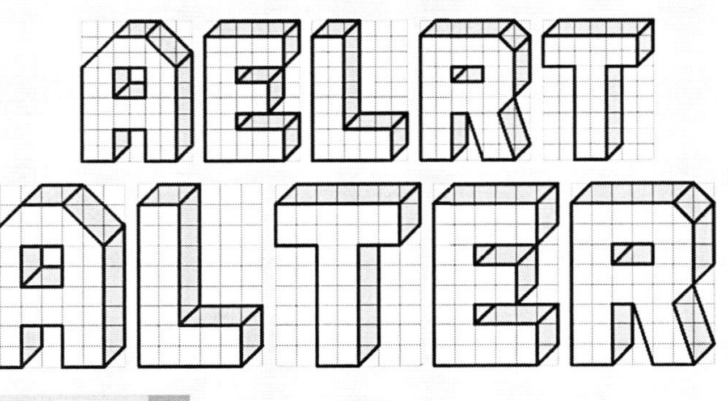

AUFGABE 3

Zeichne die linke Figur nach, ohne dass du ein Lineal benutzt! Beim 2. Versuch sollst du die Figur aus dem Gedächtnis zeichnen.

1. Versuch 2. Versuch

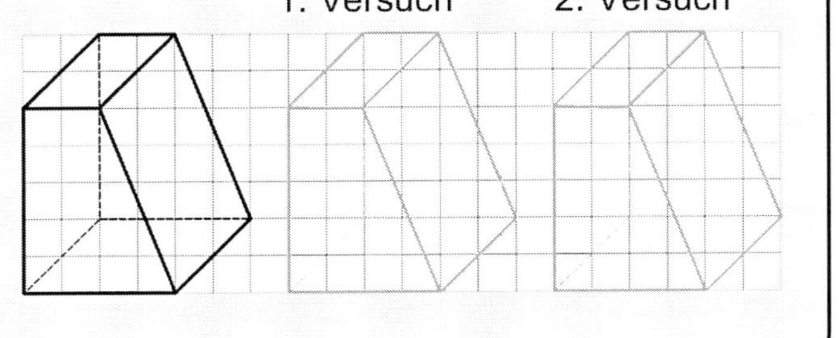

Übungsaufgaben I

AUFGABE 1

Hier siehst du einige Buchstaben als Schrägbild dargestellt. Zeichne das Schrägbild der Wörter MATHE und THEMA!

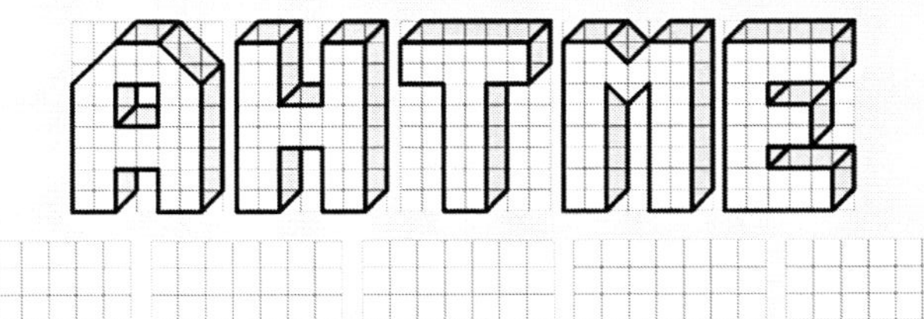

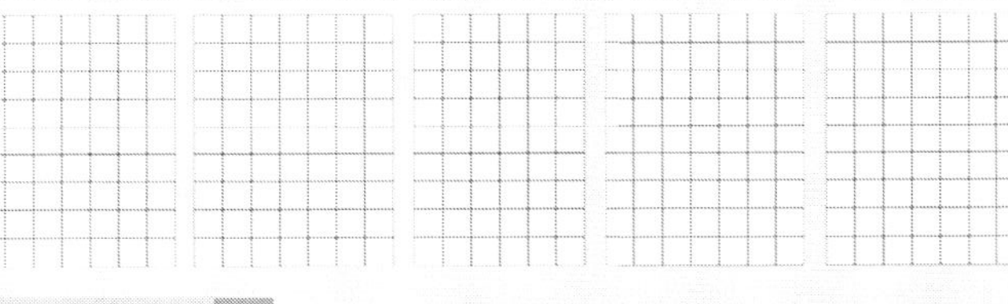

AUFGABE 2

Zeichne die linke Figur nach, ohne dass du ein Lineal benutzt! Beim 2. Versuch sollst du die Figur aus dem Gedächtnis zeichnen.

1. Versuch 2. Versuch

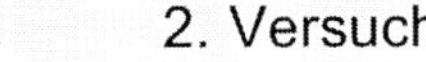

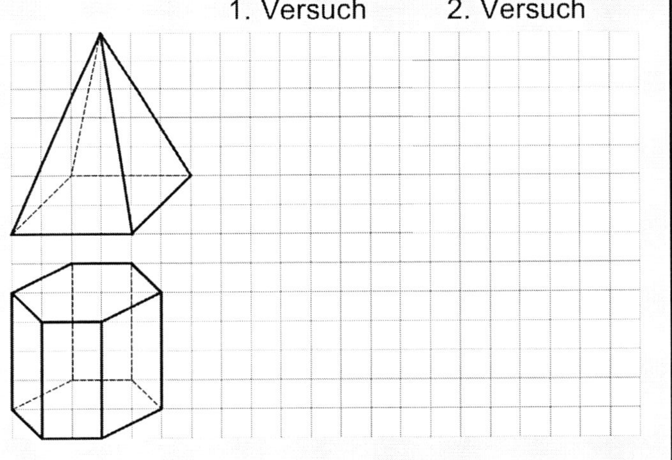

Übungsaufgaben II

AUFGABE 3

Zeichne die Schrägbilder der Körper, von denen die Vorderfläche gegeben ist! Wie »tief« der Körper werden soll, ist vorgegeben.

a)

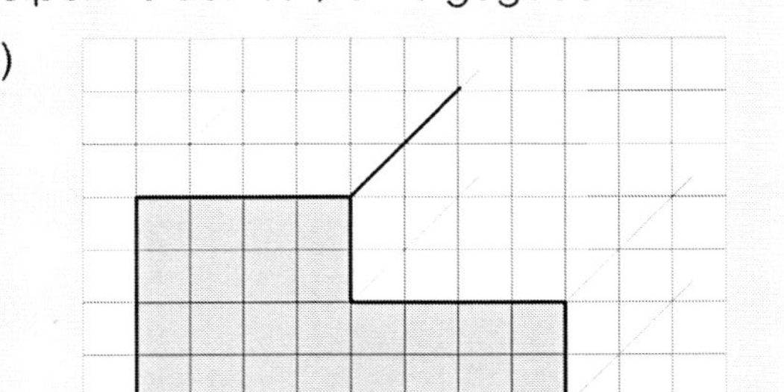

b)

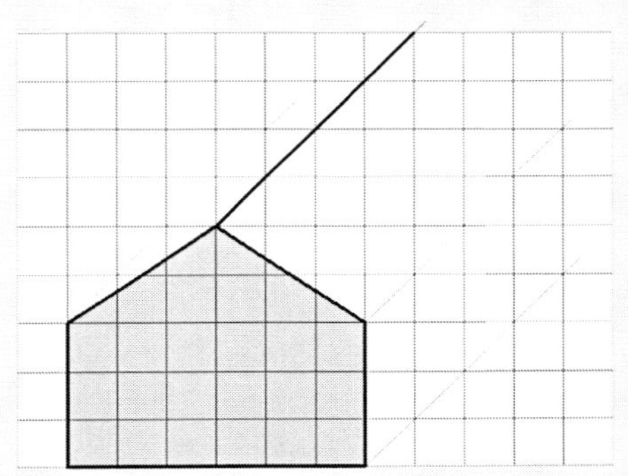

c)

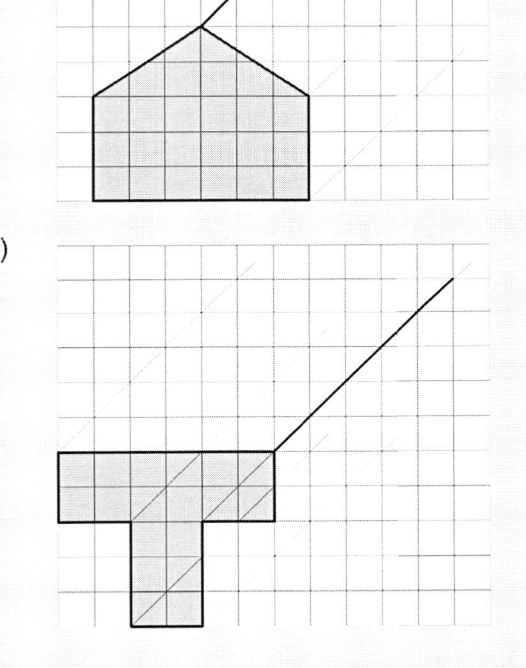

Lösungen Übungsaufgaben I

AUFGABE 1

Kannst du alle Symmetrieachsen einzeichnen?

a) b)

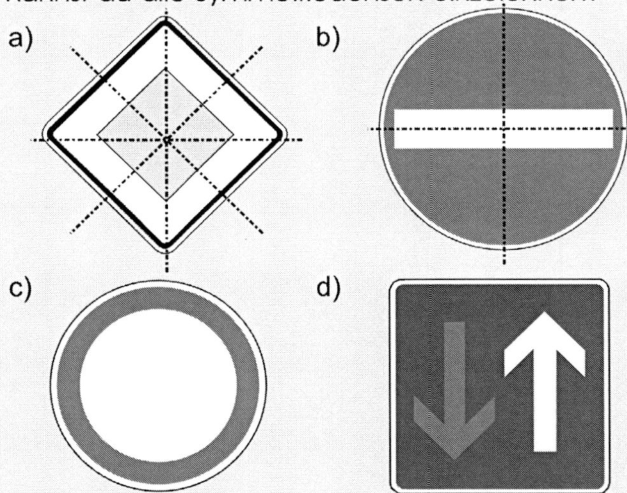

c) d)

unendlich viele Symmetrieachsen

keine Symmetrieachse

AUFGABE 2

Zeichne alle Symmetrieachsen ein! Auf wie viele kommst du? Sind es 21?

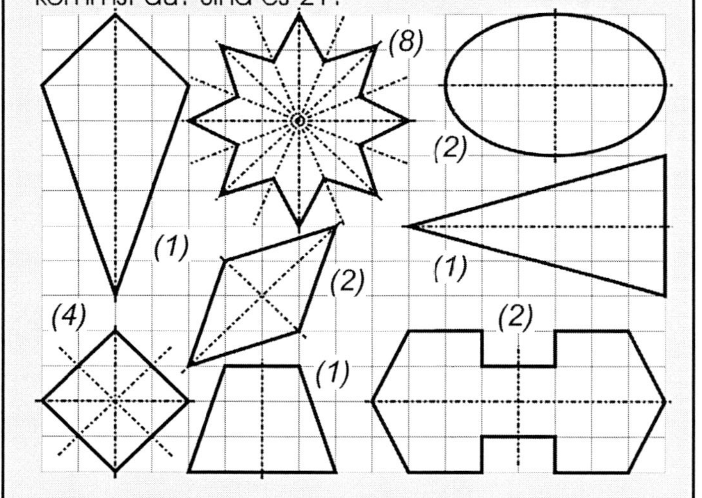

Lösungen Übungsaufgaben II

AUFGABE 3

Welche Buchstaben könnten achsensymmetrisch gemacht werden?

A B C D E F G H I J
K L M N O P Q R S
T U V W X Y Z

AUFGABE 4

Gibt es auch Buchstaben, die zwei oder mehr Symmetrieachsen haben?

H I O X

AUFGABE 5

Ergänze die halbierten Buchstaben zu einer achsensymmetrischen Figur! Du erhältst als Lösung ein englisches Wort.

match (Streichholz)

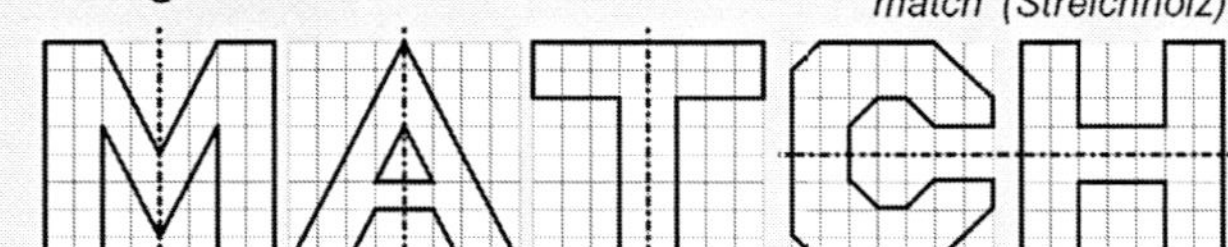

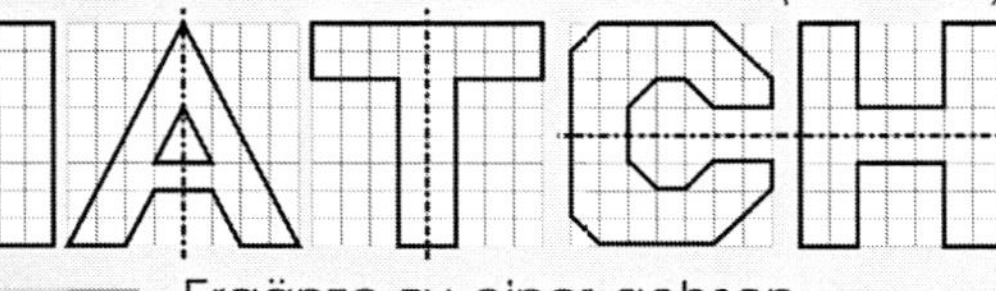

AUFGABE 6 Ergänze zu einer achsensymmetrischen Figur!

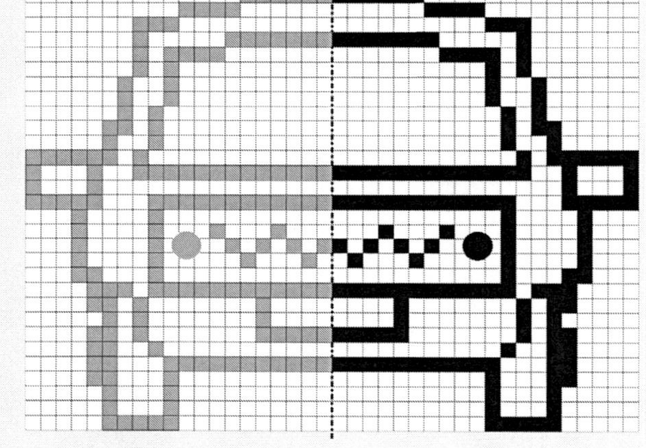

Dino T. Saurus´ Mathe-Flyer

zum Üben und Wiederholen in der Grundschule

81

Achsensymmetrie

Eine Figur nennt man achsensymmetrisch, wenn sie aus zwei Hälften besteht, die man so falten kann, dass sie aufeinanderpassen. Die Gerade, die beim Falten entsteht, nennt man Symmetrieachse.

Beispiele

eine Symmetrieachse *vier Symmetrieachsen*

In einem Quadratgitter lassen sich schnell achsensymmetrische Figuren zeichnen, indem man die Eckpunkte durch Kästchenauszählen bestimmt. Welchen Buchstaben erhältst du, wenn du zu einer achsensymmetrischen Figur ergänzt?

V X

Musteraufgaben

AUFGABE 1

Zeichne alle Symmetrieachsen ein!

a) b)

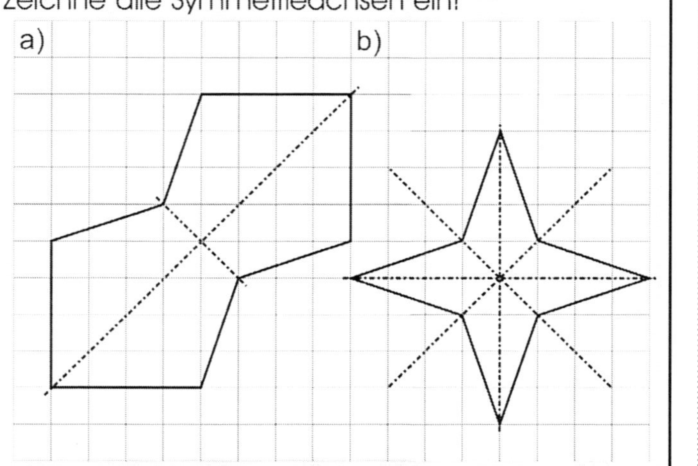

AUFGABE 2

Wie viele Symmetrieachsen kannst du in einen Kreis zeichnen?

Ein Kreis hat unendlich viele Symmetrieachsen.

AUFGABE 3

Ergänze die Figur so, dass sie achsensymmetrisch wird!

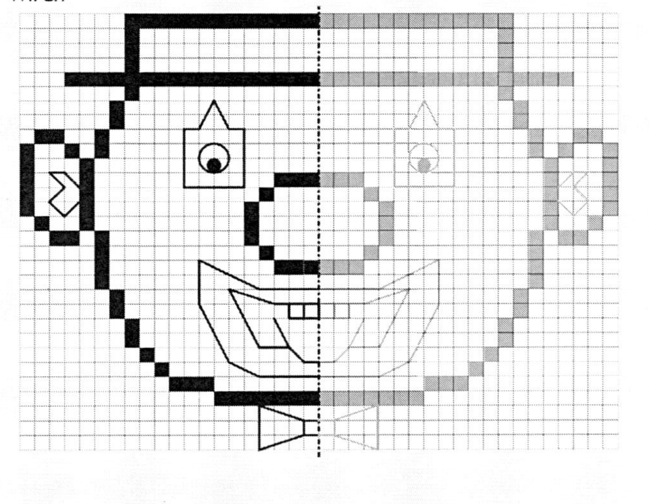

Übungsaufgaben I

AUFGABE 1

Kannst du alle Symmetrieachsen einzeichnen?

a) b)

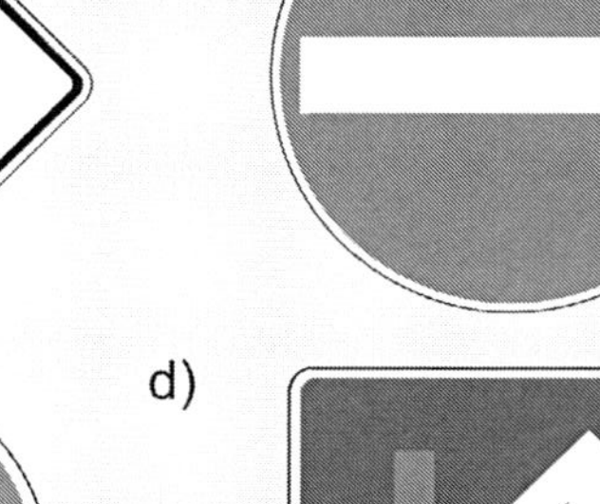

c) d)

AUFGABE 2

Zeichne alle Symmetrieachsen ein! Auf wie viele kommst du? Sind es 21?

Übungsaufgaben II

AUFGABE 3

Welche Buchstaben könnten achsensymmetrisch gemacht werden?

A B C D E F G H I J
K L M N O P Q R S
T U V W X Y Z

AUFGABE 4

Gibt es auch Buchstaben, die zwei oder mehr Symmetrieachsen haben?

AUFGABE 5

Ergänze die halbierten Buchstaben zu einer achsensymmetrischen Figur! Du erhältst als Lösung ein englisches Wort.

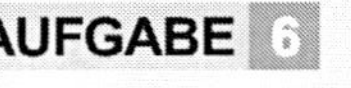

AUFGABE 6 Ergänze zu einer achsensymmetrischen Figur!

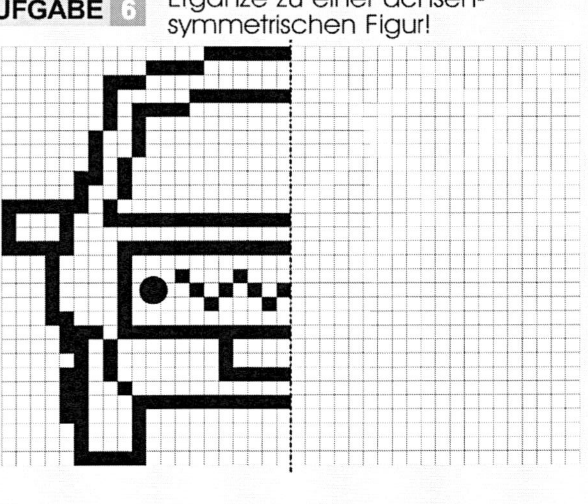

Lösungen Übungsaufgaben I

AUFGABE 1

Drehe die Figuren um den Punkt Z jeweils um 90° entgegen dem Uhrzeigersinn.

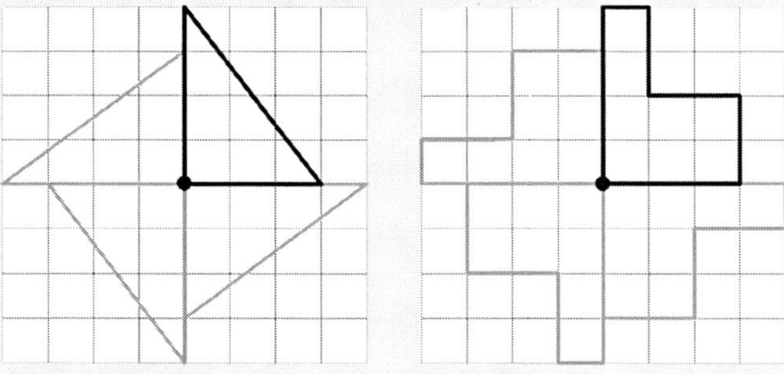

AUFGABE 2

Welche dieser Figuren sind nur achsensymmetrisch und welche sind auch drehsymmetrisch?

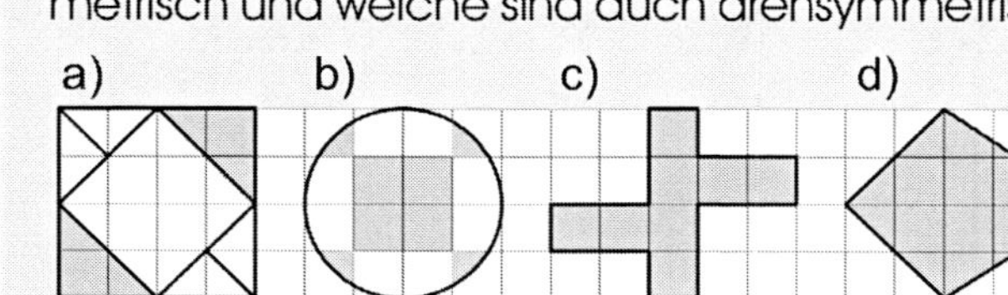

a) *achsen- und drehsymmetrisch*
b) *achsen- und drehsymmetrisch*
c) *drehsymmetrisch*
d) *achsensymmetrisch*

AUFGABE 3

Zeichne den Drehpunkt und/oder die Symmetrieachse ein!

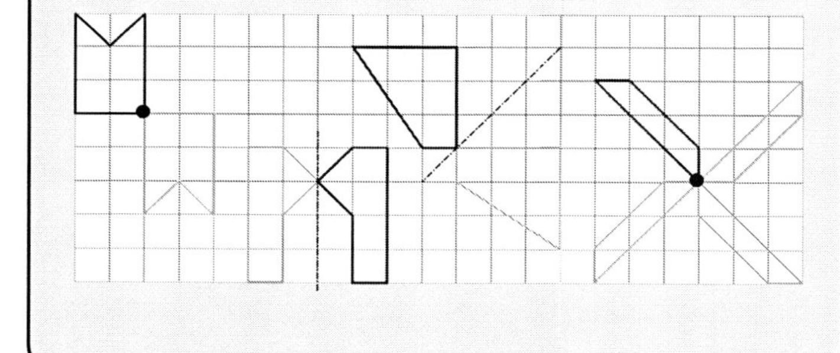

Lösungen Übungsaufgaben II

AUFGABE 4

Drehe die Figuren um den Punkt Z jeweils um 90° entgegen dem Uhrzeigersinn.

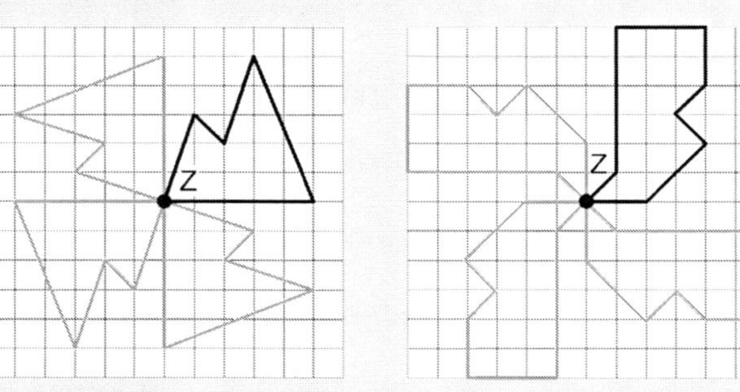

AUFGABE 5

Sehr schöne drehsymmetrische Figuren entstehen durch Drehen einer einzelnen Figur um exakt denselben Winkel. Drehe die Figur um den Punkt Z mit einem Winkel von 40°. Das sind immer vier Teilstriche weiter. Male die fertige drehsymmetrische Figur farbig aus.

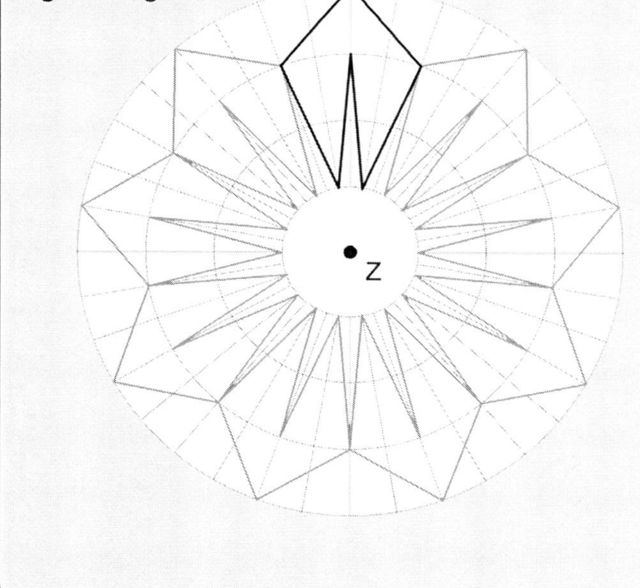

Dino T. Saurus´ Mathe-Flyer

zum Üben und Wiederholen in der Grundschule

83

Drehsymmetrische Figuren

Figuren, die durch Drehen um einen Punkt entstanden sind, nennt man drehsymmetrische Figuren.

Beispiel

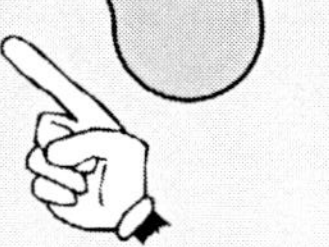
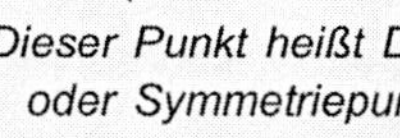

Dreht man diese Figur dreimal um 90° um den Punkt Z, so entsteht eine **drehsymetrische Figur**.

Dieser Punkt heißt Dreh- oder Symmetriepunkt

Zur Information

Es gibt drehsymmetrische Figuren, die gleichzeitig auch achsensymmetrisch sind.

Beispiele

Musteraufgaben

AUFGABE 1

Drehe die Figuren um den Punkt Z jeweils um 90° entgegen dem Uhrzeigersinn.

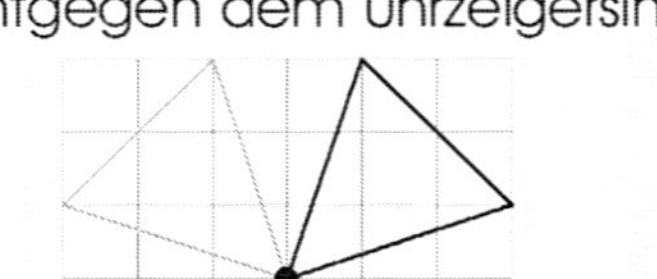

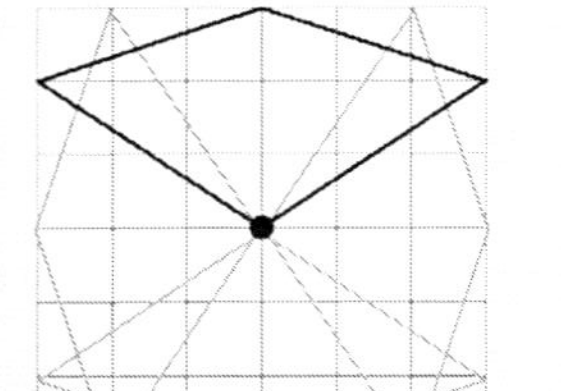

AUFGABE 2

Zeichne den Drehpunkt und/oder die Symmetrieachse ein!

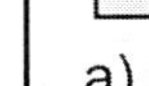

AUFGABE 3

Drehe die Figur um den Punkt Z mit einem Winkel von 40°. Das sind immer vier Teilstriche weiter. Male die fertige drehsymmetrische Figur farbig aus.

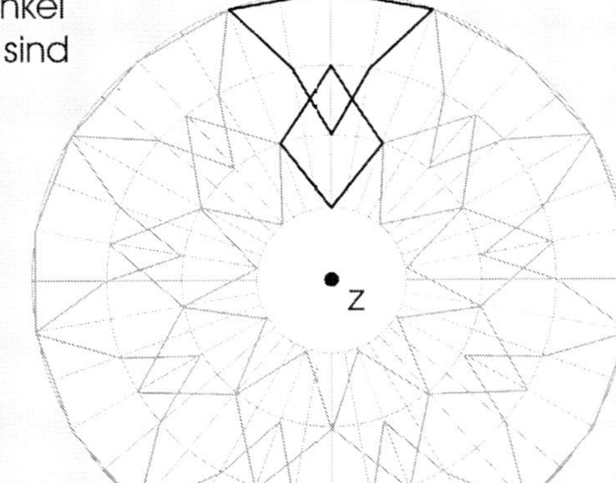

Übungsaufgaben I

AUFGABE 1

Drehe die Figuren um den Punkt Z jeweils um 90° entgegen dem Uhrzeigersinn.

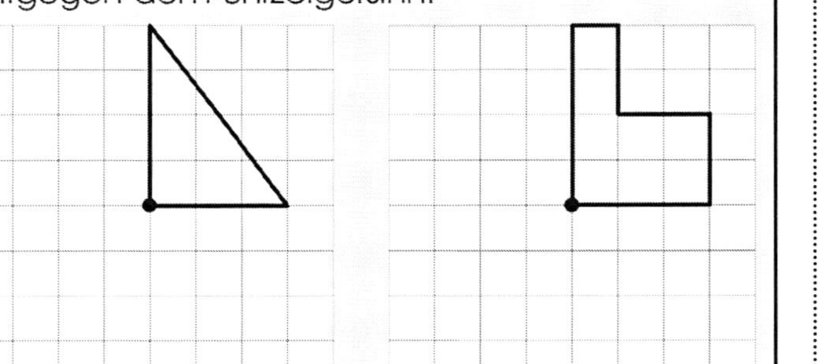

AUFGABE 2

Welche dieser Figuren sind nur achsensymmetrisch und welche sind auch drehsymmetrisch?

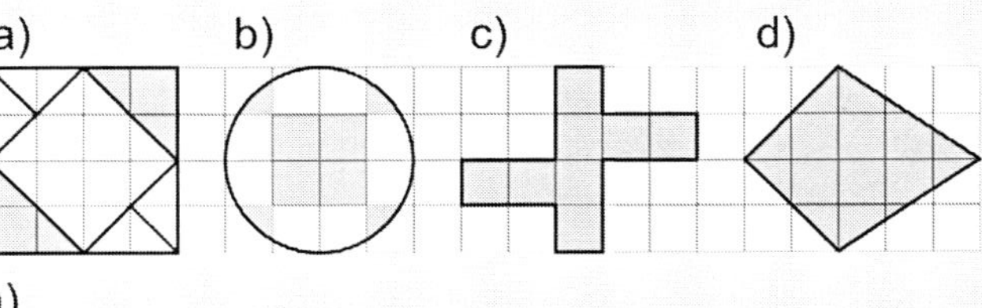

a)
b)
c)
d)

AUFGABE 3

Zeichne den Drehpunkt und/oder die Symmetrieachse ein!

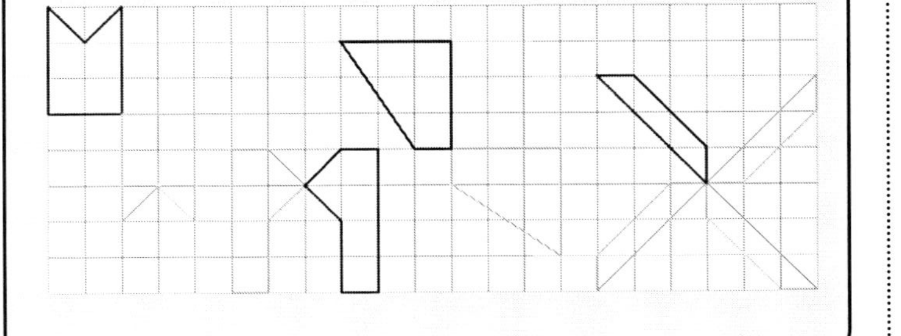

Übungsaufgaben II

AUFGABE 3

Drehe die Figuren um den Punkt Z jeweils um 90° entgegen dem Uhrzeigersinn.

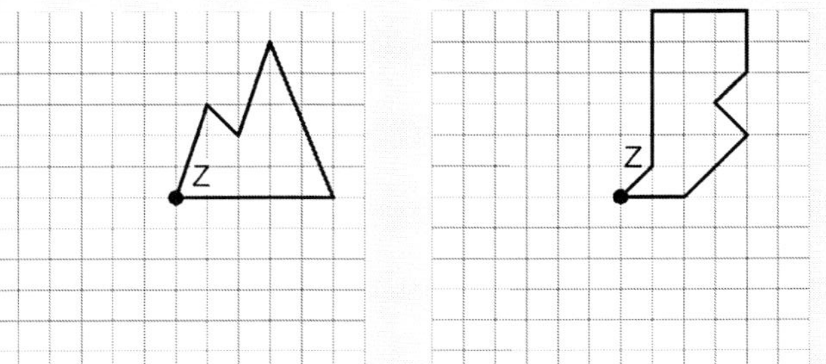

AUFGABE 4

Sehr schöne drehsymmetrische Figuren entstehen durch Drehen einer einzelnen Figur um exakt denselben Winkel. Drehe die Figur um den Punkt Z mit einem Winkel von 40°. Das sind immer vier Teilstriche weiter. Male die fertige drehsymmetrische Figur farbig aus.

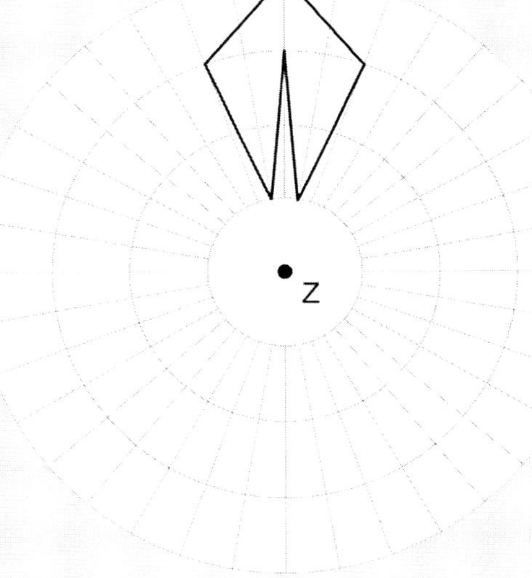

Lösungen Übungsaufgaben I

AUFGABE 1

Färbe den angegebenen Bruchteil der Flächen!

a) $\frac{1}{4}$

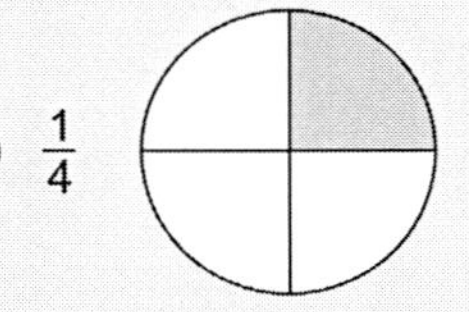

b) $\frac{7}{12}$

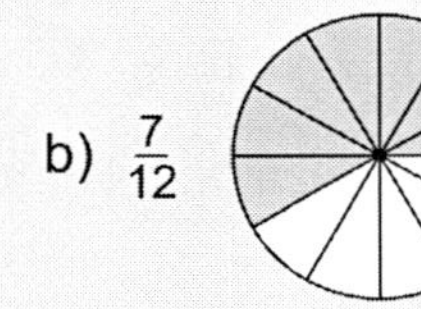

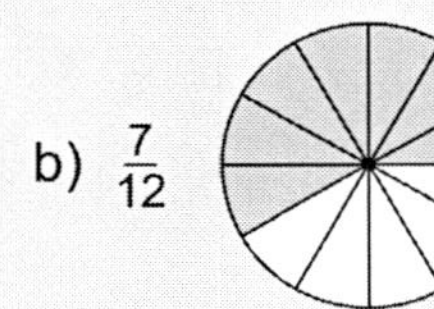

c) $\frac{5}{6}$

d) $\frac{3}{4}$

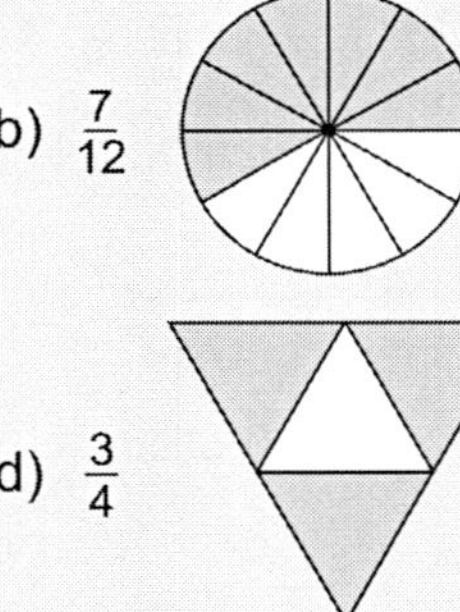

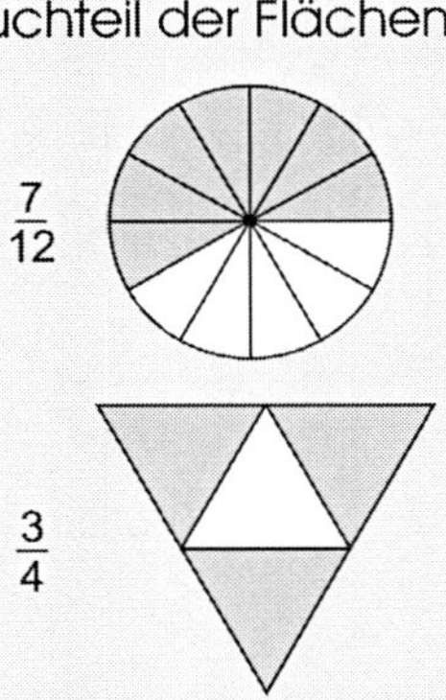

e) $\frac{3}{8}$

f) $\frac{7}{12}$

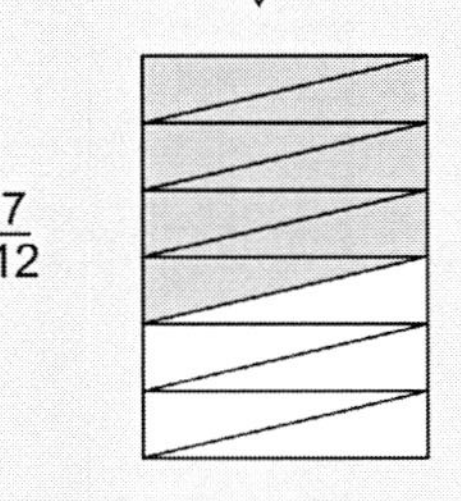

AUFGABE 2

Welcher Bruchteil der Figur ist hier gekennzeichnet?

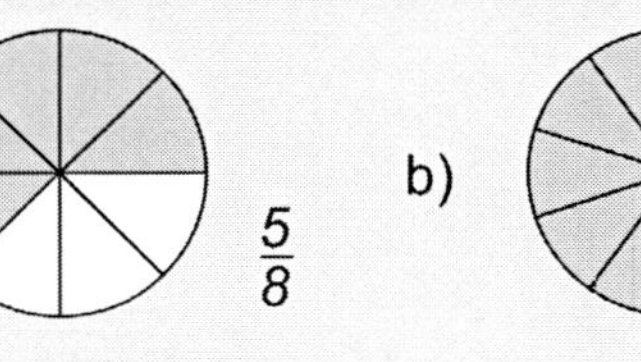

a) $\frac{5}{8}$

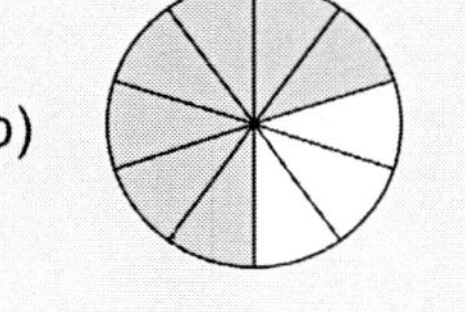

b) $\frac{7}{10}$

c) $\frac{11}{12}$

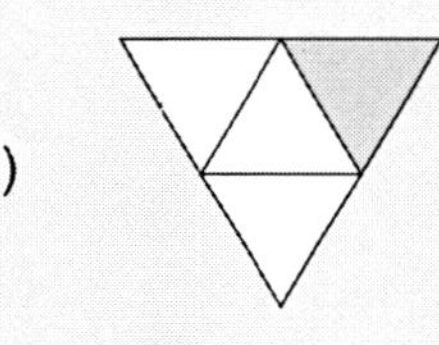

d) $\frac{1}{4}$

e) $\frac{7}{8}$

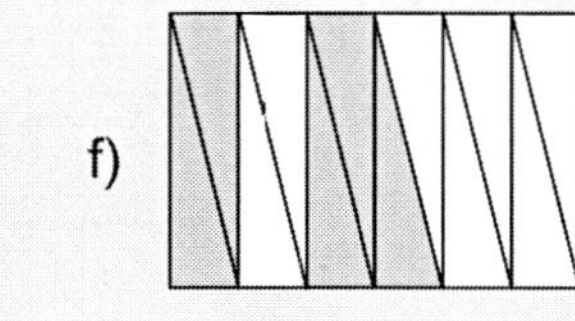

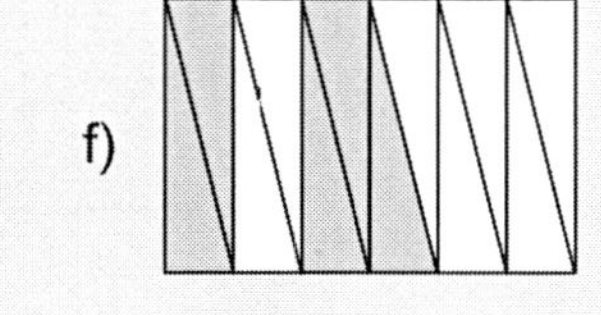

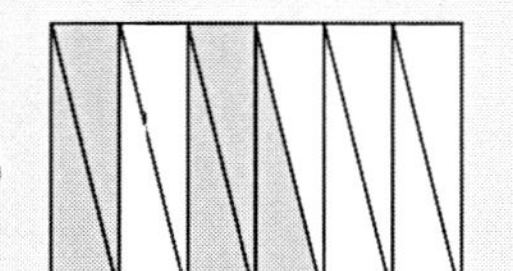

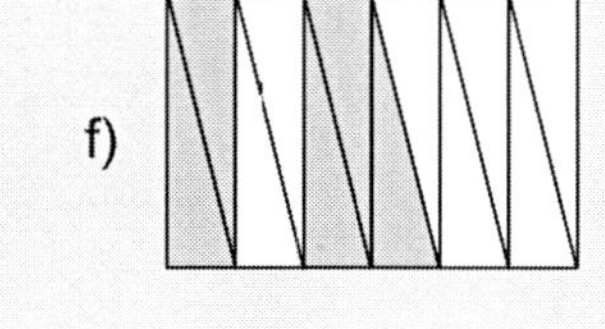

f) $\frac{5}{12}$

Lösungen Übungsaufgaben II

AUFGABE 3

Berechne!

a) $\frac{4}{5}$ von 85 € = *68 €*

b) $\frac{5}{7}$ von 63 kg = *45 kg*

c) $\frac{3}{4}$ von 300 cm = *225 cm*

d) $\frac{2}{3}$ von 90 t = *60 t*

AUFGABE 4

Berechne den Anteil!

a) 6 € = $\frac{1}{3}$ von 18 €

b) 45 m = $\frac{3}{7}$ von 105 m

c) 7 t = $\frac{1}{2}$ von 14 t

d) 9 l = $\frac{3}{4}$ von 12 l

AUFGABE 5

Wandle in die nächstkleinere Einheit um und berechne!

a) $\frac{4}{5}$ von 63 cm = $\frac{4}{5}$ von *630 mm = 504 mm*

b) $\frac{5}{8}$ von 6 t = $\frac{5}{8}$ von *6000 kg = 3750 kg*

c) $\frac{3}{4}$ von 10 m = $\frac{3}{4}$ von *100 dm = 75 dm*

d) $\frac{7}{20}$ von 4 km = $\frac{7}{20}$ von *4000 m = 1400 m*

e) $\frac{1}{2}$ Jahr = $\frac{1}{2}$ von *12 Monaten = 6 Monate*

f) $\frac{1}{4}$ Stunde = $\frac{1}{4}$ von *60 Minuten = 15 Minuten*

g) $\frac{1}{8}$ von 1 l = $\frac{1}{8}$ von *1000 ml = 125 ml*

h) $\frac{7}{10}$ von 2 m = $\frac{7}{10}$ von *20 dm = 14 dm*

AUFGABE 6

Welcher Bruchteil der Strecke ist markiert?

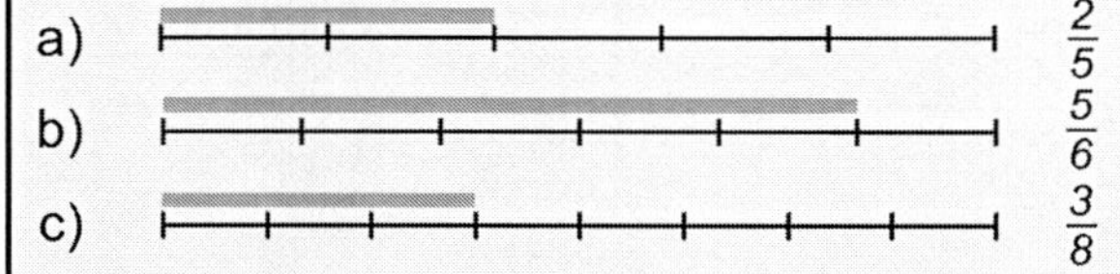

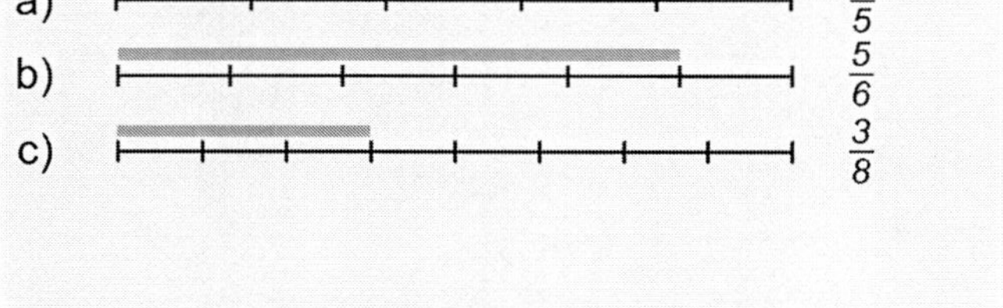

a) $\frac{2}{5}$

b) $\frac{5}{6}$

c) $\frac{3}{8}$

Dino T. Saurus´ Mathe-Flyer

zum Üben und Wiederholen in der Grundschule

85

Einfache Brüche

Eine Bruchzahl besteht aus einem Zähler, einem Bruchstrich und dem Nenner:

$\frac{3}{8}$ einer Größe bedeutet:

Zerlege die Größe in 8 gleiche Teile und nimm 3 davon.

Beispiele

$\frac{1}{2}$ m = $\frac{1}{2}$ von 1 m = 50 cm *(Rechne 100 cm : 2 = 50 cm)*

$\frac{3}{4}$ km = $\frac{3}{4}$ von 1 km = 750 m *(Rechne 1000 m : 4 = 250 m; 250 m • 3 = 750 m)*

$\frac{1}{8}$ kg = $\frac{1}{8}$ von 1 kg = 125 g *(Rechne 1000 kg : 8 = 125 g)*

$\frac{1}{5}$ t = $\frac{1}{5}$ von 1 t = 200 kg *(Rechne 1000 kg : 5 = 200 kg)*

$\frac{3}{5}$ l = $\frac{3}{5}$ von 1 l = 600 ml *(Rechne 1000 ml : 5 = 200 ml; 200 ml • 3 = 600 ml)*

$\frac{1}{4}$ Jahr = 3 Monate *(Rechne 12 Monate : 4 = 3 Monate)*

$\frac{3}{4}$ Stunde = 45 Minuten *(Rechne 60 min : 4 = 15 min; 15 min • 3 = 45 min)*

Musteraufgaben

AUFGABE 1

Färbe den angegebenen Bruchteil der Flächen!

a) $\frac{3}{4}$ 

b) $\frac{5}{12}$ 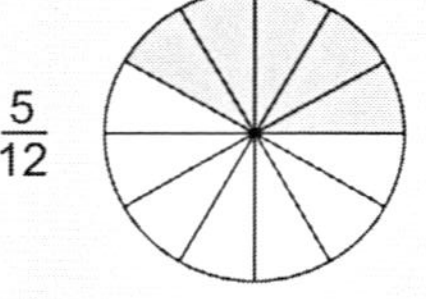

AUFGABE 2

Welcher Bruchteil der Figur ist hier gekennzeichnet?

e) 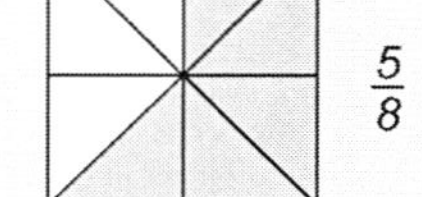 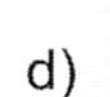 $\frac{5}{8}$

d) 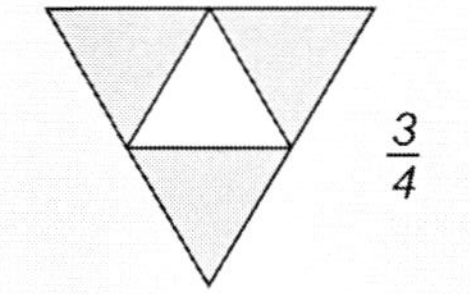 $\frac{3}{4}$

AUFGABE 3

Berechne!

a) $\frac{3}{5}$ von 60 € = *36 €* b) $\frac{5}{6}$ von 300 cm = *250 cm*

AUFGABE 4

Berechne den Anteil!

a) 7 € = $\frac{1}{2}$ von 14 € b) 5 kg = $\frac{1}{3}$ von 15 kg

AUFGABE 5

Wandle in die nächstkleinere Einheit um und berechne!

a) $\frac{3}{5}$ von 14 dm = $\frac{3}{5}$ von *140 cm = 84 cm*

b) $\frac{5}{8}$ von 4 kg = $\frac{5}{8}$ von *4000 g = 2500 g*

c) $\frac{1}{4}$ von 5 m = $\frac{1}{4}$ von *500 cm = 125 cm*

AUFGABE 6

Welcher Bruchteil der Strecke ist markiert?

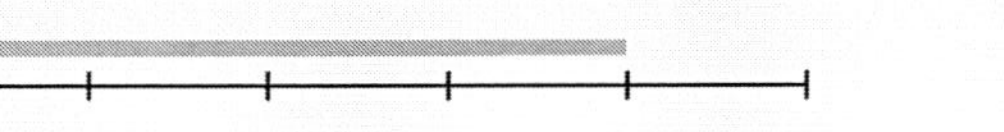
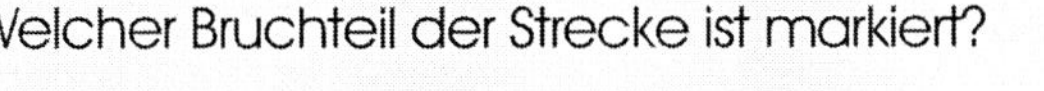
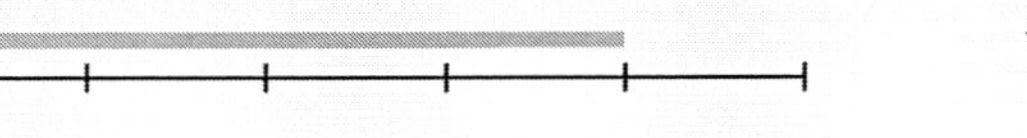

$\frac{4}{5}$

Übungsaufgaben I

AUFGABE 1

Färbe den angegebenen Bruchteil der Flächen!

a) $\frac{1}{4}$ 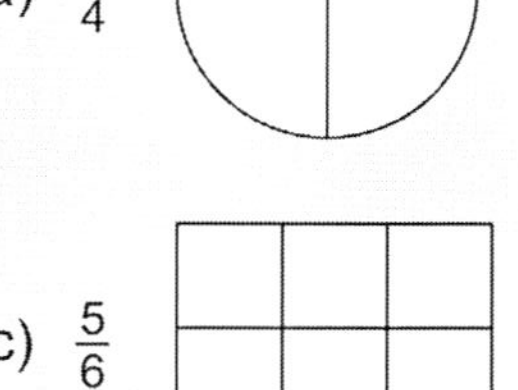

b)  $\frac{7}{12}$ 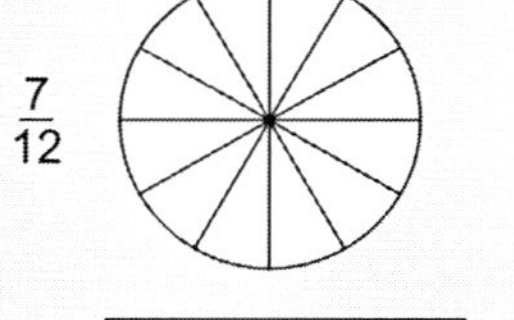

c) $\frac{5}{6}$ 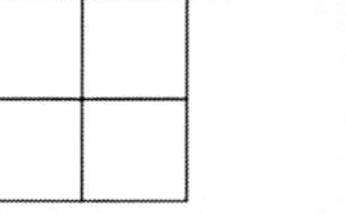

d) 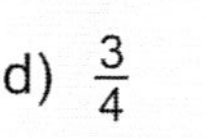 $\frac{3}{4}$ 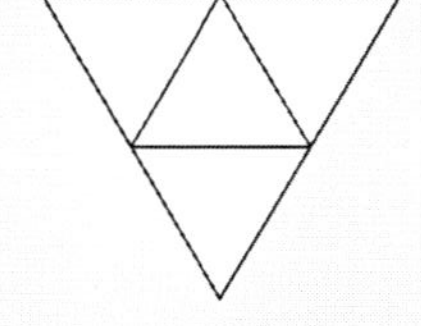

e) $\frac{3}{8}$ 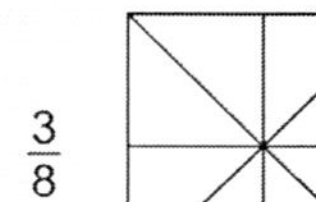

f) 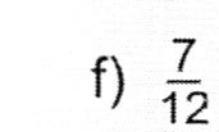 $\frac{7}{12}$ 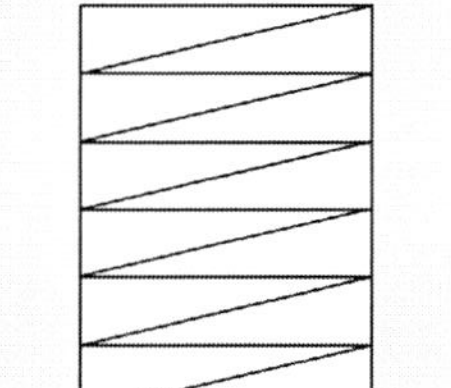

AUFGABE 2

Welcher Bruchteil der Figur ist hier gekennzeichnet?

a) 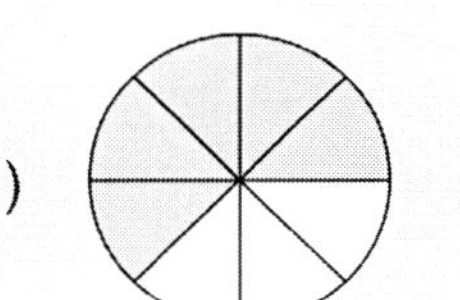

b) 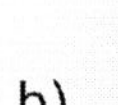 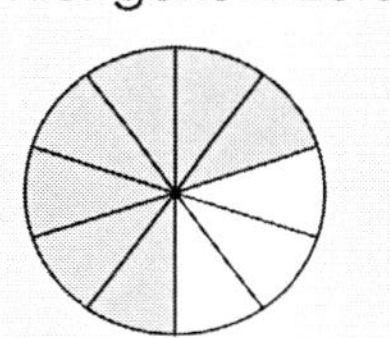

c) 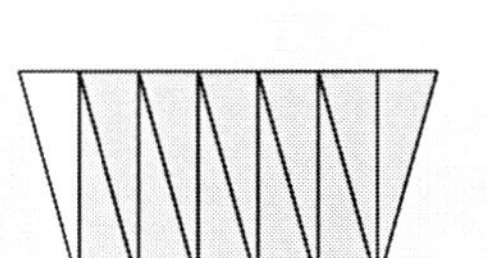

d) 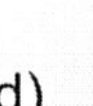 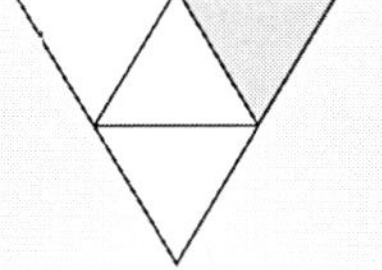

e) 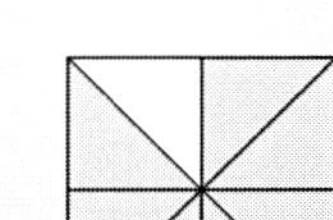

f)  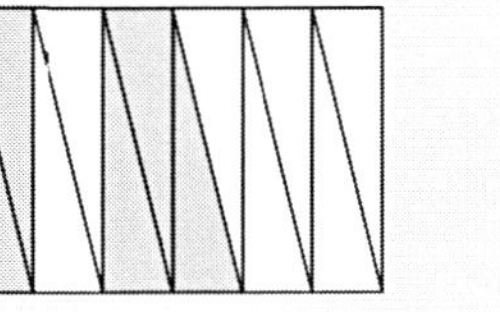

Übungsaufgaben II

AUFGABE 3

Berechne!

a) $\frac{4}{5}$ von 85 € c) $\frac{3}{4}$ von 300 cm

b) $\frac{5}{7}$ von 63 kg d) $\frac{2}{3}$ von 90 t

AUFGABE 4

Berechne den Anteil!

a) 6 € = ☐ von 18 € c) 7 t = ☐ von 14 t

b) 45 m = ☐ von 105 m d) 9 l = ☐ von 12 l

AUFGABE 5

Wandle in die nächstkleinere Einheit um und berechne!

a) $\frac{4}{5}$ von 63 cm = $\frac{4}{5}$ von

b) $\frac{5}{8}$ von 6 t = $\frac{5}{8}$ von

c) $\frac{3}{4}$ von 10 m = $\frac{3}{4}$ von

d) $\frac{7}{20}$ von 4 km = $\frac{7}{20}$ von

e) $\frac{1}{2}$ Jahr = $\frac{1}{2}$ von

f) $\frac{1}{4}$ Stunde = $\frac{1}{4}$ von

g) $\frac{1}{4}$ von 1 l = $\frac{1}{4}$ von

h) $\frac{7}{10}$ von 2 m = $\frac{7}{10}$ von

AUFGABE 6

Welcher Bruchteil der Strecke ist markiert?

a)
b)
c)

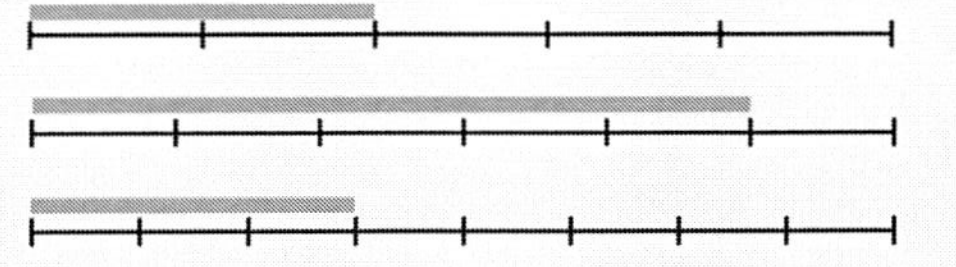

Lösungen Übungsaufgaben I

AUFGABE 1

Bäcker Backfix bietet 3 Baguette zum Sonderpreis von 2,67 € an. Was kostet ein Baguette? *1 Baguette kostet 0,89 €.*

AUFGABE 2

Harry kaufte letzte Woche sechs Beefburger. Was hat er insgesamt bezahlt? Nur 1,85 €

Insgesamt bezahlt er 11,10 €.

AUFGABE 3

Kreuze die Fragen an, die du beantworten kannst!

Herr und Frau Alt zahlen für eine Ferienwohnung 65 € pro Tag. Die Endreinigung kostet 35 €, die Kurtaxe pro Tag und pro Person 1,20 €. Sie machen 14 Tage Urlaub.

- [ ] Wie war das Wetter?
- [x] Was bezahlt Familie Alt dem Vermieter?
- [ ] Was wird mit der Kurtaxe gemacht?
- [ ] Wie war die Ferienwohnung ausgestattet?

AUFGABE 4

Mit zwei Würfeln hast du die Augensumme 7 gewürfelt. Welche Augenzahlen können auf den Würfeln auftauchen? *1;6, 2;5,3;4*

AUFGABE 5

Peters Schulranzen wiegt 2,9 kg. Heute morgen nahm er noch den Atlas mit, der 1200 g wiegt. *Der Ranzen wiegt jetzt 4,1 kg.*

AUFGABE 6

Laura trägt Zeitschriften aus, um ihr Taschengeld aufzubessern. Insgesamt muss sie 112 Zeitschriften ausliefern. Heute hilft ihr ein Freundin und verteilt 39 Zeitschriften.
Laura trägt noch 73 Zeitschriften aus.

Lösungen Übungsaufgaben II

AUFGABE 7

Familie Schmidt hat die Zeitschrift TATZ abonniert. Sie erscheint einmal im Monat und kostet pro Jahr 72 €. Wie teuer ist eine Zeitschrift? *1 Zeitschrift kostet 6,00 €.*

AUFGABE 8

Welche Rechengeschichte könnte zu der Aufgabe 72 : 6 passen?

- [ ] Berechne das Sechsfache von 72.
- [x] 72 Kinder werden in 6 Riegen aufgeteilt.
- [ ] Von 72 Apfelsinen sind 6 schon verdorben.
- [x] Wie viele Sechserpacks sind 72 Flaschen?
- [x] Die Umkehraufgabe lautet 12 • 6 oder 6 • 12.

AUFGABE 9

In einer Packung Pitty-Pat zu 1,89 € sind immer 4 Riegel Schokolade. Zu deinem Geburtstag sollen 28 Kinder deiner Klasse einen Riegel bekommen. Wie viel Geld brauchst du? *Du brauchst 13,23 €.*

AUFGABE 10

Herr Meier fährt um 13[20] Uhr in ein Parkhaus. Die erste Stunde kostet 2 €, jede weitere angefangene Stunde 1 €. Er verlässt das Parkhaus um 17[05] Uhr. *Er muss 5,00 € bezahlen.*

AUFGABE 11

Beim Metzger H. Ackebeil kosten 500 g Gehacktes 2,40 €. Frau Frika-Delle kauft 750 g. Was muss sie bezahlen?
Sie muss 3,60 € bezahlen.

AUFGABE 12

Die Seitenlänge eines Quadrates beträgt 7 cm. Berechne den Umfang! *Der Umfang beträgt 28 cm.*

Dino T. Saurus´ Mathe-Flyer

zum Üben und Wiederholen in der Grundschule

87

Textaufgaben

Aufgaben, die in Textform geschrieben sind, machen oft Probleme, weil man nicht immer sofort erkennt, was zu berechnen ist. Daher hier ein paar Tipps, wie du Textaufgaben angehen kannst.

1. Lies dir den Text der Aufgabe genau und gegebenfalls auch mehrfach durch!
2. Unterstreiche die Angaben der Textaufgabe, die bei der Lösung helfen können!
3. Ist die Frage bereits gestellt oder musst du selbst herausfinden, was gefragt ist?
4. Kann dir bei der Lösung der Frage eine Zeichnung oder ein Diagramm helfen?
5. Überlege dir die einzelnen Rechenschritte und schreibe sie auf!
6. Hilft dir bei der Lösung ein Überschlag?
7. Rechne genau aus und vergleiche mit dem Überschlag!
8. Wenn du dir noch nicht ganz sicher bist, ob du richtig gerechnet hast, bilde zur Kontrolle die Umkehraufgabe und rechne sie aus!
9. Schreibe die passende Antwort auf!

Musteraufgaben

AUFGABE 1

Die Ablösesumme für Alfredo di Gurka beträgt 7 467 500 €. Die Mitglieder des 1. FC Holzhausen haben ausgerechnet, dass jedes Mitglied nur 2 500 € bezahlen muss, um diesen begnadeten Stürmer kaufen zu können.

2. Unterstreiche 7 567 500 € und 2 500 €

3. Welche Fragen lassen sich beantworten?
   - ☐ Haben alle Mitglieder 2 500 € übrig?
   - x Wie viele Mitglieder hat der Verein?
   - ☐ Will Alfredo di Gurka überhaupt für diesen Verein spielen?

5. Mit 7 567 500 € : 2 500 € lässt sich die Anzahl der Mitglieder errechnen.

6. ≈ 7 500 000 : 2500 = 75 000 : 25 = 3000

7.

7	5	6	7	5	:	2	5	=	3	0	2	7
7	5	▼	▼	▼								
	6	▼	▼									
	0	▼	▼									
	6	7	▼									
	5	0	▼									
	1	7	5									
	1	7	5									
			0									

1 • 25 = 25
2 • 25 = 50
3 • 25 = 75
4 • 25 = 100
5 • 25 = 125
6 • 25 = 150
7 • 25 = 175
8 • 25 = 200
9 • 25 = 225

7. Überschlag und Rechnung sind stimmig.

8. Umkehraufgabe

3	0	2	7	•	2	5	0	0
		6	0	5	4			
		1	5	1	3	5		
						0	0	
							0	0
		7	5	6	7	5	0	0

9. Der Verein hat 3027 Mitglieder.

Übungsaufgaben I

AUFGABE 1

Bäcker Backfix bietet 3 Baguette zum Sonderpreis von 2,67 € an. Was kostet ein Baguette?

AUFGABE 2

Harry kaufte letzte Woche sechs Beefburger. Was hat er insgesamt bezahlt?

Nur 1,85 €

AUFGABE 3

Kreuze die Fragen an, die du beantworten kannst!

Herr und Frau Alt zahlen für eine Ferienwohnung 65 € pro Tag. Die Endreinigung kostet 35 €, die Kurtaxe pro Tag und pro Person 1,20 €. Sie machen 14 Tage Urlaub.

- ☐ Wie war das Wetter?
- ☐ Was bezahlt Familie Alt dem Vermieter?
- ☐ Was wird mit der Kurtaxe gemacht?
- ☐ Wie war die Ferienwohnung ausgestattet?

AUFGABE 4

Mit zwei Würfeln hast du die Augensumme 7 gewürfelt. Welche Augenzahlen können auf den Würfeln auftauchen?

AUFGABE 5

Peters Schulranzen wiegt 2,9 kg. Heute morgen nahm er noch den Atlas mit, der 1200 g wiegt.

AUFGABE 6

Laura trägt Zeitschriften aus, um ihr Taschengeld aufzubessern. Insgesamt muss sie 112 Zeitschriften ausliefern. Heute hilft ihr ein Freundin und verteilt 39 Zeitschriften.

Übungsaufgaben II

AUFGABE 7

Familie Schmidt hat die Zeitschrift TATZ abonniert. Sie erscheint einmal im Monat und kostet pro Jahr 72 €. Wie teuer ist eine Zeitschrift?

AUFGABE 8

Welche Rechengeschichte könnte zu der Aufgabe 72 : 6 passen?

- ☐ Berechne das Sechsfache von 72.
- ☐ 72 Kinder werden in 6 Riegen aufgeteilt.
- ☐ Von 72 Apfelsinen sind 6 schon verdorben.
- ☐ Wie viele Sechserpacks sind 72 Flaschen?
- ☐ Die Umkehraufgabe lautet 12 • 6 oder 6 • 12.

AUFGABE 9

In einer Packung Pitty-Pat zu 1,89 € sind immer 4 Riegel Schokolade. Zu deinem Geburtstag sollen 28 Kinder deiner Klasse einen Riegel bekommen. Wie viel Geld brauchst du?

AUFGABE 10

Herr Meier fährt um 13[20] Uhr in ein Parkhaus. Die erste Stunde kostet 2 €, jede weitere angefangene Stunde 1 €. Er verlässt das Parkhaus um 17[05] Uhr.

AUFGABE 11

Beim Metzger H. Ackebeil kosten 500 g Gehacktes 2,40 €. Frau Frika-Delle kauft 750 g. Was muss sie bezahlen?

AUFGABE 12

Die Seitenlänge eines Quadrates beträgt 7 cm. Berechne den Umfang!